国家出版基金资助项目

"十四五"时期国家重点出版物出版专项规划项目

湖北省公益学术著作出版专项资金资助项目

工 业 互 联 网 前 沿 技 术 丛 书

高金吉 鲁春丛 ◎ 丛书主编

中国工业互联网研究院 ◎ 组编

数据驱动的工业过程监测
与故障诊断

郑英 王兆静 王杨 ◎ 著

DATA-DRIVEN INDUSTRIAL PROCESS MONITORING AND FAULT DIAGNOSIS

华中科技大学出版社

http://press.hust.edu.cn

中国·武汉

内 容 简 介

数据驱动的工业过程监测与故障诊断是保证生产安全和产品质量的重要手段。本书依托国家自然科学基金、湖北省杰出青年基金项目,面向工业制造过程和系统,介绍了多元统计分析和机器学习等工业数据分析方法,在此基础上介绍了作者团队提出的多种故障检测、故障变量溯源、故障分类、故障辨识、健康预警、产品等级分类方法。除了关注传统的故障检测率和误报率之外,重点分析了过渡模态、操作故障、污染效应、故障分级、小样本/零样本、数据不平衡、手工质量分级等问题,所介绍的方法均在多个基准数据平台和实际工业系统中得到成功应用。

本书对自动化和人工智能相关专业的教学和科研,以及工业过程监测与故障诊断应用实践具有一定的参考价值。

图书在版编目(CIP)数据

数据驱动的工业过程监测与故障诊断/郑英,王兆静,王杨著.—武汉:华中科技大学出版社,2024.3

(工业互联网前沿技术丛书)

ISBN 978-7-5680-9889-2

Ⅰ.①数… Ⅱ.①郑… ②王… ③王… Ⅲ.①工业-生产过程-智能系统-监控系统-研究 ②工业-生产过程-智能系统-故障诊断-研究 Ⅳ.①TP277.2

中国国家版本馆 CIP 数据核字(2024)第 054018 号

数据驱动的工业过程监测与故障诊断	郑 英 王兆静
SHUJU QUDONG DE GONGYE GUOCHENG JIANCE YU GUZHANG ZHENDUAN	王 杨 著

出 版 人:阮海洪

策划编辑:俞道凯 张少奇
责任编辑:李梦阳
封面设计:蓝畅设计
责任校对:李 琴
责任监印:朱 玢

出版发行:华中科技大学出版社(中国·武汉)　　　　电话:(027)81321913
　　　　　武汉市东湖新技术开发区华工科技园　　　　邮编:430223
录　　排:武汉市洪山区佳年华文印部
印　　刷:湖北新华印务有限公司
开　　本:710mm×1000mm　1/16
印　　张:16.75
字　　数:292 千字
版　　次:2024 年 3 月第 1 版第 1 次印刷
定　　价:158.00 元

工业互联网前沿技术丛书

工业互联网前沿技术丛书

组编工作委员会

组编单位： 中国工业互联网研究院

主任委员： 罗俊章　　王宝友

委　　员： 张　昂　　孙楚原　　郭　菲　　许大涛　　李卓然　　李紫阳　　姚午厚

作者简介

▶ **郑 英** 华中科技大学教授，博士生导师，IEEE高级会员，湖北省杰出青年基金获得者，中国自动化学会技术过程的故障诊断与安全性专业委员会委员、过程控制专业委员会委员，湖北省自动化学会理事。1997年于华中理工大学获得学士学位，2000年、2003年于华中科技大学分别获得硕士和博士学位，2004年12月至2005年11月赴台湾清华大学进行博士后研究，2006年7月至10月赴英国卡迪夫大学进行访问研究，2014年12月至2015年12月赴美国南加州大学进行访问研究。近年来，一直从事工业系统数据分析、故障诊断、健康管理、过程控制方面的研究。主持国家自然科学基金项目4项，湖北省自然科学基金项目2项、国家博士后科学基金项目1项。作为第二负责人，参与973计划项目子课题和负责国家自然科学基金重点项目子课题。获得湖北省自然科学奖二等奖。在 *IEEE Transactions* 系列期刊等国内外权威期刊发表学术论文百余篇，其中50余篇被SCI检索，2篇ESI高被引论文。SCI论文被SCI他引833次。获得国家发明专利授权28项、软件著作权1项。

作者简介

▶ **王兆静**　武汉纺织大学计算机与人工智能学院校聘副教授，硕士生导师，兼职宁波慈星股份有限公司博士后，中国自动化学会青年工作委员会委员，湖北省自动化学会理事。2015年于西北农林科技大学获得学士学位，2021年于华中科技大学获得博士学位。近年来，一直从事工业大数据分析、非平稳工业过程监测、故障诊断、软测量等方面的研究。主持国家自然科学基金青年科学基金项目1项，湖北省自然科学基金青年项目1项，图像信息处理与智能控制教育部重点实验室开放课题1项，湖北省数字化纺织装备重点实验室开放课题1项。在 *Journal of Process Control*、*IEEE Transactions on Instrumentation and Measurement* 等国内外权威期刊与会议上发表SCI/EI论文10余篇，申请国家发明专利10余项。

▶ **王 杨**　香港城市大学数据科学学院博士后，2023年博士毕业于华中科技大学人工智能与自动化学院，2017年本科毕业于华中科技大学自动化学院。主要研究方向为工业大数据分析、多模态过程监测、潜变量建模、鲁棒过程监测。参与国家自然科学基金项目，在 *IEEE Transactions on Industrial Informatics*、*IEEE Transactions on Instrumentation and Measurement* 等国内外权威期刊与会议上发表SCI/EI论文10篇，获国家发明专利授权2项。

总序一

工业互联网是新一代信息通信技术与工业经济深度融合的全新工业生态、关键基础设施和新型应用模式。它以网络为基础、平台为中枢、数据为要素、安全为保障,通过对人、机、物全面连接,变革传统制造模式、生产组织方式和产业形态,构建起全要素、全产业链、全价值链全面连接的新型工业生产制造和服务体系,对提升产业链现代化水平、促进数字经济和实体经济深度融合、引领经济高质量发展具有重要作用。

"工业互联网前沿技术丛书"是中国工业互联网研究院与华中科技大学出版社共同发起,为服务"工业互联网创新发展"国家重大战略,贯彻落实深化"互联网+先进制造业""第十四个五年规划和 2035 年远景目标"等国家政策,面向世界科技前沿、面向国家经济主战场和国防建设重大需求,精准策划汇集中国工业互联网先进技术的一套原创科技著作。

丛书立足国际视野,聚焦工业互联网国际学术前沿和技术难点,助力我国制造业发展和高端人才培养,展现了我国工业互联网前沿科技领域取得的自主创新研究成果,充分体现了权威性、原创性、先进性、国际性、实用性等特点。为此,向为丛书出版付出聪明才智和辛勤劳动的所有科技工作人员表示崇高的敬意!

中国正处在举世瞩目的经济高质量发展阶段,应用工业互联网前沿技术振兴我国制造业天地广阔,大有可为!丛书主要汇集高校和科研院所的科研成果及企业的工程应用成果。热切希望我国 IT 人员与企业工程技术人员密切合作，促进工业互联网平台落地生根。期望丛书绚丽的科技之花在祖国大地上结出丰硕的工程应用之果，为"制造强国、网络强国"建设作出新的、更大的贡献。

中国工程院院士

中国工业互联网研究院技术专家委员会主任

北京化工大学教授

2023 年 5 月

总序二

　　工业互联网作为新一代信息通信技术与工业经济深度融合的全新工业生态、关键基础设施和新型应用模式,是抢抓新一轮工业革命的重要路径,是加快数字经济和实体经济深度融合的驱动力量,是新型工业化的战略支撑。习近平总书记高度重视发展工业互联网,作出深入实施工业互联网创新发展战略,持续提升工业互联网创新能力等重大决策部署和发展要求。党的二十大报告强调,推进新型工业化,加快建设制造强国、网络强国,加快发展数字经济,促进数字经济和实体经济深度融合。这为加快推动工业互联网创新发展指明了前进方向、提供了根本遵循。

　　实施工业互联网创新发展战略以来,我国工业互联网从无到有、从小到大,走出了一条具有中国特色的工业互联网创新发展之路,取得了一系列标志性、阶段性成果。新型基础设施广泛覆盖,工业企业积极运用新型工业网络改造产线车间,工业互联网标识解析体系建设不断深化。国家工业互联网大数据中心体系加快构建,区域和行业分中心建设有序推进。综合型、特色型、专业型的多层次工业互联网平台体系基本形成。国家、省、企业三级协同的工业互联网安全技术监测服务体系初步建成。产业创新能力稳步提升。端边云计算、人工智能、区块链等新技术在制造业的应用不断深化。时间敏感网络芯片、工业5G芯片/模组/网关的研发和产业化进程加快,在大数据分析专业工具软件、工业机理模型、仿真引擎等方向突破了一批平台发展瓶颈。行业融合应用空前活跃。应用范围逐步拓展至钢铁、机械、能源等45个国民经济重点行业,催生出平台化设计、智能化制造、网络化协同、个性化定制、服务化延伸、数字化管理等典型应用模式，有力促进提质、降本、增效、绿色、安全发展。5G与工业互联网深度融合，远程设备操控、设备协同作业、机器视觉质检等典型场景加速普及。

征途回望千山远，前路放眼万木春。面向全面建设社会主义现代化国家新征程，工业互联网创新发展前景光明、空间广阔、任重道远。为进一步凝聚发展共识，展现我国工业互联网理论研究和实践探索成果，中国工业互联网研究院联合华中科技大学出版社启动"工业互联网前沿技术丛书"编撰工作。丛书聚焦工业互联网网络、标识、平台、数据、安全等重点领域，系统介绍网络通信、数据集成、边缘计算、控制系统、工业软件等关键核心技术和产品，服务工业互联网技术创新与融合应用。

丛书主要汇集了高校和科研院所的研究成果，以及企业一线的工程化应用案例和实践经验。囿于工业互联网相关技术应用仍在探索、更迭进程中，书中难免存在疏漏和不足之处，诚请广大专家和读者朋友批评指正。

是为序。

中国工业互联网研究院院长

2023 年 5 月

前言

随着物联网和云计算等技术的广泛应用,大数据时代已经到来。从 2013 年到 2020 年,可用数据以 236％的速度飞速增长,预计到 2025 年,可用数据将达到 175 ZB。2021 年 3 月,《中华人民共和国国民经济和社会发展第十四个五年规划和 2035 年远景目标纲要》正式发布,其中"大数据"出现了 10 次,"数据"出现了 53 次。数据的理念和技术已经融入经济社会发展的方方面面,成为科技创新的突破口。

制造业是国民经济的支柱产业,是国家创造力、竞争力和综合国力的重要体现。早在 1988 年,美国的怀特(P. K. Wright)教授和布恩(D. A. Bourne)教授在其出版的《智能制造》一书中首次对智能制造进行了定义。进入 21 世纪后,美国和德国分别提出工业互联网和工业 4.0 发展战略,促进了制造业向智能化转型的进程。"十三五"以来,我国不断深化"两化融合",大力发展智能制造技术。习近平总书记在党的十九大报告中指出"加快建设制造强国,加快发展先进制造业,推动互联网、大数据、人工智能和实体经济深度融合"。"中国制造 2025""中国制造 2035"将制造业全面普及数字化、骨干企业基本实现智能化转型作为发展目标。这宣明数据技术和人工智能技术在未来工业系统中将起到举足轻重的作用。

在现代制造业中,系统的集成度越来越高,其内部的设备与工况变得愈加复杂,由此带来的过程不确定性和各种扰动均会导致异常工况的发生,而个别部件一旦出现故障就可能会引起连锁反应,轻则造成整个系统不能正常运行,重则导致重大人员伤亡和巨大经济损失。由此可见,智能制造的安全性和可靠性研究对保证生产稳定、绿色、安全和高效运行至关重要。故障诊断技术能检测出故障发生和辨识出故障位置,这为工业生产过程带来了极大便利;同时,其把设备的"定期维修"变为"视情维修",显著降低了维护费用,具有可观的经济效益。工业和信息化部起草的《"十四五"智能制造发展规划》指出,生产过程精益管控、装备故障诊断与预测性维护等是智能制造技术攻关行动的关键核心技术。

随着计算机科学和相关测量技术的发展,工业过程中的运行数据得以被大量收集和存储,这为数据驱动技术的发展提供了足够的支持。与传统的基于模型的方法相比,数据驱动的方法不需要已知系统的复杂结构和机理知识,更加灵活、简便和普适,因此广泛用于工业过程的建模和监测。其中,多元统计分析和机器学习方法是数据驱动故障监测的主要手段,已成为过去 20 年来研究和实践中最富成效的方法。其主要思路是对正常的过程数据进行特征提取或降维,建立可以充分反映过程特征的模型;或者通过有监督/半监督/无监督的方式将正常/故障状态进行识别。然而,由于工业过程日益复杂化、数据采集量呈指数增长、过程特性更趋于个性化,目前数据驱动的方法在挖掘有用信息、建立合理模型等方面面临着越来越大的挑战。因此,数据驱动的方法虽然有一定的研究基础,但是仍然需要在新的背景下继续深入发展,为工业过程的不正常事件/现象的检测、分离、分类、辨识提供智能、准确、快速的解决手段,是顺应国家发展潮流、为中国制造智能化转型保驾护航的重要课题,对企业的节能高效生产也有着不可忽视的意义。

本书描述了当前数据驱动的工业过程监测和故障诊断存在的问题,介绍了作者团队近年来的代表性研究结果,包括多模态故障检测、多变量故障隔离、故障分类、全生命周期故障预警、产品质量分级等算法。本书第 1 章概述了数据驱动的过程监测和故障诊断的背景,包括国内外研究现状和发展趋势;第 2 章介绍了工业数据分析的基本理论与方法;第 3～6 章介绍了多模态过程的故障检测方法;第 7、8 章讨论了故障变量溯源方法;第 9、10 章介绍了基于深度学习的故障分类方法;第 11 章以轴承为例,介绍了设备全生命周期健康管理中的故障预警方法;第 12 章介绍了产品的质量分级分析方法。

本书由郑英、王兆静、王杨撰写。本书涉及的研究得到了国家自然科学基金项目"机器学习和统计分析相结合的多模态工业过程故障诊断"(61873102)

以及湖北省杰出青年基金项目"基于工业大数据的制造过程故障诊断"（2019CFA047）的支持。同时，感谢多年合作的台湾清华大学汪上晓教授，以及团队中杨筱彧、刘浪、周威、巫慧、汪培鸣等博士和硕士研究生。由于理论水平有限，书中难免有不足之处，恳请各位读者批评指正。

作　者

2023 年 12 月于武汉

目录

第 1 章
数据驱动的过程监测和故障诊断概述

1.1 研究背景与意义

"智能制造"的定义最早可追溯至 1988 年美国的怀特(P. K. Wright)教授和布恩(D. A. Bourne)教授出版的《智能制造》[1]。近年来,随着美国工业互联网和德国工业 4.0 发展战略的实施,制造业开始加速向智能化方向转型。自"十三五"以来,我国不断深化"两化融合",大力发展智能制造技术,提出的"中国制造 2025""中国制造 2035"将制造业全面普及数字化、骨干企业基本实现智能化转型作为发展目标。随着智能制造的推进,现代工业不断朝着大规模、精细化、复杂化方向发展,其一旦发生故障,将会带来巨大的经济损失、人员伤亡等危害。由此可见,智能制造可靠性和安全性研究对保证生产安全、稳定、高效和绿色至关重要。工业和信息化部等发布的《"十四五"智能制造发展规划》指出,生产过程精益管控、装备故障诊断与预测性维护等是智能制造技术攻关行动的关键核心技术。因此,工业过程监测与故障诊断的研究是顺应国家发展潮流、保证生产安全、提高生产水平的一大举措。

工业过程监测与故障诊断的研究年代久远。早在 20 世纪 70 年代,就有相关学者涉足该领域研究。它是指为保证安全生产和产品质量,对过程运行状态及产品质量进行的一系列监测活动[2],其主要目的是避免故障、异常事件和攻击造成事故和经济损失。一个完整的过程监测与故障诊断流程如图 1-1 所示,主要包括状态分类/辨识、过程建模、故障检测、故障分类、故障隔离、故障诊断和故障恢复[3,4]。

由于一个系统可能存在多个正常的状态,即过程输入和输出变量以及描述过程特征的各物理量有几个平稳的波动范围或可接受的演化轨迹,因此在建模之前,可能会涉及对不同状态的分类/辨识。过程监测的主要对象是故障,故障是指工业过程中一个或多个状态或者参数持续或间歇地出现了不在安全范围内的偏差,最终导致系统或子系统性能下降甚至系统瘫痪的情况[3]。故障发生的原因是多样的,主要表现为三种形式:① 由于生产设备或零件的功能退化,机理上发生变化;② 误操作、噪声等外部原因干扰了正常运行过程;③ 传感器等测量设备损坏,导致测量数据不准。图1-1 中的若干阶段都以故障为分析对象,但分析的方式和目标不同。具体来说,故障检测是后续工作的基础,它是指对工业过程的运行状态与产品质量是否偏离正常状态进行实时判断,并在异常出现时报警;故障分类是指将已知混在一起或者检测到的故障进行划分,以得到由不同原因导致的故障类型;故障隔离是指判断检测到的故障发生的位置以及涉及的变量和参数等,以缩小故障诊断的范围;故障诊断是指根据隔离的结果,进一步追溯故障发生的根本原因;故障恢复是指对排查出的故障发生的原因进行干涉,使工业过程恢复到正常状态[2]。

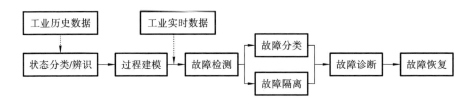

图 1-1 一个完整的工业过程监测与故障诊断流程

过程监测的研究涉及自动控制理论、统计学、信号处理、机器学习等领域,目前研究成果非常丰富。最经典的研究方法分类方式是 Frank 提出的,他根据监测原理将其分为三大类[5]:基于解析模型的方法、基于知识的方法和数据驱动的方法。然而,随着工业过程的复杂化和大规模化,人们很难获取精确的系统结构和机理知识。基于知识的方法依赖生产经验和专家知识,而知识需要长期积累且具有个性化,这影响了该方法的通用性。随着信息化和智能化在工业生产过程中的不断深化,云计算和万物互联的时代加速到来,越来越多的工业过程的海量运行数据可以通过“工业云”储存,这为数据驱动技术的发展提供了足够的支持[6]。数据驱动的方法不需要了解复杂的系统结构和机理知识,更加灵活、简便,因而已广泛用于工业过程的建模和监测。

多元统计分析和机器学习方法是数据驱动的过程监测与故障诊断的主要手段,已成为目前研究和实践中最具成效的方法[7]。其主要应用于以下研究:对正常的过程数据进行特征提取或降维,建立可以充分反映过程特征的模型[8];通过有监督/半监督/无监督的方式识别出正常/故障状态[9];进行故障隔离,对故障发生的位置或变量进行定位。这些研究可以提高工业过程的安全性和可靠性。此外,国际标准化组织(ISO)提供的管理体系标准[10]认为,过程受控、没有异常情形只是稳定的基本条件,还需要进一步对过程进行能力分析,即通过多元能力指标评定过程的质量特性值与指定需求的一致性。正确计算多元能力指标将有助于厂商在已有技术条件下,确定过程的改进方向,持续地产出合乎规格的产品。由于市场的差异性,代表实际需求的产品规格限也呈现出多级化的趋势。结合质量特性与统计模型,正确评估产品的质量规格等级,对保证产品质量具有重要意义。

1.2 国内外研究现状

现有数据驱动的过程监测与故障诊断研究中,多元统计分析和机器学习方法已经在工业过程故障检测、故障诊断等方面取得了一定的成果。下面分别就这两个方面的现状进行概述。

1.2.1 工业过程故障检测研究现状

工业过程故障检测研究的主要内容包括过程建模和检测策略设计。目前,工业过程正朝着大规模、复杂化方向发展,表现出多变量线性/非线性耦合、非高斯、动态、非平稳、多模态等特性。由于过程表现特性的不同,不同的建模方法有很大的区别。下面简单概述不同特性下的建模方法。

早期的方法一般假定过程的变量之间存在线性相关关系。在建立模型时,通常会剔除过程数据中的冗余信息,降低数据维度,乃至将整个运行状态映射到一维检验统计量中。当建模数据中不存在质量数据时,通常采用向方差大的方向投影的主成分分析(principal component analysis,PCA)[11]和保证最大类间距离、最小类内距离的线性判别分析(linear discriminant analysis,LDA)[12]等方法;当建模数据中存在质量数据时,则采用偏最小二乘(partial least square,PLS)[13]、典型变量分析(canonical variable analysis,CVA)[14]等方法来挖掘过程数据和质量数据的关系。

实际工业过程中,变量间的线性关系很难被保证。不同过程的非线性表现形式不同,所以无法建立一个普适性模型。并且一般全局非线性不能被准确描述,只能采用一些方法进行逼近。近年来,针对这一问题,科研工作者取得了一系列成果,主要手段有基于核的方法、流形学习和人工神经网络(artificial neural network，ANN)。基于核的方法是将数据从原始空间投影到高维空间，并假定在高维空间中变量之间的关系是线性的。该方法不用考虑高维空间的具体情况，是非常简便、易于操作的，所以一经推出就大受追捧。一系列线性的方法都可以通过核改造来对非线性过程建模，比如核 PCA[15]、核 LDA[16]、核 PLS[17]等。此外，支持向量数据描述(support vector data description，SVDD)[18]作为一种单分类算法，也采用了核映射的思想，被广泛用于非线性工业过程建模。目前，核函数存在很多的形式，常见的有线性核、多项式核、高斯核、Sigmoid 核、指数核等，其中高斯核是最常用的核函数[19]。流形学习是指从高维空间中找到低维流形，即从高维数据中恢复低维流形结构，并求出相应的嵌入映射方式，以实现数据降维或者可视化的目标。常见的算法有保留局部特征的拉普拉斯特征映射(Laplacian eigenmap，LE)[20]、线性局部嵌入(locally linear embedding，LLE)[21]等和保留全局特征的等距映射(isometrical mapping，ISOMAP)[22]等。ANN 是一个由输入、输出和隐藏节点组成的模型，其最大的优势在于当中间隐层中的节点数量非常大时，可以拟合出任何非线性关系。深度学习是 ANN 的延伸形式，其中自编码器(auto encoder，AE)[23]、深度置信网络(deep belief network，DBN)[24]、卷积神经网络(convolutional neural network，CNN)[25]在工业过程建模中得到了广泛的关注。

由于内部或外部条件的改变，系统在闭环控制下会出现缓慢变化的现象，最终导致过程数据体现出不规则分布的情况，即非高斯性。独立成分分析(independent component analysis，ICA)方法是处理非高斯分布数据的经典方法[26]。ICA 方法假设其处理的所有变量均服从非高斯分布，而实际过程数据并不如此，所以 ICA 方法常常与处理高斯分布数据的 PCA 等方法结合来建模[27]。非高斯性建模的另一个思想是通过多个子高斯成分来拟合整体的非高斯性。虽然在每个子模型中，数据仍然有可能是非高斯分布的，但理论上只要设定的子成分个数足够多，每个子成分就可以近似为高斯分布。基于这种思想，Chen 等人[28]提出了一个无限高斯混合模型(Gaussian mixture model，GMM)，利用 bootstrap 算法计算置信区间从而进行过程监测，并且通过仿真和实际案例验证了该方法相较于 PCA 有更好的故障检测性能。

工业过程的动态性是系统的内部控制回路导致的，即当前样本会受到前一个或者多个样本的影响，因此在时间上临近的样本之间存在着相关关系(即动态性)。针对此问题的经典方法是动态扩展方法[29]，例如动态 PCA(dynamic PCA，DPCA)和动态 PLS(dynamic PLS，DPLS)等。这类方法的基本原理是建模时将原始空间中的单个采样用样本窗口代替,虽然操作简单,但在窗口中同时包含动态和静态关系,使得模型解释和底层数据结构探索变得困难。不同于扩展方法,Li 等人[30]提出了动态潜变量方法,主要思路是对潜变量建立一个向量自回归(vector auto regression,VAR)模型来表示样本间的动态关系。这种建模方式提供了动态关系的显式表达,可解释性有所增强,但还是存在只考虑了最大协方差对应的潜变量的缺陷。随即,Dong 等人[31]提出了动态内部潜变量模型,即在输入和输出潜变量之间建立显式的动态模型,给出了动态数据结构的紧凑表达形式,更深入地挖掘了过程的动态性。此外,慢特征分析(slow feature analysis,SFA)也被用来研究过程中与时间有关的特性[32],其主要思路是通过提取时间上变化缓慢的特征,来确定过程的本征。

过程非平稳特性是指过程数据中存在一个或多个变量的均值、方差等随时间发生变化的现象。严格意义上来说,大部分的工业过程都是非平稳的,多模态过程则是非平稳过程的一个典型例子。近十年来,非平稳过程监测先进技术发展迅猛。目前,针对非平稳过程在变量层面时变特性的研究方法主要分为四类:自适应方法、趋势分析方法、基于协整分析(cointegration analysis,CA)的方法和子空间分解方法。具体研究现状如下。

(1)自适应方法的主要思路为基于训练集建立数据模型,然后使用正常测试样本实时更新参数。例如,Li 等人[33]使用基于秩一修改 Lanczos 三对角化的递归策略开发了递归主成分分析(recursive PCA,RPCA)方法。Liu 等人[34]提出了移动窗口核 PCA 来监测非平稳和非线性过程。为了进一步提高建模效率,Xie 等人[35]开发了一种快速块自适应核 PCA 方法。Jiang 等人[36]致力于在线跟踪解决方案,提出了基于递归主成分回归的故障检测方法。为了减少误报,Wang 等人[37]提出了递归 PLS 和自适应控制限的方法。Yu 等人[38]为自适应监测提供了一种递归指数 SFA 算法。Zheng 等人[39]构建了递归 GMM 方法,并给出了有/无遗忘因子的两种模型更新方案。近年来,自适应的思想被应用到最新开发的方法中,例如,Yu 等人[40]提出了递归 CA 的方法,将过程的静态和动态变化特征都进行了提取。

(2)趋势分析方法通过从非平稳过程中提取趋势信息来完成监测任务,其对过程演化有很好的解释能力。在研究初期,Srinivasan 等人[41]通过计算一段实时数据与离线数据库的相似度来识别状态和故障类型。Shen 等人[42]利用移动窗口采样间的差异作为过渡的轨迹,并结合多元趋势分析和 PCA 来实现过程监测。近年来,公共趋势分析(common trends analysis,CTA)方法被用于非平稳过程监测研究,其能够提取数据的自相关性(动态性),同时可以将过程的平稳和非平稳特征分离,有利于进行多方位的过程监测。例如,Lin 等人[43]利用 CTA 提取和描述非平稳过程的平稳和非平稳趋势并分别进行监测。Wu 等人[44]提出了与输出相关的 CTA 方法,用于监测与关键绩效指标相关的过程。

(3) CA 及其扩展算法是典型的平稳映射方法之一,其主要思想是将非平稳过程映射到平稳空间。Engle 和 Granger 在经济领域首次提出 CA 方法[45],他们指出,如果一组非平稳变量有着相同的差分平稳阶次和相似趋势,则这些变量的某种线性组合是平稳的。Chen 等人[46]首次将 CA 引入过程监测中,获得了一系列非平稳变量的动态均衡误差。考虑到故障信息可能隐藏在变量的非平稳趋势中,Sun 等人[47]提出了一种分层建模策略,在底层利用 CA 提取能反映非平稳变量均衡关系的特征,在上层描述平稳变量和非平稳变量的关系。Zhao 等人[48]考虑了过程的静态和动态平衡关系,将基于 CA 的动态分布式策略应用于大规模过程监测。Hu 等人[49]通过对常见和特定故障变化执行双重 CA,制定了监测策略。针对工业过程的非线性问题,Zhang 等人[50]建立了一个具有强泛化能力的非线性 CA 以揭示热轧过程平稳部分的长期动态关系。Wang 等人[51]建立了一个 DBN,该 DBN 具有很强的泛化能力,可以在线监测焊接状态。然而上述方法都假设选定的非平稳变量经过一阶差分以后变得平稳,即变量的差分平稳阶次为 1。而实际情况是许多变量的差分平稳阶次可以是任意整数,且不一定相同,这种情况下,CA 的应用条件不能被满足。

(4) 针对上述 CA 存在的问题,研究人员又提出了平稳映射的另一代表性方法——子空间分解方法,其主要思想为将平稳子空间从整个数据空间中分离出来,其中平稳子空间分析(stationary subspace analysis,SSA)是代表性方法之一,其不要求非平稳变量是一阶差分平稳变量,因此目前得到了广泛应用。Lin 等人[52]首次将 SSA 用于非平稳工业过程监测。随即,Chen 和 Zhao[53]提出了指数解析 SSA 算法。此外,Wu 等人[54]开发了动态 SSA 算法,将不同阶和高阶的非平稳变量进行了集成。

在完成过程建模后,需要对过程进行实时故障检测,目前检测策略主要可以分为切换模型策略、混合模型策略和局部学习策略。

(1) 切换模型策略[55]如图 1-2 所示,首先在训练集中先后构造若干子模型,每个子模型对应一个运行条件,一个条件还包含一个隶属函数。测试集从所有子模型中选择最大隶属度(一般是与相似性和差异性有关的指标)对应的子模型作为在线监测的模型,来判断测试集是否发生故障。

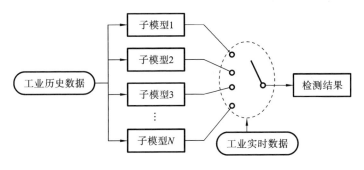

图 1-2　切换模型策略

（2）混合模型策略[56] 如图 1-3 所示，与切换模型策略不同的是，子模型的训练过程是同时进行的，最优参数计算是相互制约的。在线测试时，子模型会同时工作，每个子输出经过加权转换和线性叠加后作为最终的输出。

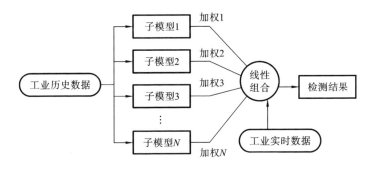

图 1-3　混合模型策略

（3）局部学习策略，也被称为懒惰学习或即时学习（just-in-time learning，JITL）[57] 策略。如图 1-4 所示，与传统建模方法不同，局部学习策略以与实时数据相似度高的部分训练数据作为相关样本进行模型构建。所以，监测模型随实时数据而变。同时，一般认为这种局部模型是线性的。如果在非线性过程中采

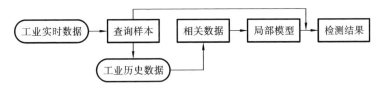

图 1-4　局部学习策略

用这种策略,则相当于将非线性近似为线性,为非线性过程建模提供了一种有效的解决方法。

1.2.2　工业过程故障诊断研究现状

故障诊断一般分为故障分类和故障隔离两种方式。故障分类的主要目的是利用实时数据匹配故障的具体类型。现有的故障分类算法主要分为三种类型:有监督、半监督和无监督[58]。

有监督算法是最常见的故障分类算法,其性能通常优于其他故障辨识算法的性能。该算法分为两类:一类是基于传统机器学习的分类算法,包括逻辑回归、支持向量机(support vector machine,SVM)等经典的线性分类算法,决策树和随机森林等树形分类模型,基于集成模型的梯度提升树算法等[59];另一类是基于 ANN 的分类算法,如基于 CNN 及其变体的分类模型、基于循环神经网络(recurrent neural network,RNN)及其改进的分类模型和基于时间卷积的分类模型等[60,61]。但是,上述算法只适用于故障样本较多的情况,而实际过程中较难获得充足的故障样本。因此,少样本的问题逐渐得到了研究者的关注,研究者提出了许多解决方案,其主要分为两类:基于数据增强[62]和基于迁移学习[63]的方法。基于数据增强的方法主要有两种:第一种是在原始数据中增加噪声或进行变换;第二种是基于深度生成模型来生成故障数据,包括变分 AE 和生成对抗网络这两大类生成模型。基于迁移学习的方法主要是利用源域的数据对模型进行预训练,然后在目标域利用现有的样本进行有监督的微调训练。

半监督[64]的故障分类算法需要充分考虑已有的信息和无标签数据,加入先验知识,如基于 AE 的算法[65],其利用无标签数据进行预训练,缩小神经网络模型的假设空间;再如基于协同训练的算法,其利用两个学习模型中分类可信度高的样本进行相互训练,在不断迭代中提高模型的故障分类准确率[66]。

无监督的故障分类算法主要是基于无监督的特征提取算法,如稀疏滤波(sparse filtering,SF)算法[67],能够自动学习故障特征。在实际的生产生活中,对数据进行标注的成本往往很高,而无监督的故障分类算法不需要数据标签,是实际场景中非常需要的算法,也是目前的研究热点。

故障隔离是指判断故障发生的原因、追踪并定位故障变量。最早出现的是 Miller 等人[68]提出的贡献图方法,该方法基于 PCA 从原始数据集中提取有用的数据信息,并构建一些统计量用于故障检测,最后以柱状图的方式对比分析各变量对统计量的贡献值,从而选出贡献最大的变量为故障变量。但该方法已经被证明存在严重的"污染效应"。Zheng 等人[69]提出了基于最小风险贝叶斯准则的方法,该方法有效地缓解了故障发生后的"污染效应"。Wang 等人[70]基于空间投影思想,将残差评价和贡献图方法进行统一,计算出了新的贡献指数,消除了"污染效应"。

还有 Alcala 和 Qin[71]提出的基于重构贡献(reconstruction-based contribution,RBC)的方法,该方法在处理大幅度单变量故障时具有很好的诊断效果,但在多变量、小幅度故障的情况下,往往精度不高。为了处理多变量故障,Mnassri[72]将传统的 RBC 从单维扩展到多维,在特征维度较低的情况下,可以轻松地找出故障变量的组合方向。Zhou 等人[73]将变量贡献(variable contribution,VC)和 k 近邻(k-nearest neighbor,kNN)思想结合起来,提出了 VCkNN 方法来实现多变量的故障隔离。Kuang 采用 Fisher 判别分析法将多变量故障隔离问题统一为惩罚回归形式,大大简化了随后的故障诊断步骤。

为了准确找到故障变量,Kariwala 等人基于概率主成分分析(probabilistic PCA,PPCA)和分支界限(branch-and-bound,BAB)方法提出了用于诊断故障源变量的新方法。Ji 等人[74]在传统重构方法的基础上,提出了基于指数平滑重构(exponential smoothing reconstruction,ESR)的故障隔离方法,通过故障隔离的可行性分析,验证了 ESR 方法的性能。Zhou 等人[75]首先提出变量间方差(inter variable variance,IVV)这一新的统计量来检测故障的发生,再采用 RBC 方法实现了制动缸系统的故障隔离。Delpha 等人[76]提出了基于 KL 散度(Kullback-Leibler divergence,KLD)的故障评估和隔离方法,并在符合伽马分布的数据集上取得了很好的效果。还有研究提出了基于标准 k 近邻(standardized kNN,SkNN)的故障检测和隔离方法,该方法给不同远近的邻元素赋予了不同的构造权值,充分考虑了不同邻元素的重要性。

1.3 本书内容

本书概括了目前数据驱动的工业过程监测和故障诊断存在的问题,介绍了作者团队近年来的代表性研究结果,包括多模态故障检测、多变量故障隔离、故障分类、全生命周期故障预警、产品质量分级等算法。

本书第 1 章总结了数据驱动的过程监测和故障诊断方法,包括国内外研究现状和发展趋势。第 2 章介绍了本书用到的数据分析基本理论与方法。第 3 章至第 6 章给出了多模态过程的故障检测方法。第 7 章和第 8 章讨论了故障变量溯源方法。第 9 章和第 10 章阐述了基于深度学习的故障分类方法。第 11 章以轴承为例，介绍了设备全生命周期健康管理中的故障预警方法。第 12 章讨论了产品的质量分级方法。

本章参考文献

[1] WRIGHT P K，BOURNE D A. Manufacturing intelligence[M]. New York：Addison-Wesley，1988.

[2] 刘熠. 基于结构化模型的工业过程监测方法研究[D]. 杭州：浙江大学，2020.

[3] 朱金林. 数据驱动的工业过程鲁棒监测[D]. 杭州：浙江大学，2016.

[4] 魏驰航. 基于降维映射的工业过程建模与监测[D]. 杭州：浙江大学，2018.

[5] FRANK P M. Fault diagnosis in dynamic systems using analytical and knowledge-based redundancy——a survey and some new results[J]. Automatica，1990，26(3)：459-474.

[6] GUO W，PAN T H，LI Z M，et al. A review on data-driven approaches for industrial process modelling[J]. International Journal of Modelling，Identification and Control，2020，34(2)：75-89.

[7] QIN S J. Survey on data-driven industrial process monitoring and diagnosis[J]. Annual Reviews in Control，2012，36(2)：220-234.

[8] QUATRINI E，COSTANTINO F，GRAVIO G D，et al. Machine learning for anomaly detection and process phase classification to improve safety and maintenance activities[J]. Journal of Manufacturing Systems，2020，56(5)：117-132.

[9] ZHENG Y，WANG Y，YAN H L，et al. Density peaks clustering-based steady/transition mode identification and monitoring of multimode processes[J]. The Canadian Journal of Chemical Engineering，2020，98(10)：2137-2149.

[10] 柴邦衡. ISO 9000 质量管理体系[M]. 北京：机械工业出版社，2002.

[11] YIN S，DING S X，HAGHANI A，et al. A comparison study of basic data-driven fault diagnosis and process monitoring methods on the bench-

mark Tennessee Eastman process[J]. Journal of Process Control，2012，22(9)：1567-1581.

[12] DENG X G，TIAN X M，CHEN S，et al. Statistics local Fisher discriminant analysis for industrial process fault classification[C]//Proceedings of 2016 UKACC 11th International Conference on Control (CONTROL). New York：IEEE，2016：1-6.

[13] GODOY J L，VEGA J R，MARCHETTI J L. A fault detection and diagnosis technique for multivariate processes using a PLS-decomposition of the measurement space[J]. Chemometrics and Intelligent Laboratory Systems，2013，128(7)：25-36.

[14] JIANG B B，ZHU X X，HUANG D X，et al. A combined canonical variate analysis and Fisher discriminant analysis (CVA-FDA) approach for fault diagnosis[J]. Computers and Chemical Engineering，2015，77(3)：1-9.

[15] GHARAHBAGHERI H，IMTIAZ S A，KHAN F. Root cause diagnosis of process fault using KPCA and Bayesian network[J]. Industrial & Engineering Chemistry Research，2017，56(8)：2054-2070.

[16] ZHANG X，YAN W W，ZHAO X，et al. Nonlinear real-time process monitoring and fault diagnosis based on principal component analysis and kernel Fisher discriminant analysis[J]. Chemical Engineering & Technology，2007，30(9)：1203-1211.

[17] ZHANG Y W，ZHANG L J，LU R Q. Fault identification of nonlinear processes[J]. Industrial & Engineering Chemistry Research，2013，52(34)：12072-12081.

[18] ZHANG Y F，LI X S. Two-step support vector data description for dynamic, non-linear, and non-Gaussian processes monitoring[J]. The Canadian Journal of Chemical Engineering，2020，98(10)：2109-2124.

[19] FU Y J，ZHANG Y W. Fault detection and diagnosis of batch process using kernel local FDA[C]//Proceedings of 2017 Chinese Automation Congress (CAC). New York：IEEE，2017：3997-4001.

[20] ZHANG J X，CHEN M Y，ZHOU D H. Dynamic Laplacian eigenmaps for process monitoring[C]//Proceedings of 2019 CAA Symposium on

Fault Detection, Supervision and Safety for Technical Processes (SAFEPROCESS). New York: IEEE, 2019: 59-63.

[21] ZHOU J L, REN Y W, WANG J. Quality-relevant fault monitoring based on locally linear embedding orthogonal projection to latent structure[J]. Industrial & Engineering Chemistry Research, 2018, 58(3): 1262-1272.

[22] 周志华. 机器学习[M]. 北京: 清华大学出版社, 2016.

[23] ZHANG Z H, JIANG T, LI S H, et al. Automated feature learning for nonlinear process monitoring—an approach using stacked denoising auto encoder and k-nearest neighbor rule[J]. Journal of Process Control, 2018, 64(2): 49-61.

[24] SHAO H D, JIANG H K, LI X Q, et al. Rolling bearing fault detection using continuous deep belief network with locally linear embedding[J]. Computers in Industry, 2018, 96(1): 27-39.

[25] WEN L, LI X Y, GAO L, et al. A new convolutional neural network based data-driven fault diagnosis method[J]. IEEE Transactions on Industrial Electronics, 2018, 65(7): 5990-5998.

[26] LEE J M, YOO C, LEE I B. Statistical process monitoring with independent component analysis[J]. Journal of Process Control, 2004, 14(5): 467-485.

[27] HUANG J, YAN X F. Gaussian and non-Gaussian double subspace statistical process monitoring based on principal component analysis and independent component analysis[J]. Industrial & Engineering Chemistry Research, 2015, 54(3): 1015-1027.

[28] CHEN T, MORRIS J, MARTIN E. Probability density estimation via an infinite Gaussian mixture model: application to statistical process monitoring[J]. Journal of the Royal Statistical Society: Series C (Applied Statistics), 2006, 55(5): 699-715.

[29] LU N Y, YAO Y, GAO F R, et al. Two-dimensional dynamic PCA for batch process monitoring[J]. AIChE Journal, 2005, 51(12): 3300-3304.

[30] LI G, QIN S J, ZHOU D H. A new method of dynamic latent-variable modeling for process monitoring[J]. IEEE Transactions on Industrial

Electronics，2014，61(11)：6438-6445.

[31] DONG Y D，QIN S J. A novel dynamic PCA algorithm for dynamic data modeling and process monitoring[J]. Journal of Process Control，2018，67(5)：1-11.

[32] SHANG C，HUANG B，YANG F，et al. Slow feature analysis for monitoring and diagnosis of control performance[J]. Journal of Process Control，2016，39(12)：21-34.

[33] LI W H，YUE H H，VALLE-CERVANTES S，et al. Recursive PCA for adaptive process monitoring[J]. Journal of Process Control，2000，10 (5)：471-486.

[34] LIU X Q，KRUGER U，LITTLER T，et al. Moving window kernel PCA for adaptive monitoring of nonlinear processes[J]. Chemometrics and Intelligent Laboratory Systems，2009，96(2)：132-143.

[35] XIE L，LI Z，ZENG J S，et al. Block adaptive kernel principal component analysis for nonlinear process monitoring[J]. AIChE Journal，2016，62(12)：4334-4345.

[36] JIANG Y C，YIN S. Recursive total principle component regression based fault detection and its application to vehicular cyber-physical systems[J]. IEEE Transactions on Industrial Informatics，2018，14(4)：1415-1423.

[37] WANG X，KRUGER U，LENNOX B. Recursive partial least squares algorithms for monitoring complex industrial processes[J]. Control Engineering Practice，2003，11(6)：613-632.

[38] YU W K，ZHAO C H. Recursive exponential slow feature analysis for fine-scale adaptive processes monitoring with comprehensive operation status identification[J]. IEEE Transactions on Industrial Informatics，2018，15(6)：3311-3323.

[39] ZHENG J H，WEN Q J，SONG Z H. Recursive Gaussian mixture models for adaptive process monitoring[J]. Industrial & Engineering Chemistry Research，2019，58(16)：6551-6561.

[40] YU W K，ZHAO C H，HUANG B. Recursive cointegration analytics for adaptive monitoring of nonstationary industrial processes with both

static and dynamic variations[J]. Journal of Process Control，2020，92 (6)：319-332.

[41] SRINIVASAN R，QIAN M S. Online fault diagnosis and state identification during process transitions using dynamic locus analysis[J]. Chemical Engineering Science，2006，61(18)：6109-6132.

[42] SHEN F F，GE Z Q，SONG Z H. Multivariate trajectory-based local monitoring method for multiphase batch processes[J]. Industrial & Engineering Chemistry Research，2015，54(4)：1313-1325.

[43] LIN Y L，KRUGER U，CHEN Q. Monitoring nonstationary dynamic systems using cointegration and common-trends analysis[J]. Industrial & Engineering Chemistry Research，2017，56(31)：8895-8905.

[44] WU D H，ZHOU D H，CHEN M Y，et al. Output-relevant common trend analysis for KPI-related nonstationary process monitoring with applications to thermal power plants[J]. IEEE Transactions on Industrial Informatics，2021，17(10)：6664-6675.

[45] ENGLE R F，GRANGER C W J. Co-integration and error correction：representation，estimation，and testing[J]. Econometrica，1987，55(2)：251.

[46] CHEN Q，KRUGER U，LEUNG A Y T. Cointegration testing method for monitoring nonstationary processes[J]. Industrial & Engineering Chemistry Research，2009，48(7)：3533-3543.

[47] SUN H，ZHANG S M，ZHAO C H，et al. A sparse reconstruction strategy for online fault diagnosis in nonstationary processes with no a priori fault information[J]. Industrial & Engineering Chemistry Research，2017，56(24)：6993-7008.

[48] ZHAO C H，SUN H. Dynamic distributed monitoring strategy for large-scale nonstationary processes subject to frequently varying conditions under closed-loop control[J]. IEEE Transactions on Industrial Electronics，2018，66(6)：4749-4758.

[49] HU Y Y，ZHAO C H. Fault diagnosis with dual cointegration analysis of common and specific nonstationary fault variations[J]. IEEE Transactions on Automation Science and Engineering，2019，17(1)：237-247.

[50] ZHANG C F, PENG K X, DONG J. A nonlinear full condition process monitoring method for hot rolling process with dynamic characteristic [J]. ISA Transactions, 2021, 112(11): 363-372.

[51] WANG Z J, ZHENG Y, WONG D S H, et al. Stationary mapping based generalized monitoring scheme for industrial processes with mixed operational stages[J]. IEEE Transactions on Instrumentation and Measurement, 2021, 71: 1-13.

[52] LIN Y L, KRUGER U, GU F S, et al. Monitoring nonstationary processes using stationary subspace analysis and fractional integration order estimation[J]. Industrial & Engineering Chemistry Research, 2019, 58(16): 6486-6504.

[53] CHEN J H, ZHAO C H. Exponential stationary subspace analysis for stationary feature analytics and adaptive nonstationary process monitoring[J]. IEEE Transactions on Industrial Informatics, 2021, 17(12): 8345-8356.

[54] WU D H, SHENG L, ZHOU D H, et al. Dynamic stationary subspace analysis for monitoring nonstationary dynamic processes[J]. Industrial & Engineering Chemistry Research, 2020, 59(47): 20787-20797.

[55] DU W Y, FAN Y P, ZHANG Y W. Multimode process monitoring based on data-driven method[J]. Journal of the Franklin Institute, 2017, 354(6): 2613-2627.

[56] FRIGIERI E P, CAMPOS P H S, PAIVA A P, et al. A mel-frequency cepstral coefficient-based approach for surface roughness diagnosis in hard turning using acoustic signals and Gaussian mixture models[J]. Applied Acoustics, 2016, 113(6): 230-237.

[57] ZHENG W J, LIU Y, GAO Z L, et al. Just-in-time semi-supervised soft sensor for quality prediction in industrial rubber mixers[J]. Chemometrics and Intelligent Laboratory Systems, 2018, 180(7): 36-41.

[58] HOANG D T, KANG H J. A survey on deep learning based bearing fault diagnosis[J]. Neurocomputing, 2018, 335(6): 327-335.

[59] 李航. 统计学习方法[M]. 北京: 清华大学出版社, 2012.

[60] ZHAO Y, LI T T, ZHANG X J, et al. Artificial intelligence-based fault

detection and diagnosis methods for building energy systems：advantages，challenges and the future[J]. Renewable and Sustainable Energy Reviews，2019，109(4)：85-101.

[61] GOODFELLOW I，BENGIO Y，COURVILLE A. Deep learning[M]. Cambridge：MIT Press，2016.

[62] SHAO S Y，WANG P，YAN R Q. Generative adversarial networks for data augmentation in machine fault diagnosis[J]. Computers in Industry，2019，106(1)：85-93.

[63] SHAO S Y，MCALEER S，YAN R Q，et al. Highly-accurate machine fault diagnosis using deep transfer learning[J]. IEEE Transactions on Industrial Informatics，2018，15(4)：2446-2455.

[64] ENGELEN J E V，HOOS H H. A survey on semi-supervised learning [J]. Machine Learning，2020，109(2)：373-440.

[65] LI Y，PAN Q，WANG S H，et al. Disentangled variational auto-encoder for semi-supervised learning[J]. Information Sciences，2019，482(12)：73-85.

[66] SILVA T C，ZHAO L. Case study of network-based semi-supervised learning：stochastic competitive-cooperative learning in networks[M]. Cham：Springer International Publishing，2016.

[67] LEI Y G，JIA F，LIN J，et al. An intelligent fault diagnosis method using unsupervised feature learning towards mechanical big data[J]. IEEE Transactions on Industrial Electronics，2016，63(5)：3137-3147.

[68] MILLER P，SWANSON R E，HECKLER C E. Contribution plots：a missing link in multivariate quality control[J]. Applied Mathematics and Computer Science，1998，8(4)：775-792.

[69] ZHENG Y，MAO S，LIU S J，et al. Normalized relative RBC-based minimum risk Bayesian decision approach for fault diagnosis of industrial process[J]. IEEE Transactions on Industrial Electronics，2016，63(12)：7723-7732.

[70] WANG J，GE W S，ZHOU J L，et al. Fault isolation based on residual evaluation and contribution analysis[J]. Journal of the Franklin Institute，2017，354(6)：2591-2612.

［71］ ALCALA C F，QIN S J. Reconstruction-based contribution for process monitoring［J］. Automatica，2009，45(7)：1593-1600.

［72］ MNASSRI B，ADEL E M E，OULADSINE M. Reconstruction-based contribution approaches for improved fault diagnosis using principal component analysis［J］. Journal of Process Control，2015，33(6)：60-76.

［73］ ZHOU Z，WEN C L，YANG C J. Fault isolation based on k-nearest neighbor rule for industrial processes［J］. IEEE Transactions on Industrial Electronics，2016，63(4)：1-8.

［74］ JI H Q，HE X，SHANG J，et al. Exponential smoothing reconstruction approach for incipient fault isolation［J］. Industrial & Engineering Chemistry Research，2018，57(18)：6353-6363.

［75］ ZHOU D H，JI H Q，HE X，et al. Fault detection and isolation of the brake cylinder system for electric multiple units［J］. IEEE Transactions on Control Systems Technology，2018，26(5)：1744-1757.

［76］ DELPHA C，DIALLO D，YOUSSEF A. Kullback-Leibler divergence for fault estimation and isolation：application to gamma distributed data ［J］. Mechanical Systems and Signal Processing，2017，93(1)：118-135.

第 2 章
工业数据分析的基本理论与方法

2.1 引言

过程监测与故障诊断涉及的主要内容有三个方面:数据预处理、过程建模及模型在故障监测上的应用。

数据预处理是故障监测的第一步,其主要任务是从历史数据库中收集需要建模的数据。不同的监测任务使用的数据集的类别是不同的。故障检测需要获取正常条件下的数据;故障分类则需要采集异常数据。为了构建有效的训练模型,需要了解数据的特性,任何无效传感器记录的不实用的样本将被剔除。工业过程中采集的数据总是伴随着数据不完美的问题,包括离群点、缺失数据、多采样和不规则采样等。因此,为了提高数据质量,需要对数据进行预处理。其中,离群点可能是由测量噪声、通信错误或传感器退化引起的。对离群点的数据预处理可以采用删除或修补等方式,以保证后续建模的有效性[1-3]。缺失数据是由传感器数据采集不稳定或在传输过程中存在丢包现象导致的。当某些不完整的观测数据包含较少的过程信息时,可以将其直接丢弃。否则,可以采用最大似然法、期望最大化法、回归法等推算缺失的数据[4,5]。多采样以及不规则采样是目前数据采集中常见的问题。针对此问题,Cong 等人[6]提出了一种多速率 PLS 算法,该算法通过修改输入数据集的协方差矩阵和输入、输出数据集之间的协方差矩阵来填补不完备的数据样本。Liu 等人[7]提出了一种基于辅助模型的递推最小二乘辨识算法来估计不规则采样数据系统的参数。

过程建模是指采用从工业生产现场获取到的数据,对真实制造过程建立数字化模型。根据建立好的模型,在后台进行仿真、运算和研究,来实现对过程运行状态的分析、评估和监控等,继而实现对过程的质量预测、故障诊断和最优控制目标。过程建模是整个过程监测流程最基本的步骤,模型的准确性影响了后续操作的性能,发挥着重要的作用。如果模型的准确性和可靠性不高,很容易导致控制限宽松、故障不能及时被检测出来,出现大量漏报情况。此时,后续故障诊断及过程恢复也会受到不同程度的影响。由于现代工业过程日趋复杂化、集成化和大规模化,生产过程会表现出不同的特性,如非线性、非高斯性、时变性、多峰性和非平稳性等。由于过程表现特性的不同,不同的建模方法有很大的区别。对于非线性过程,通常采用基于核的方法、流形学习和 ANN 等。而对于非高斯性过程,目前常用 ICA 和 GMM 等方法。对于多模态过程,目前有两种方法:一种是基于单模型的方法,另一种是基于多模型的方法。当过程具有非平稳性时,通常采用 CA 及其扩展算法。

模型在故障监测上的应用是指选择合理的算法,并对其进行改进和匹配等,以获得更好的监测效果。目前主要有三种策略。一是切换模型策略。首先在训练集中先后构造若干子模型,每个子模型对应一个运行条件,一个条件还包含一个隶属函数。测试集选择具有最大隶属度的子模型作为在线监测的模型,最终在此模型下判断测试集是否发生故障。其中,隶属度一般是与相似性和差异性有关的指标。二是混合模型策略。与切换模型策略不同的是,子模型的训练过程是同时进行的,最优参数计算是相互制约的。在线测试时,子模型会同时工作,每个子输出经过加权转换和线性叠加后作为最终的输出。三是局部学习策略,其选择与实时数据相似度高的部分训练数据作为相关样本进行模型构建。也就是说,监测模型不断地随着实时数据而发生变化。此外,这种局部模型通常是线性的。如果在非线性过程中采用这种策略,则可将非线性近似为线性,从而实现非线性过程建模。

基于数据的过程监测和故障诊断所依托的理论主要有多元统计分析方法、机器学习方法和深度学习方法。下面简要介绍与本书相关的基本方法和理论:PCA、慢特征分析(SFA)、稀疏表示(sparse representation,SR)、动态时间规整(dynamic time warping,DTW)、CA、RBC、贝叶斯理论和 CNN。

2.2 数据处理方法

2.2.1 数据的标准化

从实际工业过程中一次采集到的数据往往包含多个变量,每个变量又有多个采样值,因此本书处理的对象是 $X \in \mathbb{R}^{m \times n}$ 这样的数据矩阵。X 的每一行表示一次采样中 n 个变量的值,X 的每一列表示一个变量在 m 次采样下的所有取值。由于实际工业过程中不同设备存在不同程度的耦合,因此不同的变量之间或多或少地具有相关性。此外,不同变量的量纲也大不一样。因此在进行过程监测与故障诊断之前,首先需要对数据进行标准化处理,降低不同量纲对后续建模产生的影响,最终实现对模型的简化。常用的数据处理方法包含以下几种。

1. 中心化处理

不同变量的取值有正有负,均值各不相同。中心化处理旨在让每个变量的均值都变换为 0,变换公式如下:

$$\widetilde{x}_{ij} = x_{ij} - \bar{v}_j, \quad i = 1, 2, \cdots, m; j = 1, 2, \cdots, n$$

$$\bar{v}_j = \frac{1}{m} \sum_{i=1}^{m} x_{in} \tag{2-1}$$

式中:$\bar{v}_j$ 是第 j 个变量的均值,表示变量的平均水平;x_{ij} 是 $\boldsymbol{X}$ 中的第 i 行第 j 列元素,即第 i 次采样下第 j 个变量的值。

2. 无量纲化处理

实际生产过程中被测变量的量纲往往差异很大,有的在千万级别,有的在十分位甚至更小级别。如果直接使用这些数据进行过程监测与故障诊断,那么具有大量纲的变量会掩盖小量纲的变量,使得建立的模型远远偏离真实模型,无法刻画出实际的过程变化情况。因此,消除不同变量之间的量纲效应是一个非常有必要的数据标准化处理步骤,可以消除不同变量对模型建立的差异性,使得每个变量对模型都具有相同规格的影响力。常用的无量纲化处理公式如下:

$$\widetilde{x}_{ij} = \frac{x_{ij}}{s_j}, \quad i = 1, 2, \cdots, m; j = 1, 2, \cdots, n$$

$$s_j = \sqrt{\mathrm{Var}(v_j)} = \sqrt{\frac{1}{m} \sum_{i=1}^{m} (x_{ij} - \bar{v}_j)^2} \tag{2-2}$$

式中:s_j^2 是第 j 个变量的方差,表示变量相对于均值的平均波动程度。

经过无量纲化处理后,每个变量的方差均变为 1。

3. 标准化处理

数据的标准化处理是指对原始数据同时进行中心化处理和无量纲化处理,转换公式如下:

$$\widetilde{x}_{ij} = \frac{x_{ij} - \bar{v}_j}{s_j}, \quad i = 1, 2, \cdots, m; j = 1, 2, \cdots, n \tag{2-3}$$

经过标准化处理以后,每个变量的均值变为 0,方差变为 1。

2.2.2 基于稀疏字典学习的特征提取

在实际过程中,采集到的信号往往是冗余的。然而这些冗余的信号可以用少量的基向量表示。基向量也称为原子,所有的原子构成字典。也就是说,冗余的信号可以用字典中少量的原子表示,这样就可以得到信号更为简单的稀疏表示。这与人类感知社会也是相符的,生物学研究表明,人类在感知外界信息时,大脑皮层中只有少量的神经元处于激活状态,也就是说外界的信息可以用少量的神经元的线性组合表示。当字典中原子的个数远大于信号的维度时,该字典为过完备字典[8]。信号在过完备字典下的表示有无限可能,而 SR 旨在寻求一个最为稀疏的描述,从而实现对原始信号的简单表示。

过完备字典通常由解析方法和学习方法得到[9]。基于解析的方法采用已知的一些变换或者函数来构造字典,常见的有小波变换、傅里叶变换、离散余弦变换等。该方法构造方式较为简单,但如何选择适合不同信号的字典是一个难题;如果字典选择不恰当,不能较好地表示原始信号,那么将无法得到合适的、最优的表示。基于学习的方法直接根据原始信号来学习字典[10],该方法得到的字典与原始信号相匹配,可以更好地、更准确地表示信号。但是该方法往往计算量较大,如何选择合适的目标函数来学习字典是一个难题[11]。

假设采集到的含有 n 个样本和 m 个变量的数据矩阵 $\boldsymbol{Y}=[y_1,y_2,\cdots,y_n]\in \mathbb{R}^{m\times n}$,过完备字典 $\boldsymbol{D}=[d_1,d_2,\cdots,d_k]\in \mathbb{R}^{m\times k}(k\gg m)$。$\boldsymbol{Y}$ 在 $\boldsymbol{D}$ 下的稀疏表示可以由下式求得[12]:

$$\min_{\boldsymbol{C}} \|\boldsymbol{Y}-\boldsymbol{DC}\|_F^2 + \frac{\lambda}{2}\|\boldsymbol{C}\|_1 \tag{2-4}$$

式中:$\boldsymbol{C}=[c_1,c_2,\cdots,c_n]\in \mathbb{R}^{k\times n}$,是稀疏系数矩阵;$\lambda$ 是惩罚参数,控制稀疏系数矩阵的稀疏性,λ 越大,稀疏系数矩阵 $\boldsymbol{C}$ 的非零元素越少,稀疏性越大,反之,λ 越小,稀疏系数矩阵 $\boldsymbol{C}$ 的非零元素越多,稀疏性越小;$\|\cdot\|_1$ 表示 l_1 范数,等于 $\boldsymbol{C}$ 中每一个元素的绝对值之和,通过最小化 $\boldsymbol{C}$ 的 l_1 范数可以保证 $\boldsymbol{C}$ 的每一列的稀疏性;$\|\cdot\|_F^2$ 表示 Frobenius 范数,通过最小化 Frobenius 范数,可以保证每个样本 y_i 被对应的 c_i 进行重构后的误差最小。

由于 l_1 范数正则化约束的最优化问题是一个无约束不可微的问题,因此需要通过一定方式将其进行转化才能够顺利求解。目前有多种算法可以解决该问题。约束优化算法是指通过加入一个不等式约束或者添加一个辅助变量的方法将其转化为有约束的光滑可求解问题。基于邻近算子的优化算法是利用邻近算子直接求解其问题,邻近算子可以用来求解特定形式的最优化问题。同伦算法不是一种具体的算法,而是一种求解思想,具体思路是通过引入一个新的参数跟踪一条参数化的轨迹,从而解决原最优化问题。组合优化算法是将特定算法直接用于求解最优化问题,包括模拟退火算法、蚁群算法等。Zhang等人[13]对比了各种求解稀疏系数的算法及其应用,并利用各种不同的数据集进行试验。通过总结试验结果得出结论:没有任何一种算法在处理不同类型的数据集和应用于不同的工业过程时都具备最佳的故障检测性能,每种算法都会在计算效率、分类精度等一方面或多方面存在一定的劣势。因此在具体应用过程中,需要通过理论推导和对比试验权衡选择最合适的求解稀疏系数的算法。

常用的稀疏系数求解方法有正交匹配追踪法、原始-对偶法以及快速迭代阈值收缩法等。这三种方法分别属于贪婪算法、约束优化算法和邻近算子优化算法。

正交匹配追踪法由匹配追踪算法发展而来[14],主要目的是进一步加快匹配追踪法的收敛速度。正交匹配追踪法的主要求解思路是在字典中不断迭代寻找对残差贡献最大的字典原子。有很多方法可以用来衡量贡献的大小,比如使用两个向量的内积运算衡量字典原子对残差贡献的大小。由于数据集中每个样本一般具有多种特征,而不同特征的数据的分布范围可能有很大差异,如果将每个字典原子看作一个向量来直接计算字典原子和残差的点积,那么数值较大的特征会占据主导地位,这显然不符合实际。因此需要对字典原子进行归一化处理,再和残差进行内积运算,从而衡量字典原子的贡献度大小。

原始-对偶法属于内点法的一种[15],其通过原问题的对偶形式来转化需要求解的最优化问题,从而顺利得到原本难以求解的无约束非光滑问题的最优解,是一种十分高效的迭代方式。该方法能够高效地得到最优解的依据是原问题和其对偶问题的最优解满足互补松弛关系。

快速迭代阈值收缩法由迭代阈值收缩算法发展而来[16]。两者之间的最大差别在于每一次迭代过程中,计算最优解时初始点的选择不同,这也使得快速迭代阈值收缩法进一步加快了收敛速度,即加快了搜索最优解的速度。快速迭代阈值收缩法是目前应用较为广泛的算法。快速迭代阈值收缩法和迭代阈值收缩算法都是由梯度下降算法发展而来的,梯度下降算法一般只能找到优化问题的局部最优解,初始值对最终结果的影响很大,因此,快速迭代阈值收缩法和迭代阈值收缩算法通过改变寻找最优解的方向在一定程度上解决了梯度下降算法易陷入局部最优解的问题。

2.2.3　基于非对称加权 DTW 的非线性整定

DTW 是一种对时间序列进行非线性整定来进行相似度对比的方法。本小节将从工业应用的角度出发,对 DTW 的相关改进方法[17]进行说明。

将待整定的 I 组包含 V 个被测变量的过程数据记为 $\boldsymbol{B}\in\mathbb{R}^{I\times V\times N}$,由于过程不等长,每组历史数据的采样数 N 可能存在差异。对于上述数据,可以采用原始 DTW 方法,通过下式计算两组数据间的 DTW 距离,以衡量序列间的相似度:

$$D(n,m)=\min\begin{Bmatrix}D(n-1,m)+d_0(n,m),\\D(n-1,m-1)+d_0(n,m),\\D(n,m-1)+d_0(n,m)\end{Bmatrix} \tag{2-5}$$

式中:$d_0(n,m)$ 表示一组数据中第 n 个采样和另一组数据中第 m 个采样之间的欧氏距离;$D(n,m)$ 表示一组数据前 n 个采样构成的序列和另一组数据前 m 个采样构成的序列之间的 DTW 距离;两组数据的初始 DTW 距离 $D(1,1)=d_0(1,1)$。

计算 DTW 距离的过程可以视为一个优化问题,其本质就是在连续性约束、边界约束以及方向性约束的条件下,在由两组序列构成的欧氏距离矩阵中寻找一条可以到达终点且累计距离最小的路径。

第 i、j 组过程数据间的上述路径记为 (x_p,y_p),其中 $x_p\in[1,N_i]$,$y_p\in[1,N_j]$,N_i、N_j 分别表示第 i、j 组过程数据的采样数量。根据路径特征对序列进行拉长或收缩处理,便能够实现序列的整定。通常在应用中,待整定的工业过程数据组会大于两个,而 DTW 仅支持序列两两之间的整定,因此在整定时,需要选定一个参考序列,将该序列的长度作为参考长度,这样整定后的所有序列才会具有相同的长度。此外,对称形式的 DTW 会同等地改变两个待整定序列长度,为了固定参考长度,在实际应用中应该选择非对称形式的 DTW。假设第 j 组过程数据为参考数据 $\boldsymbol{B}_{REF}$,当第 i 组过程数据 $\boldsymbol{B}_i$ 与之进行非对称整定时,在方向性约束下,某一节点 (x_p,y_p) 和后续节点 (x_{p+1},y_{p+1}) 所形成的路径可能出现三种情形:垂直($x_p=x_{p+1}$,$y_p+1=y_{p+1}$)、水平($x_p+1=x_{p+1}$,$y_p=y_{p+1}$)、倾斜($x_p+1=x_{p+1}$,$y_p+1=y_{p+1}$)。针对整定路径在局部上垂直、水平、倾斜行进的情形,非对称 DTW 分别提出了相应处理措施。

(1)垂直行进情形下,$\boldsymbol{B}_i$ 的局部相对 $\boldsymbol{B}_{REF}$ 较长,有必要进行收缩处理,对 $\boldsymbol{B}_i$

较长段的数据求取均值,使用均值代替原段信息。

(2)水平行进情形下,$\boldsymbol{B}_i$ 的局部相对 $\boldsymbol{B}_{\mathrm{REF}}$ 较短,有必要进行拉伸处理,复制 $\boldsymbol{B}_i$ 对应点的数据,将 $\boldsymbol{B}_i$ 扩充。

(3)倾斜行进情形下,$\boldsymbol{B}_i$ 在局部上能够与 $\boldsymbol{B}_{\mathrm{REF}}$ 同步,无须进行处理。

上述处理措施可记为

$$
\begin{cases}
\hat{\boldsymbol{B}}_i(y_p,:) = \dfrac{\boldsymbol{B}_i(y_p,:) + \boldsymbol{B}_i(y_{p+1},:) + \cdots + \boldsymbol{B}_i(y_{p+a},:)}{a+1}, \\
\qquad \text{当 } x_p = x_{p+1} = \cdots = x_{p+a} \text{ 时(垂直行进情形)} \\
\hat{\boldsymbol{B}}_i(y_{q+b},:) = \hat{\boldsymbol{B}}_i(y_{q+b-1},:) = \cdots = \hat{\boldsymbol{B}}_i(y_q,:) = \boldsymbol{B}_i(y_q,:), \\
\qquad \text{当 } y_q = y_{q+1} = \cdots = y_{q+b} \text{ 时(水平行进情形)} \\
\hat{\boldsymbol{B}}_i(y_z,:) = \boldsymbol{B}_i(y_z,:) \qquad \text{(倾斜行进情形)}
\end{cases}
\tag{2-6}
$$

式中:$\hat{\boldsymbol{B}}_i$ 表示整定后的第 i 组序列。

只有在垂直行进情形和水平行进情形下,$\hat{\boldsymbol{B}}_i$ 才相对于 $\boldsymbol{B}_i$ 发生实质性变化,而过多的拉伸与收缩处理会造成数据损失或失真的风险。为了尽可能避免这类风险,参考序列 $\boldsymbol{B}_{\mathrm{REF}}$ 应该选择建模数据中长度最为接近平均长度的一组。在使用上述方法对所有数据进行整定后,每组过程数据都将具有与参考序列相同的采样数 N_{REF}。

在多变量过程数据中,被测变量的性能衡量标准并不一致,此外,每个变量所对应的响应曲线也会因噪声水平不同而具有不同的平滑度,包含的有效信息量也会有所差异。对此,可以考虑引入对角阵 $\boldsymbol{W}$ 作为变量的权重矩阵,在计算 DTW 时,使用加权欧氏距离代替原始欧氏距离,第 i 组过程数据的第 n 个采样与 $\boldsymbol{B}_{\mathrm{REF}}$ 的第 m 个采样间的加权欧氏距离为

$$
d_i(n,m) = \left[\boldsymbol{B}_i(n,:) - \boldsymbol{B}_{\mathrm{REF}}(m,:) \right] * \boldsymbol{W} * \left[\boldsymbol{B}_i(n,:) - \boldsymbol{B}_{\mathrm{REF}}(m,:) \right]^{\mathrm{T}} \tag{2-7}
$$

为了确定 $\boldsymbol{W}$,可以将其设为单位阵,随后采取迭代策略,即选定 $\boldsymbol{B}_{\mathrm{REF}}$ 后,使用基于加权欧氏距离的 DTW 对所有建模数据进行一轮非对称整定,然后求出一组平均数据 $\overline{\boldsymbol{B}}$,使用下式对 $\boldsymbol{W}$ 进行更新:

$$
\boldsymbol{W} = \boldsymbol{W} * \left\langle V \Big/ \sum_{v=1}^{V} \boldsymbol{W}(v,v) \right\rangle \tag{2-8}
$$

其中,$\boldsymbol{W}$ 对角线上的第 v 个元素将依照式(2-9)进行计算:

$$
\boldsymbol{W}(v,v) = \left[\sum_{i=1}^{I} \sum_{s=1}^{N_{\mathrm{REF}}} \left[\hat{\boldsymbol{B}}_i(s,v) - \overline{\boldsymbol{B}}(s,v) \right]^2 \right]^{-1} \tag{2-9}
$$

随着权重矩阵 $\boldsymbol{W}$ 的更新,平滑且相对稳定的响应曲线所对应的变量将被赋

予更大的权重,与之对应的是,噪声大、毛刺多的响应曲线对应的变量权重将被削弱。W 更新后,需要使用新的加权欧氏距离对上一轮整定后的数据重新进行一轮非对称整定,并再次更新 W。经过若干轮迭代后,W 的变化将趋于零,此时即可获得最终的权重信息 W 和整定结果 $\hat{B}$。

2.2.4 基于 CA 的特征提取

1987 年,Engle 和 Granger 在经济领域首次提出了 CA 方法。他们指出,如果不同的非平稳变量可以通过同一阶次差分变得平稳,并且它们有着相同的趋势,那么这些非平稳变量可以通过一种线性组合方式整合为平稳变量。近年来,CA 在工业过程监测的应用中被广泛关注[18]。与经典潜变量模型不同,CA 中提取的特征称为均衡误差,可以揭示过程长期均衡关系,并且可以根据它们的平稳性级别进行排序,即统计上可测量。在工业过程中,非平稳过程的监测可以转化为对平稳均衡误差指标的分析,均衡误差的求取过程如下。

如果变量在被微分 ζ 次后变得平稳,则称其差分平稳阶次为 ζ。CA 的目的是寻找具有相同阶次的非平稳变量之间的长期均衡关系。协整模型可以表示为非平稳变量的线性组合:

$$z = \beta_1 x_1 + \beta_2 x_2 + \cdots + \beta_M x_M = \boldsymbol{X}\boldsymbol{\beta} \tag{2-10}$$

式中:z 为均衡误差;$\boldsymbol{\beta}$ 为协整向量。

为了计算得到 $\boldsymbol{\beta}$,引入向量误差修正(vector error-correction,VEC)模型:

$$\Delta \boldsymbol{X}(t) = \sum_{i=1}^{U-1} \boldsymbol{\Gamma}_i \Delta \boldsymbol{X}(t-i) + \boldsymbol{\Pi} \boldsymbol{X}(t-1) + \boldsymbol{e}(t) \tag{2-11}$$

式中:$\Delta \boldsymbol{X}(t)$ 表示 $\boldsymbol{X}(t)$ 的一阶差分,$t = 1, 2, \cdots, N$;U 是 VEC 模型的阶数;$\boldsymbol{e}(t)$ 是服从高斯分布 $N(0, \boldsymbol{\Xi})$ 的白噪声向量;$\boldsymbol{\Gamma}_i$ 是系数矩阵;$\boldsymbol{\Pi}$ 可以分解为两个列满秩矩阵,$\boldsymbol{\Pi} = \boldsymbol{A}\boldsymbol{B}^{\mathrm{T}}$,$\boldsymbol{A}$ 为负载矩阵,$\boldsymbol{B} = [\boldsymbol{\beta}^1, \boldsymbol{\beta}^2, \cdots, \boldsymbol{\beta}^R]$,是协整矩阵,$R$ 表示保留的协整向量的个数。为了获得 $\boldsymbol{B}$,构造以下似然函数:

$$\mathcal{L}(\boldsymbol{\Gamma}_1, \boldsymbol{\Gamma}_2, \cdots, \boldsymbol{\Gamma}_{U-1}, \boldsymbol{A}, \boldsymbol{B}, \boldsymbol{\Xi}) = -\frac{MN}{2}\ln 2\pi - \frac{N}{2}\ln|\boldsymbol{\Xi}| - \frac{1}{2}\sum_{t=1}^{N} \boldsymbol{e}(t)^{\mathrm{T}} \boldsymbol{\Xi}^{-1} \boldsymbol{e}(t)$$

$$\tag{2-12}$$

Johansen 和 Juselius[19] 证明了式(2-12)中 $\boldsymbol{B}$ 的最大似然估计可以转化为求解以下特征值方程:

$$|\eta \boldsymbol{\Psi}_{11} - \boldsymbol{\Psi}_{10} \boldsymbol{\Psi}_{00}^{-1} \boldsymbol{\Psi}_{01}| = 0 \tag{2-13}$$

式中:$\boldsymbol{\Psi}_{ij} = \dfrac{1}{M\boldsymbol{\mu}_i \boldsymbol{\mu}_j^{\mathrm{T}}}$,$i, j = 0, 1$;$\boldsymbol{\mu}_0 = \Delta \boldsymbol{X}(t) - \sum\limits_{i=1}^{U} \boldsymbol{\Theta}_i \Delta \boldsymbol{X}(t-i)$;$\boldsymbol{\mu}_1 = \boldsymbol{X}(t-1) -$

$\sum_{i=1}^{U} \Phi_i \Delta \boldsymbol{X}(t-i)$；$\eta$ 是 $\boldsymbol{\Psi}_{11}$ 相对于 $\boldsymbol{\Psi}_{10} \boldsymbol{\Psi}_{00}^{-1} \boldsymbol{\Psi}_{01}$ 的特征值；回归系数 Θ_i 和 Φ_i 可以通过普通的最小二乘估计得到。

在求得协整矩阵 $\boldsymbol{B}$ 以后，整体的均衡误差为

$$\boldsymbol{Z} = \boldsymbol{X} \boldsymbol{B} \tag{2-14}$$

$\boldsymbol{Z} = [z_1, z_2, \cdots, z_M]^{\mathrm{T}}$，式中可能存在不平稳的均衡误差。此时需要进行平稳性检验，最常用的方法是增广 Dickey-Fuller（augmented Dickey-Fuller，ADF）检验[20]，也被称为单位根检验。假设一个时间序列为 $z_t (t=1,2,\cdots,N)$，可以建立回归模型：

$$\Delta z_t = a_1 z_{t-1} + \sum_{k=2}^{\iota} a_k \Delta z_{t-k} + b_1 + e_t \tag{2-15}$$

式中：Δ 表示差分运算符号；$a_1, a_2, \cdots, a_{\iota}$ 是自相关系数；b_1 是常数项；e_t 表示独立同分布的随机误差；ι 表示时间滞后项。

为了判断 z_t 是否为非平稳的，设定零假设为 $H_0:a_1=1$，备择假设为 $H_1: a_1<1$。在检验过程中要先选择置信度，如果得到的显著性检验统计量小于置信度，则拒绝零假设，表示原序列不存在单位根，为平稳序列；否则存在单位根，接受零假设，原序列为非平稳序列。那么，平稳的均衡误差表示为 $\boldsymbol{Z}_s = [z_1, z_2, \cdots, z_{M_s}]^{\mathrm{T}}$。

2.3　数据驱动的故障检测方法

2.3.1　基于 PCA 的故障检测方法

PCA 是故障检测与诊断技术最常用的方法之一[21]。工业过程的原始数据空间维度往往非常高，这些海量数据包含丰富的信息，但是变量间并不完全独立，而是存在复杂的相互关系，这种信息的重叠会给统计特征的提取带来干扰。而 PCA 是一种有效降低数据空间维度的方法，它是指从原始数据空间出发，构造一个新的投影空间来降低原始数据空间的维度，再从投影空间中提取统计特征来分析原始数据信息。

假设 $\boldsymbol{X} \in \mathbb{R}^{m \times n}$ 代表原始数据空间，矩阵 $\boldsymbol{X}$ 的每一列表示某一时刻的样本，n 为样本总个数，m 为原始数据空间维度。对 $\boldsymbol{X}$ 的协方差矩阵 $\boldsymbol{S} = \boldsymbol{X} \boldsymbol{X}^{\mathrm{T}}$ 进行特征值分解，将特征值按从大到小的顺序进行排列，原始数据矩阵 $\boldsymbol{X}$ 可以通过以下方式进行分解：

$$X^{\mathrm{T}} = \hat{X}^{\mathrm{T}} + E = \hat{T}\hat{P}^{\mathrm{T}} + E \qquad (2\text{-}16)$$

$$\hat{T} = X^{\mathrm{T}}\hat{P} \qquad (2\text{-}17)$$

协方差矩阵 S 的前 l 个特征向量构成了负载矩阵 $\hat{P} \in \mathbb{R}^{m \times l}$。负载矩阵表示主元子空间(principal component subspace,PCS)的投影系数。S 剩余的($m-l$)个特征向量构成了矩阵 $\tilde{P} \in \mathbb{R}^{m \times (m-l)}$,其表示残差子空间(residual subspace,RS)的投影系数。$\hat{T} \in \mathbb{R}^{n \times l}$,是得分矩阵,$\hat{T}$ 的列被称为主元变量,它可以看成 m 个原始数据空间变量的线性组合。协方差矩阵 S 的特征向量之间是正交的,主元变量之间是统计线性无关的。主元空间的维度可以通过累计方差贡献率来确定。

图 2-1 从几何角度展示了 PCA 的降维方式,原始特征空间维度为 2,红色虚线代表投影方向,新特征 1 代表 PCS 上的投影,与之垂直的新特征 2 代表 RS 上的投影。

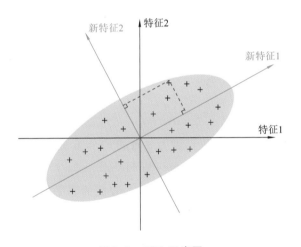

图 2-1 PCA 示意图

故障检测的目的是检测系统状态,及时发现系统中的故障。当采用 PCA 进行故障检测时,针对不同的投影空间,分别设计不同的统计指标。PCS 的统计指标为 Hotelling's T^2 指标,其反映了数据的波动情况;RS 的统计指标为平方预测误差(squared prediction error,SPE)指标,其反映了变量间相关性发生变化的情况。这两个指标各有特色又彼此互补,Yue 等人[22]提出了将两者进行结合的综合统计指标。每种统计指标都有相应的控制限。当统计指标低于控制限时,认为系统是正常的;当统计指标高于控制限时,认为系统是存在故障的。

SPE 统计指标用来衡量被测样本 $\boldsymbol{x}$ 在 RS 的投影变化情况,即变量间相关性被改变的情况,其计算公式为

$$\text{SPE} = \| (\boldsymbol{I} - \hat{\boldsymbol{P}}\hat{\boldsymbol{P}}^{\mathrm{T}})\boldsymbol{x} \|^2 = \boldsymbol{x}^{\mathrm{T}}\widetilde{\boldsymbol{C}}\boldsymbol{x} \tag{2-18}$$

置信水平为 α 时 SPE 指标的控制限 δ_α^2 为

$$\delta_\alpha^2 = g\chi_{h;\alpha}^2 \tag{2-19}$$

式中:$g = \dfrac{\theta_1}{\theta_2}$,$\theta_1 = \displaystyle\sum_{i=l+1}^{m}\lambda_i$,$\theta_2 = \displaystyle\sum_{i=l+1}^{m}\lambda_i^2$;$h = \dfrac{\theta_1^2}{\theta_2}$;$\chi_{h;\alpha}^2$ 表示自由度为 h、置信度为 α 时的 χ^2 分布临界值。

Hotelling's T^2 指标用来衡量被测样本 $\boldsymbol{x}$ 在 PCS 的投影变化情况,即数据的波动情况,其计算公式为

$$T^2 = \boldsymbol{x}^{\mathrm{T}}\hat{\boldsymbol{P}}\boldsymbol{\Lambda}^{-1}\hat{\boldsymbol{P}}^{\mathrm{T}}\boldsymbol{x} = \boldsymbol{x}^{\mathrm{T}}\boldsymbol{D}\boldsymbol{x} \tag{2-20}$$

式中:$\boldsymbol{\Lambda}$ 是由协方差矩阵 $\boldsymbol{S}$ 的前 l 个特征值构成的对角矩阵,即 $\boldsymbol{\Lambda} = \mathrm{diag}\{\lambda_1, \lambda_2, \cdots, \lambda_l\}$。

该统计指标在置信水平为 α 时的控制限为 τ_α^2,假设主元变量服从正态分布,则控制限 τ_α^2 的计算公式为

$$\tau_\alpha^2 = \frac{l(n^2-1)}{n(n-l)}F_{l,n-l;\alpha} \tag{2-21}$$

式中:$F_{l,n-l;\alpha}$ 表示自由度为 l、置信度为 α 时的 F 分布临界值。

综合统计指标 φ 结合了 SPE 指标与 Hotelling's T^2 指标。当数据不满足正态分布且平稳的条件时,由于 PCS 抓取了数据的非平稳部分,这就使得计算出的控制限较大,因此漏报率会比较高。另外,数据的非平稳部分会导致统计指标 T^2 的波动性增大,这使得误报率(false alarm rate,FAR)变高,所以 T^2 指标不如 SPE 指标适用。而在针对质量变量时,由于其比较平稳,T^2 指标则更加合适。针对各有优劣的两种指标,Yue 和 Qin 提出了综合统计指标来进行过程监测,其计算方法为

$$\varphi = \frac{\text{SPE}}{\delta_\alpha^2} + \frac{T^2}{\tau_\alpha^2} = \boldsymbol{x}^{\mathrm{T}}\boldsymbol{\Phi}\boldsymbol{x} \tag{2-22}$$

$$\boldsymbol{\Phi} = \frac{\widetilde{\boldsymbol{C}}}{\delta_\alpha^2} + \frac{\boldsymbol{D}}{\tau_\alpha^2} \tag{2-23}$$

综合统计指标在置信度为 α 时的控制限为 ζ_α^2,其计算公式可以近似为

$$\zeta_\alpha^2 = g\chi_\alpha^2(h^\varphi) \tag{2-24}$$

式中：$g^{\varphi}=\dfrac{\mathrm{tr}(S\Phi)^2}{\mathrm{tr}(S\Phi)}$；$h^{\varphi}=\dfrac{[\mathrm{tr}(S\Phi)]^2}{\mathrm{tr}(S\Phi)^2}$；$\chi_{\alpha}^2(h^{\varphi})$ 表示自由度为 h^{φ} 时，置信度为 $1-\alpha$ 的 χ^2 分布临界值。

由于这些统计指标的公式具有相似性，Yue 等人将其总结为统一的二次型：

$$\mathrm{Index}(x)=x^{\mathrm{T}}Mx \tag{2-25}$$

对于不同的统计指标，M 有不同的计算方式。表 2-1 中对其进行了总结。

表 2-1　统计指标对应矩阵

统 计 指 标	SPE	T^2	φ
M	$\widetilde{C}=I-\hat{P}\hat{P}^{\mathrm{T}}$	$D=\hat{P}\Lambda^{-1}\hat{P}^{\mathrm{T}}$	$\Phi=\dfrac{\widetilde{C}}{\delta_{\alpha}^2}+\dfrac{D}{\tau_{\alpha}^2}$

2.3.2　基于 SFA 的故障检测方法

SFA 算法的理论框架最早由 Wiskott 和 Sejnowski 于 2002 年建立。SFA 的第一个应用出现在计算神经科学领域，旨在帮助理解大脑中视觉系统的组织。目前 SFA 已成功应用于各种学习任务中，如目标识别、故障检测和非线性盲源分离等。下面将简要介绍基于 SFA 的故障检测方法。首先给定一个多维输入数据集 $X=[x_1^{\mathrm{T}},x_2^{\mathrm{T}},\cdots,x_M^{\mathrm{T}}]^{\mathrm{T}}\in\mathbb{R}^{M\times N}$，其中 M 表示变量的个数，N 表示采样的数量。SFA 的目标是找到一种转变函数 $s(n)=g(X(n))$ 来产生一系列慢特征（slow features，SFs），表示为 $s(n)=[s_1(n),s_2(n),\cdots,s_M(n)]^{\mathrm{T}}$，$n=1,2,\cdots,N$。SFs 的变化速度要尽可能慢，这一目标可以通过解决以下优化问题来实现：

$$\min_{g(\cdot)}\langle\dot{s}_i^2\rangle_n,\quad i=1,2,\cdots,M \tag{2-26}$$

约束条件为

$$\langle s_i\rangle_n=0 \tag{2-27}$$

$$\langle s_i^2\rangle_n=1 \tag{2-28}$$

$$\forall i\neq j,\quad \langle s_i s_j\rangle_n=0 \tag{2-29}$$

式中：$\langle\cdot\rangle_n$ 表示 N 次测量的平均值；$\dot{s}_i(n)=s_i(n)-s_i(n-1)$。约束条件式 (2-27) 和式 (2-28) 要求每个 SF 的均值为 0、方差为 1。约束条件式 (2-29) 保证不同的 SF 彼此正交。此外，SF 是按速度快慢顺序排列的，即 s_1 是最慢的，s_2 是第二慢的，等等。

对于线性 SFA,每个时刻的第 i 个 $s_i(n)$ 可以用所有变量的线性组合来表示,即 $s_i(n)=w_i\boldsymbol{X}(n)$,那么将原始数据映射到慢特征空间可以写为

$$s(n)=\boldsymbol{W}\boldsymbol{X}(n) \tag{2-30}$$

式中:$\boldsymbol{W}=[w_1,w_2,\cdots,w_M]^\mathrm{T}$,为 SFA 需要优化的系数矩阵。

很容易验证,约束条件式(2-27)可以通过标准化原始数据自动满足,即 $\langle\boldsymbol{X}\rangle_n=\boldsymbol{0}$。然后通过引入拉格朗日乘子,上述优化问题可以转化为求解广义特征值问题:

$$\boldsymbol{A}\boldsymbol{W}=\boldsymbol{B}\boldsymbol{W}\boldsymbol{\Omega} \tag{2-31}$$

式中:$\boldsymbol{A}=\langle\dot{\boldsymbol{X}}(n)\dot{\boldsymbol{X}}(n)^\mathrm{T}\rangle_n$,表示数据集一阶差分的协方差矩阵;$\boldsymbol{B}=\langle\boldsymbol{X}(n)\boldsymbol{X}(n)^\mathrm{T}\rangle_n$,表示数据集的协方差矩阵。

$\boldsymbol{W}$ 包含了 $\{\boldsymbol{A},\boldsymbol{B}\}$ 的 M 个广义特征向量,$\boldsymbol{\Omega}=\mathrm{diag}\{\boldsymbol{\omega}_1,\boldsymbol{\omega}_2,\cdots,\boldsymbol{\omega}_M\}$,是由广义特征值 $\boldsymbol{\omega}_i=\langle\dot{s}_i^2\rangle_n$ 组成的对角矩阵,这些值为优化问题(2-26)的最优解。

同时,优化问题(2-26)可以通过两步奇异值分解(singular value decomposition,SVD)来解决,并且此方法进一步揭示了 SFA 的统计特性,在此基础上可以建立监测指标,具体步骤如下。

首先,采用 SVD 对协方差矩阵 $\boldsymbol{B}$ 进行分解,得到

$$\boldsymbol{B}=\boldsymbol{U}\boldsymbol{\Lambda}\boldsymbol{U}^\mathrm{T} \tag{2-32}$$

然后,基于式(2-32),原始数据集 $\boldsymbol{X}$ 通过消除变量间的互相关性实现白化处理,得到

$$\boldsymbol{z}(n)=\boldsymbol{\Lambda}^{-1/2}\boldsymbol{U}^\mathrm{T}\boldsymbol{X}(n) \tag{2-33}$$

$\boldsymbol{z}$ 满足 $\mathrm{cov}(\boldsymbol{z})=\langle\boldsymbol{z}\boldsymbol{z}^\mathrm{T}\rangle_n=\boldsymbol{I}_M$。随后,优化问题(2-26)可以转化为一个求解矩阵 $\boldsymbol{P}$ 的问题:

$$\boldsymbol{s}=\boldsymbol{P}\boldsymbol{z} \tag{2-34}$$

其中

$$\langle\boldsymbol{s}\boldsymbol{s}^\mathrm{T}\rangle_n=\boldsymbol{I}_M \tag{2-35}$$

式(2-35)与约束条件式(2-28)和式(2-29)对应。

将式(2-34)代入式(2-35),得到 $\boldsymbol{P}\boldsymbol{P}^\mathrm{T}=\boldsymbol{I}_M$,这表明 $\boldsymbol{P}=[\boldsymbol{p}_1,\boldsymbol{p}_2,\cdots,\boldsymbol{p}_M]^\mathrm{T}$ 是正交的。最小化 $\langle\dot{s}_i^2(n)\rangle_n=\boldsymbol{p}_i^\mathrm{T}\langle\dot{\boldsymbol{z}}\dot{\boldsymbol{z}}^\mathrm{T}\rangle_n\boldsymbol{p}_i$ 可以通过对 $\langle\dot{\boldsymbol{z}}\dot{\boldsymbol{z}}^\mathrm{T}\rangle_n$ 执行 SVD 实现。

$$\langle\dot{\boldsymbol{z}}\dot{\boldsymbol{z}}^\mathrm{T}\rangle_n=\boldsymbol{P}^\mathrm{T}\boldsymbol{\Omega}\boldsymbol{P} \tag{2-36}$$

那么,$\dot{\boldsymbol{s}}$ 的协方差矩阵变为 $\langle\dot{\boldsymbol{s}}\dot{\boldsymbol{s}}^\mathrm{T}\rangle_n=\boldsymbol{\Omega}$。

最终,系数矩阵为

$$\boldsymbol{W}=\boldsymbol{P}\boldsymbol{\Lambda}^{-\frac{1}{2}}\boldsymbol{U}^\mathrm{T} \tag{2-37}$$

在 SFA 中,基于推导出的 SFs 分别设计两个监测指标。首先,一部分 SFs 被认为是主导部分 $\boldsymbol{s}_d = [s_1, s_2, \cdots, s_{M_d}]^T \in \mathbb{R}^{M_d}$,数目被定义为 M_d,其变化是较慢的,代表的是过程本质的特征;剩余部分为 $\boldsymbol{s}_e = [s_{M_d+1}, s_{M_d+2}, \cdots, s_M]^T \in \mathbb{R}^{M_e}$,特征数目被定义为 M_e,其变化比较快,其特征更接近于噪声。两者的关系为 $M = M_d + M_e$。基于 $\boldsymbol{s}_d$ 和 $\boldsymbol{s}_e$,第一对检验统计量被构造,表示 $\boldsymbol{X}$ 的静态变化:

$$T^2 = \boldsymbol{s}_d^T \boldsymbol{s}_d \tag{2-38}$$

$$T_e^2 = \boldsymbol{s}_e^T \boldsymbol{s}_e \tag{2-39}$$

同时,第二对检验统计量代表 $\boldsymbol{X}$ 时间上的变化,被定义为

$$S^2 = \dot{\boldsymbol{s}}_d^T \boldsymbol{\Omega}_d \dot{\boldsymbol{s}}_d \tag{2-40}$$

$$S_e^2 = \dot{\boldsymbol{s}}_e^T \boldsymbol{\Omega}_e \dot{\boldsymbol{s}}_e \tag{2-41}$$

表 2-2 汇总了上述监测指标和相应的控制限,其中,任一指标超限,代表过程发生故障。那么,监测规则总结如下:

(1) T^2 和 T_e^2 中任一指标或者两个都不在控制限以内,代表过程进入了一个新的运行条件;

(2) S^2 和 S_e^2 中任一指标或者两个都不在控制限以内,代表过程动力学受到影响,并且控制性能改变。

表 2-2　监测指标和控制限

监测指标	计算方式	控制限
T^2	$\boldsymbol{s}_d^T \boldsymbol{s}_d$	$\chi^2_{M_d, a}$
T_e^2	$\boldsymbol{s}_e^T \boldsymbol{s}_e$	$\chi^2_{M_e, a}$
S^2	$\dot{\boldsymbol{s}}_d^T \boldsymbol{\Omega}_d \dot{\boldsymbol{s}}_d$	$\dfrac{M_d(N^2-2N)}{(N-1)(N-M_d-1)} F_{M_d, N-M_d-1, a}$
S_e^2	$\dot{\boldsymbol{s}}_e^T \boldsymbol{\Omega}_e \dot{\boldsymbol{s}}_e$	$\dfrac{M_e(N^2-2N)}{(N-1)(N-M_e-1)} F_{M_e, N-M_e-1, a}$

上述两对监测指标需要并行使用,才能挖掘过程状态更多的信息。

2.4　数据驱动的故障诊断方法

2.4.1　基于 RBC 的故障诊断方法

沿着变量的方向对故障检验指标进行重构,就可以最小化该变量对检验指标的贡献。RBC 方法将沿变量方向对故障检验指标的重构量作为该变量的重

构贡献。

以典型的传感器故障为例，$x \in \mathbb{R}^m$ 是当前一个故障样本，m 代表传感器个数，假设变量 i 发生了故障，则沿着 $\boldsymbol{\xi}_i$ 的方向对样本 $\boldsymbol{x}$ 进行重构：

$$\boldsymbol{x}^* = \boldsymbol{x} - \boldsymbol{\xi}_i f_i \tag{2-42}$$

则重构后的样本 $\boldsymbol{x}^*$ 的检验指标为

$$\mathrm{index}(\boldsymbol{x}^*) = \boldsymbol{x}^{*\mathrm{T}} \boldsymbol{M} \boldsymbol{x}^* = \| \boldsymbol{x}^* \|_{\boldsymbol{M}}^2 = \| \boldsymbol{x} - \boldsymbol{\xi}_i f_i \|_{\boldsymbol{M}}^2 \tag{2-43}$$

重构的任务就是找到合适的 $\boldsymbol{\xi}_i f_i$，使得 $\mathrm{index}(\boldsymbol{x}^*)$ 最小。通过求导可得

$$\frac{\mathrm{d}(\mathrm{index}(\boldsymbol{x}^*))}{\mathrm{d}f_i} = -2(\boldsymbol{x} - \boldsymbol{\xi}_i f_i)^{\mathrm{T}} \boldsymbol{M} \boldsymbol{\xi}_i \tag{2-44}$$

对式(2-44)进行变形，可得到 $f_i = (\boldsymbol{\xi}_i^{\mathrm{T}} \boldsymbol{M} \boldsymbol{\xi}_i)^{-1} \boldsymbol{\xi}_i^{\mathrm{T}} \boldsymbol{M} \boldsymbol{x}$。然后就能计算出变量 i 的重构贡献：

$$\mathrm{RBC}_i^{\mathrm{index}} = \mathrm{index}(\boldsymbol{x}) - \mathrm{index}(\boldsymbol{x}^*) = \| \boldsymbol{\xi}_i f_i \|_{\boldsymbol{M}}^2 \tag{2-45}$$

将 f_i 的结果代入式(2-45)，可以得到

$$\mathrm{RBC}_i^{\mathrm{index}} = \| \boldsymbol{\xi}_i (\boldsymbol{\xi}_i^{\mathrm{T}} \boldsymbol{M} \boldsymbol{\xi}_i)^{-1} \boldsymbol{\xi}_i^{\mathrm{T}} \boldsymbol{M} \boldsymbol{x} \|_{\boldsymbol{M}}^2 = \boldsymbol{x}^{\mathrm{T}} \boldsymbol{M} \boldsymbol{\xi}_i (\boldsymbol{\xi}_i^{\mathrm{T}} \boldsymbol{M} \boldsymbol{\xi}_i)^{-1} \boldsymbol{\xi}_i^{\mathrm{T}} \boldsymbol{M} \boldsymbol{x} \tag{2-46}$$

式(2-46)是 RBC 方法对于不同检验统计指标的通用形式，当使用 SPE 指标时，变量 i 的重构贡献可以表示为

$$\mathrm{RBC}_i^{\mathrm{SPE}} = \boldsymbol{x}^{\mathrm{T}} \widetilde{\boldsymbol{C}} \boldsymbol{\xi}_i (\boldsymbol{\xi}_i^{\mathrm{T}} \widetilde{\boldsymbol{C}} \boldsymbol{\xi}_i)^{-1} \boldsymbol{\xi}_i^{\mathrm{T}} \widetilde{\boldsymbol{C}} \boldsymbol{x} = \frac{(\boldsymbol{\xi}_i^{\mathrm{T}} \widetilde{\boldsymbol{C}} \boldsymbol{x})^2}{\widetilde{C}_{ii}} \tag{2-47}$$

变量 j 的重构贡献可以表示为

$$\mathrm{RBC}_j^{\mathrm{SPE}} = \frac{(\boldsymbol{\xi}_j^{\mathrm{T}} \widetilde{\boldsymbol{C}} \boldsymbol{x})^2}{\widetilde{C}_{jj}} \tag{2-48}$$

从式(2-48)可以看出，当 $i \neq j$ 时，基于 RBC 的方法同样存在"污染效应"。不过 Alcala 等人[23]证明了：当样本有且只有变量 i 发生故障时，对于 $i \neq j$，可以保证 $\mathrm{RBC}_i^{\mathrm{index}} \geqslant \mathrm{RBC}_j^{\mathrm{index}}$。

这个定理说明，RBC 方法也存在着与传统贡献类似的"污染效应"，当故障幅度非常大时，正常变量的 RBC 也会变得非常大，因此通过对比控制限来进行故障诊断可能会导致错误诊断，基于 RBC 值的相对大小来进行故障诊断是更合理的选择。RBC 方法能保证故障变量的贡献值大于其他非故障变量的贡献值，但在处理多变量故障问题时，还存在缺陷。针对多变量故障的情况，Mnassri 等人[24]将单维 RBC 扩展成了多维 RBC(MRBC)。在 MRBC 方法中，设 $\boldsymbol{\Xi}$ 代表重构方向矩阵，可以得到用于重构的多个变量的贡献：

$$\mathrm{RBC}_{\boldsymbol{\Xi}}^{\mathrm{index}} = \boldsymbol{x}^{\mathrm{T}} \boldsymbol{M} \boldsymbol{\Xi} (\boldsymbol{\Xi}^{\mathrm{T}} \boldsymbol{M} \boldsymbol{\Xi})^+ \boldsymbol{\Xi}^{\mathrm{T}} \boldsymbol{M} \boldsymbol{x} \tag{2-49}$$

设候选诊断集为 S_f,将其中的故障样本 $\boldsymbol{x}$ 沿着重构方向矩阵 $\boldsymbol{\Xi}$ 的方向进行重构后,可计算出重构之后的检验指标 index($\boldsymbol{x}^*$):

$$\text{index}(\boldsymbol{x}^*) = \| \boldsymbol{x} - \boldsymbol{\Xi} f \|_{\boldsymbol{P_A}^+\boldsymbol{P}}^2 = \text{index}(\boldsymbol{x}) - \text{RBC}_{\boldsymbol{\Xi}}^{\text{index}} \tag{2-50}$$

故障的发生会导致样本的检验指标 index($\boldsymbol{x}^*$)超出正常的控制范围,如果 S_f 包含所有的故障变量,并沿着变量的组合方向对故障样本进行重构,就能使检验指标回归正常。所以,如果重构之后的 index($\boldsymbol{x}^*$)低于正常控制限,则说明所有的故障变量已经被全部隔离;如果 index($\boldsymbol{x}^*$)仍然高于正常控制限,则说明还没有诊断出全部的故障变量,需要继续将剩余变量加入候选诊断集 S_f,以增大重构维度,直到检验指标低于控制限。

2.4.2 基于贝叶斯决策的故障诊断方法

过程监测中故障检测与故障诊断可以广义地视作二分类问题。故障检测的任务是判断系统是处于正常状态还是故障状态,故障诊断的任务则是判断过程变量是处于正常状态还是故障状态。因此,机器学习与模式分类的方法可以应用到过程监测领域中,其中贝叶斯决策的故障诊断理论是基于概率框架的一种基本分类方法。贝叶斯理论强调了从历史信息中获取先验信息的重要性,贝叶斯公式可以描述为[25]

$$P(A \mid B) = \frac{P(B \mid A)P(A)}{P(B)} \tag{2-51}$$

式中:A 事件与 B 事件存在于同一随机实验的样本空间中;$P(A)$ 是 A 事件发生的先验概率;$P(B)$ 是 B 事件发生的先验概率;$P(A \mid B)$ 与 $P(B \mid A)$ 为条件概率。

如果 A 事件不是一个单独的事件,即 A 事件包含 $A_1, A_2, \cdots, A_n$ 等 n 个子事件,则需要引入概率理论中的全概率公式,贝叶斯公式可以描述为

$$P(A_i \mid B) = \frac{P(B \mid A_i)P(A_i)}{\sum\limits_{i=1}^{n} P(A_i)P(B \mid A_i)} \tag{2-52}$$

基于贝叶斯决策的故障诊断理论是基于贝叶斯理论来进行决策的。对分类任务来说,基于贝叶斯决策的故障诊断理论的目标是选择最优类别来最小化误判造成的损失。

对于一个多分类问题,假设有 N 种可能的类别,即 $c_1, c_2, \cdots, c_N$,第 i 类的先验概率为 $P(c_i)$,对于连续型变量 x,其对应的是类条件概率密度 $p(x \mid c_i)$,而不是条件概率的形式,此情况下的贝叶斯公式为

$$P(c_i \mid x) = \frac{P(c_i)p(x \mid c_i)}{\sum\limits_{i=1}^{N} P(c_i)p(x \mid c_i)}, \quad i = 1, 2, \cdots, N \tag{2-53}$$

根据得到的后验概率,使用贝叶斯决策来选择最优类别。λ_{ij} 为将类别标记为 c_j 的样本误判为 c_i 的损失,则期望损失为

$$R(c_i \mid x) = \sum_{j=1}^{N} \lambda_{ij} P(c_j \mid x) \tag{2-54}$$

对于单个样本 x,贝叶斯分类器为

$$\arg\min_i R(c_i \mid x), \quad 那么 \ x \in c_i \tag{2-55}$$

此时,系统总的期望损失最小,这被称为最小化贝叶斯风险的分类准则,若目标是最小化错误率的准则,则误判损失 λ_{ij} 可以写为

$$\lambda_{ij} = \begin{cases} 0, & i = j \\ 1, & 其他 \end{cases} \tag{2-56}$$

此时,条件风险为

$$R(c_i \mid x) = \sum_{j=1, j \neq i}^{N} P(c_j \mid x) \tag{2-57}$$

贝叶斯分类器的任务可以简化为

$$\arg\min_i \sum_{j=1, j \neq i}^{N} P(c_j \mid x) = \arg\max_i P(c_i \mid x), \quad 那么 \ x \in c_i \tag{2-58}$$

后验概率中最大值所对应的类别 c_i 被认为是 x 的类别,这就是最小化错误率的准则。贝叶斯决策不同于神经网络、决策树、支持向量机等"判别式模型"方法,它是一种"生成式模型"方法,判别式模型基于数据集建模直接训练 $P(c \mid x)$,而贝叶斯决策先对联合概率密度 $p(x, c)$ 进行建模,然后推导 $P(c \mid x)$。因此求解 $P(c \mid x)$ 的问题被转化为如何通过数据集来估计类条件概率密度 $p(x \mid c)$ 和类的先验概率 $P(c)$ 的问题。

先验概率 $P(c)$ 表示的是样本空间中不同类样本所占的比例,根据大数定理,当数据集包含充足的独立同分布样本时,可以通过各个类出现的频率来估计 $P(c)$,而类条件概率密度 $p(x \mid c)$ 可以通过极大似然估计等方式确定,但前提是已知该类别数据的概率分布形式。

在实际的工业过程监测任务中,如何合理地应用贝叶斯决策尚没有达成明确的共识,一方面是因为类条件概率密度的估计方式是不明确的,另一方面是由于故障的决策方式没有完全一致的标准,因此往往利用多元统计分析方法来进行故障诊断。

2.4.3　基于 CNN 的故障分类方法

CNN 模型源于 20 世纪 60 年代，Hubel 和 Wiesel[26]基于对猫视觉皮层细胞的研究提出了感受野的概念，并根据层次关系分成简单细胞和复杂细胞。20 世纪 80 年代，Fukushima 在此基础上提出了神经认知机的概念，其是 CNN 的早期雏形，由于当时没有反向传播算法等有监督训练方法，神经认知机未能在实际工程中应用。1998 年，LeCun 等人提出了经典的 LeNet-5，用于手写体数字识别，并取得了显著的效果。2006 年，Hinton 提出了"深度学习"的概念，通过构建多层网络，对目标进行多层表示，继而获得更好的特征表达。此后，各个领域专家、学者开始研究神经网络，并将其应用于语音识别、目标检测和视频处理等领域，取得了辉煌的成就。2017 年，在 ImageNet 竞赛中，基于 CNN 的识别方法以 2.99％的分类错误率首次超越了人类的识别表现。

CNN 是一种多层有监督学习神经网络，一般由输入层、隐含层、全连接层和输出层组成。其中，隐含层包含交替连接的卷积层和池化层，是 CNN 实现特征提取功能的核心模块。全连接层类似传统的多层感知器的隐含层，负责接收前段隐含层提取得到的特征信息，获得高维度的数据表示。输出层通常设置一个分类器，用于实现分类。CNN 结构如图 2-2 所示。

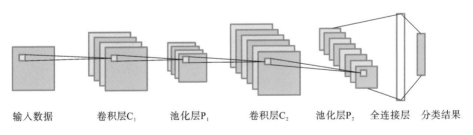

输入数据　　卷积层C₁　　池化层P₁　　卷积层C₂　　池化层P₂　全连接层　分类结果

图 2-2　CNN 结构

CNN 的核心是卷积层，它由多个卷积核（滤波器）组成，卷积运算可以用来处理图像或信号的局部区域，并产生相应的特征信息作为输出传递到下一层。卷积层最重要的思想是权值共享和局部感受野，即通过单个卷积核以固定的步长在输入图像中滑动平移，遍历整个图像所有位置并分别进行卷积运算，继而极大限度上减少网络参数数量，从而避免由过多参数造成的过拟合现象。

在二维运算中，卷积层中的多个卷积核与前一层的输出进行逐行滑动的卷积运算，卷积运算过程可由式(2-59)表示：

$$A_j^{l+1} = f\Big(\sum_{i \in M_j} A_j^l W_{ij}^{l+1} + b_j^{l+1}\Big) \tag{2-59}$$

式中：A_j^{l+1} 是下一层的激活值；M_j 是上一层需要做卷积运算的第 j 个区域的特征矩阵；A_j^l 是 M_j 中的元素；W_{ij}^{l+1} 是权重矩阵；b_j^{l+1} 是偏置系数；$f(\,\cdot\,)$ 是激活函数，通常选取 ReLu、Tanh、Sigmoid 等，负责将非线性特性引入网络中。

通过和上层输出特征矩阵的邻近区域连接，卷积核能够更好地获得局部特征。而且此连接方式相较于全连接网络有效地缩减了需训练的参数，提升了学习效率。输入特征尺寸、卷积核尺寸、输出特征尺寸分别记为 $n\times n$、$k\times k$、$m\times m$，卷积步长为 t，则三者矩阵之间的尺寸关系可由式（2-60）描述：

$$m = \frac{n-k+1}{t} \tag{2-60}$$

卷积层学习到的特征量若直接由全连接层分类，运算量将变得十分庞大。因此，对卷积层输出的特征进行进一步压缩，例如可以对某个区域的特征取最大值或平均值进行降采样，由此，特征维度下降，而且网络的鲁棒性提升。这种降采样的过程在卷积网络中被称为池化操作，CNN 常用的池化方法为最大池化和平均池化。池化层根据池化规则得出每个局部区域的池化值，然后将池化值依次排列得到降维的池化输出特征。平均池化和最大池化计算过程分别如下：

$$A_k^{l+1} = \frac{\sum\limits_{k=1}^{n}\sum\limits_{(i,j)\in M_k} A_{ij}^l}{i\times j} \tag{2-61}$$

$$A_k^{l+1} = \max\Big(\sum_{k=1}^{n}\sum_{(i,j)\in M_k} A_{ij}^l\Big) \tag{2-62}$$

式中：k 表示将上层输出特征 A_j^l 划分为 k 个区域；M_k 表示第 k 个区域的特征矩阵，其维度为 $i\times j$。

全连接层是 CNN 结构中最后一个工作单元，其神经元与上一层的神经元进行全连接，主要将提取后的特征信息平铺展开为一列，构成一维向量，然后处理来自池化层拼接的一维特征，输入的一维特征乘以权重求和并加上偏置系数后，经过激活函数运算得到输出特征，其前向传播过程可以表示为

$$A^{l+1} = f(w^l A^l + b^l) \tag{2-63}$$

式中：w^l 和 b^l 分别是第 l 层的权重和偏置系数。

输出层的作用是对 CNN 的末端输出进行分类或识别，根据具体的任务要求可选择不同分类器，如常用的分类器有多项式逻辑回归、softmax 分类器等。

2.5 结束语

本章重点介绍了以 PCA、SFA、SR、DTW、CA 为代表的统计机器学习方法，以及它们在特征提取和过程监测中的应用。同时，介绍了故障隔离中常用的 RBC 方法和基于贝叶斯决策的故障诊断理论。此外，简单描述了深度学习中的 CNN 分类模型。这些基本理论与本书的后续内容紧密相关。

本章参考文献

[1] LI L M，WEN Z Z，WANG Z S. Outlier detection and correction during the process of groundwater lever monitoring base on Pauta criterion with self-learning and smooth processing[C]//AsiaSim/SCS AutumnSim 2016. Theory，Methodology，Tools and Applications for Modeling and Simulation of Complex Systems. Singapore：Springer Science＋Business Media，2016：497-503.

[2] LIU H C，SHAH S，JIANG W. On-line outlier detection and data cleaning[J]. Computers & Chemical Engineering，2004，28(9)：1635-1647.

[3] ALMUTAWA J. Identification of errors-in-variables model with observation outliers based on minimum-covariance-determinant[C]//Proceedings of 2007 American Control Conference. New York：IEEE，2007：134-139.

[4] SOUZA F A A，ARAÚJO R，MENDES J. Review of soft sensor methods for regression applications[J]. Chemometrics and Intelligent Laboratory Systems，2016，152(12)：69-79.

[5] ZHU J L，GE Z Q，SONG Z H，et al. Review and big data perspectives on robust data mining approaches for industrial process modeling with outliers and missing data[J]. Annual Reviews in Control，2018，46(9)：107-133.

[6] CONG Y，GE Z Q，SONG Z H. Multirate partial least squares for process monitoring[J]. IFAC-Papers OnLine，2015，48(8)：771-776.

[7] LIU Y J，XIE L，DING F. An auxiliary model based on a recursive least-squares parameter estimation algorithm for non-uniformly sampled multi-

rate systems[C]//Proceedings of the Institution of Mechanical Engineers,
Part Ⅰ:Journal of Systems and Control Engineering. London:IMechE,
2009:445-454.

[8] TOŠIĆ I, FROSSARD P. Dictionary learning[J]. IEEE Signal Processing
Magazine, 2011, 28(2):27-38.

[9] MAIRAL J, BACH F, PONCE J, et al. Online dictionary learning for
sparse coding[C]// Proceedings of the 26th Annual International Confer-
ence on Machine Learning. New York:ACM, 2009:1-8.

[10] GARCIA-CARDONA C, WOHLBERG B. Convolutional dictionary lear-
ning: a comparative review and new algorithms[J]. IEEE Transactions
on Computational Imaging, 2018, 4(3):366-381.

[11] DUMITRESCU B, IROFTI P. Dictionary learning algorithms and appli-
cations[M]. Cham:Springer International Publishing AG, 2018.

[12] XU Y, LI Z M, YANG J, et al. A survey of dictionary learning algo-
rithms for face recognition[J]. IEEE Access, 2017, 5:8502-8514.

[13] ZHANG Z, XU Y, YANG J, et al. A survey of sparse representation:
algorithms and applications[J]. IEEE Access, 2015, 3:490-530.

[14] YAO Y, XIN X, GUO P. OMP or BP? A comparison study of image fu-
sion based on joint sparse representation[C]// Proceedings of the 19th
International Conference on Neural Information Processing. New York:
ACM, 2012:75-82.

[15] YANG J Y, PENG Y G, XU W L, et al. Ways to sparse representation:
an overview[J]. Science in China Series F:Information Sciences, 2009,
52(4):695-703.

[16] XU Y, ZHANG B, ZHONG Z F. Multiple representations and sparse
representation for image classification[J]. Pattern Recognition Letters,
2015, 68(7):9-14.

[17] KASSIDAS A, MACGREGOR J F, TAYLOR P A. Synchronization of
batch trajectories using dynamic time warping[J]. AIChE Journal, 1998,
44(4):864-875.

[18] CHEN Q, KRUGER U, LEUNG A Y T. Cointegration testing method
for monitoring nonstationary processes[J]. Industrial & Engineering

Chemistry Research，2009，48(7)：3533-3543.

[19] JOHANSEN S，JUSELIUS K. Maximum likelihood estimation and inference on cointegration—with applications to the demand for money[J]. Oxford Bulletin of Economics and Statistics，1990，52(2)：169-210.

[20] DICKEY D A，FULLER W A. Likelihood ratio statistics for autoregressive time series with a unit root[J]. Econometrica，1981，49(4)：1057.

[21] CHEN Z W. Data-driven fault detection for industrial processes：canonical correlation analysis and projection based methods[M]. Heidelberg：Springer Vieweg，2017.

[22] YUE H H，QIN S J. Reconstruction-based fault identification using a combined index[J]. Industrial & Engineering Chemistry Research，2001，40(20)：4403-4414.

[23] ALCALA C F，QIN S J. Analysis and generalization of fault diagnosis methods for process monitoring[J]. Journal of Process Control，2011，21(3)：322-330.

[24] MNASSRI B，ADEL E M E，OULADSINE M. Reconstruction-based contribution approaches for improved fault diagnosis using principal component analysis[J]. Journal of Process Control，2015，33(6)：60-76.

[25] 茆诗松. 贝叶斯统计[M]. 北京：中国统计出版社，1999.

[26] HUBEL D H，WIESEL T N. Receptive fields，binocular interaction and functional architecture in the cat's visual cortex[J]. The Journal of Physiology，1962，160(1)：106-154.

第 3 章
基于时间加权核稀疏表示方法的非线性多模态过程实时监测

3.1 引言

随着生产系统的规模和复杂性的日益增长,实时过程监测对于确保现代工业系统的可靠性至关重要。由于不依赖精确的数学模型,数据驱动的方法已经广泛应用于学术界和工业界,并取得了较好的结果。然而,由于操作条件的变化、稳态工作点的调整、过程的固有特征等情况,实际工业过程中经常有多种模态。现有多模态过程监测方法一般可分为两类:基于单一模型的方法和基于多模型的方法。基于单一模型的方法旨在建立一个可以适应所有模态的全局模型。基于多模型的方法旨在为每个模态建立单独的模型,当在线样本到来时,首先判断其所属模态,然后用相应的模态对其进行故障检测,判断其是否发生故障。

工业过程的多模态和非线性的复杂特性往往同时存在,因此同时考虑数据的多模态和非线性是十分必要的。Tan 等人[1]使用狄利克雷过程和具有特定核的核 PCA 来处理非线性多模态过程。Du 等人[2]提出基于懒惰学习建模和受体密度算法的监测方法。尽管很多聚类算法被广泛用于模态辨识,但是目前仍然存在一些问题,传统的聚类方法如 K 均值聚类方法、密度峰值聚集方法很难用于在线模态辨识。同时,尽管欧氏距离已经普遍用于在线样本的模态辨识,但采用该方法可能会失去一些重要的信息。

稀疏表示(SR)是一个常用的统计建模的方法,其在信号处理、图像处理、模式识别领域得到了很多的应用。由于 SR 具有对过程信息的深度挖掘能力和强解释性,近年来其被应用到过程监测中。Xiao 和 Wang[3]提出了鲁棒 SR 方法,用以处理多模态间歇过程中的缺失值和异常值问题。Xiao 等人[4]提出稀疏表示保持嵌入方法来检测存在异常值时的动态故障。Peng 等人[5]提出了基于稀疏建模和局部保留投影算法的混合框架来实现准确的数据聚类和监测。Yang

等人[6]通过考虑异常值的稀疏性提出了一种鲁棒字典学习的方法来监测多模态过程。Huang 等人[7]基于核方法来学习字典以实现故障检测和隔离,特别是对一些微小故障。尽管 SR 得到了广泛的应用,但仍然存在模态辨识精度有待提高的问题。

针对上述一系列问题,本章考虑 SR 的可解释性和判别性,提出了一种基于时间加权核稀疏表示(time weighted kernel sparse representation,TWKSR)方法的非线性多模态过程实时监测框架。首先,提出了 TWKSR 方法,该方法对稀疏系数矩阵增加了时间加权约束,保证了每个样本可以充分地被其时间邻居表示。其次,基于交替方向乘子法(alternating direction method of mltiplier,ADMM)求解 TWKSR 方法的优化问题,以获得稀疏系数矩阵,该稀疏系数矩阵用于离线训练集的模态辨识。然后,从每个辨识好的模态中选择有代表性的样本来更新字典矩阵。当在线样本到达时,根据更新后的字典矩阵计算当前样本的稀疏系数向量和重构误差,它们分别用于在线模态识别和故障检测。最后,本章使用一个数值仿真案例和一个污水处理过程案例对所提方法进行验证。与传统方法相比,本章所提方法可以有效地提高模态辨识的准确度和故障检测率(fault detection rate,FDR)。

3.2　时间加权核稀疏表示

3.2.1　模型构建

假设数据矩阵 $\boldsymbol{Y}=[y_1,y_2,\cdots,y_n]\in\mathbb{R}^{m\times n}$ 包括 n 个样本和 m 个变量,存在 k 个 m 维基向量。SR 旨在使用较少的基向量的线性组合来表示原始数据,基向量被称为原子,所有的原子形成的矩阵 $\boldsymbol{D}=[d_1,d_2,\cdots,d_k]\in\mathbb{R}^{m\times k}(k\gg m)$ 被称为字典。由于原子数 k 远远大于原始数据的维数 m,字典 $\boldsymbol{D}$ 是过完备的。过完备字典的冗余性保证了样本的简洁表达和基本特征的提取。每个样本的稀疏表示可以通过求解下面的最优化问题得到:

$$\min_{\boldsymbol{C}}\|\boldsymbol{Y}-\boldsymbol{DC}\|_F^2+\frac{\lambda}{2}\|\boldsymbol{C}\|_1 \tag{3-1}$$

式中:$\boldsymbol{C}=[c_1,c_2,\cdots,c_n]\in\mathbb{R}^{k\times n}$,是系数矩阵;$\lambda$ 是惩罚参数;$\|\cdot\|_1$ 表示 l_1 范数,保证 $\boldsymbol{C}$ 的每一列的稀疏性;$\|\cdot\|_F^2$ 表示 Frobenius 范数,保证每个样本 y_i 可以较好地由相应的 c_i 重构。

传统的 SR 仅仅适用于线性数据。为了更好地处理非线性数据，Zhang 等人[8]通过引入核技巧提出了核 SR 算法。核 SR 算法首先将原始数据 $\boldsymbol{Y}$ 和字典 $\boldsymbol{D}$ 通过非线性映射 $\boldsymbol{\Phi}:\mathcal{R}^m \to \mathcal{H}$ 映射到高维核空间，并在高维空间执行线性 SR 算法：

$$\min_C \| \boldsymbol{\Phi}(\boldsymbol{Y}) - \boldsymbol{\Phi}(\boldsymbol{D})\boldsymbol{C} \|_F^2 + \frac{\lambda}{2} \| \boldsymbol{C} \|_1 \tag{3-2}$$

式中：$\boldsymbol{\Phi}(\boldsymbol{Y})$ 和 $\boldsymbol{\Phi}(\boldsymbol{D})$ 分别是高维特征空间的数据矩阵和字典。

为了避免显式地确定非线性映射 $\boldsymbol{\Phi}$ 和高维特征空间的维数，引入核函数 $k(p,q) = \boldsymbol{\Phi}(p)^T\boldsymbol{\Phi}(q)$，它是两个向量在高维特征空间中的内积。相应地，高维空间中的内积运算可以转化为低维空间中的核函数计算。将核函数代入式（3-2）得到：

$$\min_C \mathrm{Tr}(\boldsymbol{K}_{YY} - 2\boldsymbol{K}_{YD}\boldsymbol{C} + \boldsymbol{C}^T\boldsymbol{K}_{DD}\boldsymbol{C}) + \frac{\lambda}{2} \| \boldsymbol{C} \|_1 \tag{3-3}$$

式中：$\boldsymbol{K}_{YY}$ 为核函数矩阵，其第 i 行第 j 列的元素为 $[\boldsymbol{K}_{YY}]_{i,j} = k(y_i, y_j)$，类似地，$[\boldsymbol{K}_{DD}]_{i,j} = k(d_i, d_j)$，$[\boldsymbol{K}_{YD}]_{i,j} = k(y_i, d_j)$；Tr 是矩阵的迹。

任何满足 Mercer 定理的函数都可以用作核函数[9]，如指数核函数、高斯核函数和线性核函数等。本章选用常用的高斯核函数，其中 $k(p,q) = \exp\left(-\frac{\| p-q \|_2}{\sigma^2}\right)$。

在多模态过程中，不同模态的统计特征互不相同。而在同一模态中，统计特征是相对稳定的。根据 Elhamifar 和 Vidal[10] 的研究，数据的"自表达特性"可以应用到多模态过程中。本章选择训练数据 $\boldsymbol{Y}$ 作为初始字典 $\boldsymbol{D}$，也就是说，$\boldsymbol{D} = \boldsymbol{Y}$。

在实际的工业过程中，数据是按照时间序列依次采样得到的。也就是说，多模态过程中存在"时序相关特性"，即过程的模态不会在短时间内频繁切换，因此每个样本和时间近邻更有可能属于同一个模态。考虑实际多模态过程的"时序相关特性"，本章提出了 TWKSR 方法。为了使每个样本都能更充分地由其近邻样本表示，系数矩阵 $\boldsymbol{C}$ 被一个加权矩阵 $\boldsymbol{W}$ 约束，即：

$$\begin{cases} \min_C \| \boldsymbol{C} \|_1 + \frac{\lambda_1}{2} \| \boldsymbol{\Phi}(\boldsymbol{Y}) - \boldsymbol{\Phi}(\boldsymbol{Y})\boldsymbol{C} \|_F^2 + \lambda_2 \| \boldsymbol{W} \odot \boldsymbol{C} \|_1 \\ \text{s.t. } \mathrm{diag}(\boldsymbol{C}) = \boldsymbol{0}, \quad \boldsymbol{C}^T \boldsymbol{1} = \boldsymbol{1} \end{cases} \tag{3-4}$$

式中：约束项 $\mathrm{diag}(\boldsymbol{C}) = \boldsymbol{0}$ 避免了样本点由自身表示；$\boldsymbol{1} \in \mathcal{R}^n$ 是一个元素均为 1 的列向量；约束项 $\boldsymbol{C}^T \boldsymbol{1} = \boldsymbol{1}$ 处理仿射子空间问题，因为数据样本可能存在于一个

仿射子空间的集合而不是线性子空间[10]；λ_1 和 λ_2 是惩罚参数,用来平衡优化函数中的 $\|\boldsymbol{C}\|_1$、$\|\boldsymbol{\Phi}(\boldsymbol{Y})-\boldsymbol{\Phi}(\boldsymbol{Y})\boldsymbol{C}\|_F^2$ 和 $\|\boldsymbol{W}\odot\boldsymbol{C}\|_1$；$\odot$ 是 Hadmard 积；$\boldsymbol{W}\odot\boldsymbol{C}$ 表示元素对应相乘,每个元素 C_{ij} 被相应的 W_{ij} 约束。

当两个样本 x_i 和 x_j 在时间维度上很近(即 $|i-j|<l$)时,C_{ij} 应该较大以保证样本能由其时间近邻所表示。此时,为了满足 C_{ij} 的上述要求,W_{ij} 被设为 0。当样本 x_i 和样本 x_j 的采样间隔 $|i-j|$ 大于 l 时,两个样本属于同一模态的概率逐渐减小,因此,C_{ij} 应该逐渐减小为 0。为了满足这一需求,W_{ij} 被设计成随着 $|i-j|$ 的增大而增大。但是,由于采样间隔较远的样本也有可能高度相关,并属于同一模态,因此随着 $|i-j|$ 的增大,W_{ij} 不应无限增大。基于此,当 $|i-j|\geqslant l$ 时,选择对数函数来表示 $\boldsymbol{W}$。因此,加权矩阵 $\boldsymbol{W}$ 被设计为

$$W_{ij}=\begin{cases}\ln(|i-j|), & |i-j|\geqslant l \\ 0, & |i-j|<l\end{cases} \tag{3-5}$$

式中：l 是时间窗口的长度。

一般来说,根据经验选择训练样本数量的 2% 左右作为时间窗口的长度 l。注意,与对数函数形状相似的其他函数同样可以用来表示时间加权矩阵 $\boldsymbol{W}$,例如 sigmoid 函数、SQRT 函数等。

3.2.2 优化求解

在本小节中,使用 ADMM 求解上述优化问题(3-4),式(3-4)等价为

$$\begin{cases}\min\limits_{\boldsymbol{C}} \|\boldsymbol{C}\|_1+\dfrac{\lambda_1}{2}\mathrm{Tr}(\boldsymbol{K}_{YY}-2\boldsymbol{K}_{YY}\boldsymbol{A}+\boldsymbol{A}^{\mathrm{T}}\boldsymbol{K}_{YY}\boldsymbol{A})+\lambda_2\|\boldsymbol{W}\odot\boldsymbol{B}\|_1 \\ \mathrm{s.t.}\ \boldsymbol{A}^{\mathrm{T}}\boldsymbol{1}=\boldsymbol{1}, \quad \boldsymbol{A}=\boldsymbol{C}-\mathrm{diag}(\boldsymbol{C}), \quad \boldsymbol{B}=\boldsymbol{A}\end{cases} \tag{3-6}$$

式中：$\boldsymbol{A}\in\mathbb{R}^{n\times n}$ 和 $\boldsymbol{B}\in\mathbb{R}^{n\times n}$ 是两个辅助矩阵。

引入一个向量 $\boldsymbol{\delta}\in\mathbb{R}^{n\times 1}$ 和两个矩阵 $\boldsymbol{\Delta}_1\in\mathbb{R}^{n\times n}$、$\boldsymbol{\Delta}_2\in\mathbb{R}^{n\times n}$,式(3-6)的增广拉格朗日函数为

$$L_\rho(\boldsymbol{C},\boldsymbol{A},\boldsymbol{B},\boldsymbol{\delta},\boldsymbol{\Delta}_1,\boldsymbol{\Delta}_2)=\|\boldsymbol{C}\|_1+\frac{\lambda_1}{2}\mathrm{Tr}(\boldsymbol{K}_{YY}-2\boldsymbol{K}_{YY}\boldsymbol{A}+\boldsymbol{A}^{\mathrm{T}}\boldsymbol{K}_{YY}\boldsymbol{A})+\lambda_2\|\boldsymbol{W}\odot\boldsymbol{B}\|_1$$

$$+\frac{\rho}{2}\|\boldsymbol{A}^{\mathrm{T}}\boldsymbol{1}-\boldsymbol{1}\|_F^2+\frac{\rho}{2}\|\boldsymbol{A}-\boldsymbol{C}+\mathrm{diag}(\boldsymbol{C})\|_F^2$$

$$+\frac{\rho}{2}\|\boldsymbol{A}-\boldsymbol{B}\|_F^2+\boldsymbol{\delta}^{\mathrm{T}}(\boldsymbol{A}^{\mathrm{T}}\boldsymbol{1}-\boldsymbol{1})$$

$$+\mathrm{Tr}(\boldsymbol{\Delta}_1^{\mathrm{T}}(\boldsymbol{A}-\boldsymbol{C}+\mathrm{diag}(\boldsymbol{C})))+\mathrm{Tr}(\boldsymbol{\Delta}_2^{\mathrm{T}}(\boldsymbol{A}-\boldsymbol{B})) \tag{3-7}$$

式中：ρ 是惩罚因子。

ADMM 是一个迭代过程,在其他变量保持不变的情况下,每次对单个变量进行优化。

首先,固定 $\boldsymbol{C}^k$、$\boldsymbol{\delta}^k$、$\boldsymbol{B}^k$、$\boldsymbol{\Delta}_1^k$、$\boldsymbol{\Delta}_2^k$ 不变,通过最小化 L_ρ 中与 $\boldsymbol{A}$ 相关的项,得到 $\boldsymbol{A}^{k+1}$:

$$
\begin{aligned}
(\lambda_1 \boldsymbol{K}_{YY} + 2\rho \boldsymbol{I} + \rho \boldsymbol{1}\boldsymbol{1}^{\mathrm{T}})\boldsymbol{A}^{k+1} = (\lambda_1 \boldsymbol{K}_{YY} - \boldsymbol{1}(\boldsymbol{\delta}^k)^{\mathrm{T}} + \rho(\boldsymbol{C}^k - \mathrm{diag}(\boldsymbol{C}^k) \\
+ \boldsymbol{B}^k + \boldsymbol{1}\boldsymbol{1}^{\mathrm{T}}) - \boldsymbol{\Delta}_1^k - \boldsymbol{\Delta}_2^k)
\end{aligned}
\tag{3-8}
$$

然后,固定 $\boldsymbol{A}^{k+1}$ 和 $\boldsymbol{\Delta}_2^k$,将 L_ρ 对 $\boldsymbol{B}$ 求最小值得到 $\boldsymbol{B}^{k+1}$:

$$
\frac{\lambda_2}{\rho} \mathrm{abs}(\boldsymbol{W}) \odot \mathrm{sign}(\boldsymbol{B}^{k+1}) + \boldsymbol{B}^{k+1} = \rho \boldsymbol{A}^{k+1} + \boldsymbol{\Delta}_2^k
\tag{3-9}
$$

式中:abs(•)是绝对值运算符;sign(•)是提取实数的符号。

由式(3-9),$\boldsymbol{B}^{k+1}$ 进一步表示为

$$
\boldsymbol{B}^{k+1} = \boldsymbol{J} - \mathrm{diag}(\boldsymbol{J})
\tag{3-10}
$$

式中:$\boldsymbol{J} = T_{\frac{\lambda_2}{\rho} \cdot \mathrm{abs}(\boldsymbol{W})}\left(\boldsymbol{A}^{k+1} + \frac{\boldsymbol{\Delta}_2^k}{\rho}\right)$;收缩阈值算子 $T_\eta(v) = (|v| - \eta)_+ \mathrm{sign}(v)$;运算符 $(\cdot)_+$ 表示若算子为非负,返回参数,否则返回零。

然后,固定 $\boldsymbol{A}^{k+1}$ 和 $\boldsymbol{\Delta}_2^k$ 不变,将 L_ρ 对 $\boldsymbol{C}$ 求最小值来更新 $\boldsymbol{C}^{k+1}$:

$$
\boldsymbol{C}^{k+1} = \boldsymbol{G} - \mathrm{diag}(\boldsymbol{G})
\tag{3-11}
$$

式中:$\boldsymbol{G} = T_{\frac{1}{\rho}}\left(\boldsymbol{A}^{k+1} + \frac{\boldsymbol{\Delta}_1^k}{\rho}\right)$。

最后固定 $\boldsymbol{A}^{k+1}$、$\boldsymbol{C}^{k+1}$、$\boldsymbol{B}^{k+1}$,通过步长为 ρ 的梯度上升更新三个拉格朗日乘子 $\boldsymbol{\delta}^{k+1}$、$\boldsymbol{\Delta}_1^{k+1}$、$\boldsymbol{\Delta}_2^{k+1}$:

$$
\boldsymbol{\delta}^{k+1} = \boldsymbol{\delta}^k + \rho((\boldsymbol{A}^{k+1})^{\mathrm{T}}\boldsymbol{1} - \boldsymbol{1})
\tag{3-12}
$$

$$
\boldsymbol{\Delta}_1^{k+1} = \boldsymbol{\Delta}_1^k + \rho(\boldsymbol{A}^{k+1} - \boldsymbol{C}^{k+1} + \mathrm{diag}(\boldsymbol{C}^{k+1}))
\tag{3-13}
$$

$$
\boldsymbol{\Delta}_2^{k+1} = \boldsymbol{\Delta}_2^k + \rho(\boldsymbol{A}^{k+1} - \boldsymbol{B}^{k+1})
\tag{3-14}
$$

重复上述步骤直到迭代终止或者满足收敛条件,即 $\|\boldsymbol{A}^{k+1} - \boldsymbol{C}^{k+1}\|_\infty \leqslant \varepsilon$、$\|\boldsymbol{A}^{k+1} - \boldsymbol{B}^{k+1}\|_\infty \leqslant \varepsilon$、$\|\boldsymbol{A}^{k+1} - \boldsymbol{A}^k\|_\infty \leqslant \varepsilon$、$\|\boldsymbol{A}^{\mathrm{T}}\boldsymbol{1} - \boldsymbol{1}\|_\infty \leqslant \varepsilon$,其中 ε 是误差限。

3.2.3　收敛性分析

本小节根据以下引理分析本章提出的 TWKSR 方法的收敛性。

引理 1[11]　假设优化问题:

$$
\min_{\boldsymbol{u},\boldsymbol{v}} f(\boldsymbol{u}) + g(\boldsymbol{v}) \quad \mathrm{s.\,t.} \ \boldsymbol{G}\boldsymbol{u} = \boldsymbol{v}
\tag{3-15}
$$

有一个解。在 $\boldsymbol{G}$ 是列满秩矩阵和函数 f、g 是闭合的、固有的、凸函数的条件下,

对于任意惩罚因子 $\rho > 0$ 和任意的初始 $\boldsymbol{u}_0$、$\boldsymbol{v}_0$，由 ADMM 求解得到的序列 $\boldsymbol{u}^k$、$\boldsymbol{v}^k$（k 为迭代次数）收敛。

所提出的优化问题(3-6)可以写成式(3-15)的形式：

$$\boldsymbol{u} \equiv \boldsymbol{A}, \quad \boldsymbol{v} \equiv \begin{bmatrix} \boldsymbol{1}^{\mathrm{T}} \\ \boldsymbol{B} \\ \boldsymbol{C} \end{bmatrix}, \quad \boldsymbol{G} \equiv \begin{bmatrix} \boldsymbol{1}^{\mathrm{T}} \\ \boldsymbol{I} \\ \boldsymbol{I} \end{bmatrix}$$

$$f(\boldsymbol{u}) = \frac{\lambda_1}{2} \mathrm{Tr}(\boldsymbol{K}_{YY} - 2\boldsymbol{K}_{YY}\boldsymbol{A} + \boldsymbol{A}^{\mathrm{T}}\boldsymbol{K}_{YY}\boldsymbol{A})$$

$$g(\boldsymbol{v}) = \|\boldsymbol{C}\|_1 + \lambda_2 \|\boldsymbol{W} \odot \boldsymbol{B}\|_1 \tag{3-16}$$

显然，$\boldsymbol{G}$ 是一个列满秩矩阵，函数 f、g 是闭合的、固有的、凸函数，满足引理 1 的条件。由此，TWKSR 方法的收敛性得证。

3.2.4　复杂度分析

本小节讨论所提算法的复杂度。设数据矩阵 $\boldsymbol{Y} \in \mathbb{R}^{m \times n}$，包含 m 个变量和 n 个样本，所提算法的复杂度主要取决于 $\boldsymbol{A} \in \mathbb{R}^{n \times n}$、$\boldsymbol{B} \in \mathbb{R}^{n \times n}$、$\boldsymbol{C} \in \mathbb{R}^{n \times n}$ 这三个变量的迭代更新过程。基于此，分别分析每一步更新 $\boldsymbol{A}$、$\boldsymbol{B}$、$\boldsymbol{C}$ 的复杂度。

首先，更新 $\boldsymbol{A}$ 需要对 $n \times n$ 矩阵进行逆运算和矩阵乘法运算，因此更新 $\boldsymbol{A}$ 的总复杂度为 $O(n^3)$。其次，$\boldsymbol{B}$ 和 $\boldsymbol{C}$ 的更新过程都需要进行 $n \times n$ 的矩阵加法和收缩运算，其复杂度为 $O(n^2)$。最终，优化算法每一次迭代的总复杂度为 $O(n^3)$。假设迭代次数为 I，那么优化算法的总复杂度为 $O(I \times n^3)$。类似地，核稀疏子空间聚类方法和稀疏子空间聚类方法的复杂度也是 $O(I \times n^3)$，这意味着本章所提方法在不增大复杂度的情况下，可以获得更精确的非线性数据模态辨识结果。

3.3　多模态过程离线建模

3.3.1　离线模态辨识

使用 ADMM 求解式(3-6)后，可以得到稀疏系数矩阵 $\boldsymbol{C}$。理想情况下，$\boldsymbol{C}$ 的非零元素对应来自训练数据 $\boldsymbol{Y}$ 的同一模态的样本。也就是说，$\boldsymbol{C}$ 在理想情况下是一个对角分块矩阵。

根据 Elhamifar 和 Vidal[10] 的研究，通过构建加权图 $G = (V, E, \boldsymbol{M})$ 可以将

矩阵 C 分割为不同子空间。其中 V 是 n 个数据点对应的 n 个顶点,E 代表顶点之间的边,$M\in\mathbb{R}^{n\times n}$ 是相似对称矩阵(具体来说,如果 V_i 和 V_j 未连接,M_{ij} 为 0)。在一个理想的加权图中,只有属于同一子空间的顶点才会相连,也就是说矩阵 M 中的非零元素属于同一子空间。因此,矩阵 M 可以基于稀疏系数矩阵 C 建立。首先,C 的每列通过 $\widehat{c}_i=\dfrac{c_i}{\|c_i\|_\infty}$ 来归一化。然后,$M=|\widehat{C}|+|\widehat{C}|^{\mathrm{T}}$ 保证相似矩阵的对称特性。得到矩阵 M 后,可以直接使用传统的基于图论的谱聚类划分模态。最终,将训练数据 Y 划分为不同的模态:

$$Y=\{Y_1,Y_2,\cdots,Y_K\}\in\mathbb{R}^{m\times n} \tag{3-17}$$

式中:K 是模态数目;$Y_i\in\mathbb{R}^{m\times n_i}(i=1,2,\cdots,K)$ 代表第 i 个模态的数据集,n_i 是第 i 个模态的样本数,$n=\sum\limits_{i=1}^{K}n_i$。表 3-1 详细展示了离线模态辨识步骤。

表 3-1　离线模态辨识步骤

算法 1　离线模态辨识步骤

输入:C、K、Y

(1) 根据 $\widehat{c}_i=\dfrac{c_i}{\|c_i\|_\infty}$ 标准化 C 的每一行;

(2) 根据 $M=|\widehat{C}|+|\widehat{C}|^{\mathrm{T}}$ 计算相似对称矩阵;

(3) 根据 $D_{ii}=\sum\limits_{j=1}^{n}M_{ij}$ 计算对角度矩阵 D;

(4) 根据 $L=D-M$ 计算拉普拉斯矩阵 L;

(5) 计算拉普拉斯矩阵 L 的特征矩阵 Δ;

(6) 对 Δ 使用 K 均值聚类方法,并得到分类结果。

输出:模态辨识结果 $Y=\{Y_1,Y_2,\cdots,Y_K\}$

3.3.2　字典更新

在离线模态辨识阶段,基于"自表达特性"选择训练数据集 Y 作为初始的字典矩阵。然而,在原始训练数据集 Y 中通常存在信息冗余问题,这不仅会提高计算复杂度,还会影响模型精确度。所以,在建立过程监测模型时,选择关键的、有代表性的样本,并去除冗余的、非必需的样本是十分必要的。

在得到模态辨识结果后,对每个模态执行基于稀疏系数矩阵的代表性样本选择策略。稀疏系数矩阵 C 按行表示为 $C=[\omega_1^{\mathrm{T}},\omega_2^{\mathrm{T}},\cdots,\omega_n^{\mathrm{T}}]^{\mathrm{T}}$,其中 ω_i^{T} 是 Y 中样本 y_i 的行系数向量。由于 c_{ij} 是使用样本 y_i 表示样本 y_j 的系数,因此 ω_i^{T} 中

的非零元素越多表示 y_i 被选择去表示 Y 中的其他样本的次数越多。所以,选择 l_1 范数作为衡量样本 y_i 的代表性能力的指标:

$$Ln_i = \| \boldsymbol{\omega}_i^{\mathrm{T}} \|_1 = \sum_{j=1}^{n} c_{ij} \tag{3-18}$$

然后,从每个模态中选择具有更大 Ln_i 值的 $\bar{n}(\bar{n}<n)$ 个样本来使初始字典矩阵 Y 更新为 $\bar{Y}=\{\bar{Y}_1, \bar{Y}_2, \cdots, \bar{Y}_K\} \in \mathbb{R}^{m \times \bar{n}}$,其中 $\bar{n}=p \times n$(p 是样本的选择概率)。$\bar{Y}_i \subset \mathbb{R}^{m \times \bar{n}_i}$($i=1,2,\cdots,K$)是第 i 个子模态对应的第 i 个子字典,其中 $\bar{n}_i = p \times n_i$。与初始字典矩阵 Y 相比,更新后的字典矩阵 $\bar{Y}$ 不仅有更少的样本,还包含更丰富和更关键的信息。

3.4 多模态过程在线监测

3.4.1 在线模态辨识

在离线字典选择阶段中,得到了每个模态的代表性样本和更新的字典矩阵 $\bar{Y}$。在采集到测试样本 z 后,基于更新的字典矩阵 $\bar{Y}$ 计算稀疏系数向量 c_{new}:

$$\begin{cases} \min_{c_{\mathrm{new}}} \| \boldsymbol{\Phi}(z) - \boldsymbol{\Phi}(\bar{Y}) c_{\mathrm{new}} \|_{\mathrm{F}}^2 + \dfrac{\lambda_1}{2} \| c_{\mathrm{new}} \|_1 \\ \mathrm{s.t.} \quad c_{\mathrm{new}}^{\mathrm{T}} \mathbf{1} = 1 \end{cases} \tag{3-19}$$

式中:约束项 $c_{\mathrm{new}}^{\mathrm{T}} \mathbf{1} = 1$ 用于处理仿射子空间[10]。和问题(3-6)相似,问题(3-19)可以通过 ADMM 求解。

首先,基于最小-最大归一化方法对稀疏系数向量 c_{new} 进行归一化处理:

$$\boldsymbol{\alpha}(i) = \frac{c_{\mathrm{new}}(i) - c_{\min}}{c_{\max} - c_{\min}} \tag{3-20}$$

式中:$c_{\max}$ 和 $c_{\min}$ 分别是 c_{new} 的最大值和最小值;$\boldsymbol{\alpha} \in [0,1]$ 是归一化后的稀疏系数向量。

然后,根据不同模态对应的子字典 $\{\bar{Y}_1, \bar{Y}_2, \cdots, \bar{Y}_K\}$ 将归一化后的稀疏系数向量 $\boldsymbol{\alpha}$ 分为不同子部分:

$$\boldsymbol{\alpha} = [\alpha_1, \alpha_2, \cdots, \alpha_n]^{\mathrm{T}} = \{\bar{\boldsymbol{\alpha}}_1^{\mathrm{T}}, \bar{\boldsymbol{\alpha}}_2^{\mathrm{T}}, \cdots, \bar{\boldsymbol{\alpha}}_K^{\mathrm{T}}\} \in \mathbb{R}^{\bar{n}} \tag{3-21}$$

式中:$\bar{\boldsymbol{\alpha}}_i^{\mathrm{T}} \in \mathbb{R}^{\bar{n}}$ 是对应第 i 个子字典 $\bar{Y}_i$ 的第 i 个系数。

当使用整个 $\bar{Y}$ 来表示样本 z 时,与样本 z 属于同一模态的样本将被选择。因此,如果 z 属于第 i 个模态,那么 $\bar{\boldsymbol{\alpha}}_i^{\mathrm{T}}$ 中应该有很多非零元素并且 $\bar{\boldsymbol{\alpha}}_j^{\mathrm{T}}(j \neq i)$ 中

的元素全为零。

最后,样本 z 属于每个模态的概率可由下式计算得到:

$$p^i = \sum_j \frac{\boldsymbol{\alpha}_j}{\|\boldsymbol{\alpha}\|_1}, \quad \boldsymbol{\alpha}_j \in \bar{\boldsymbol{\alpha}}_i^{\mathrm{T}}, \quad i = 1, 2, \cdots, K \qquad (3\text{-}22)$$

式中:分母 $\|\boldsymbol{\alpha}\|_1$ 是 l_1 范数,用来确保每个概率 p^i 之和为1。

如果 z 属于第 i 个模态,p^i 理想为1;否则为0。图 3-1 给出了 z 属于模态1时 $\boldsymbol{\alpha}$ 的理想结果。z 和 $\bar{Y}$ 中的不同颜色代表不同的值。$\boldsymbol{\alpha}$ 中的黑色方块表示非零元素,通过式(3-22)计算得到的所有 $p^i (i=2, \cdots, K)$ 均为0,说明 z 属于模态1。

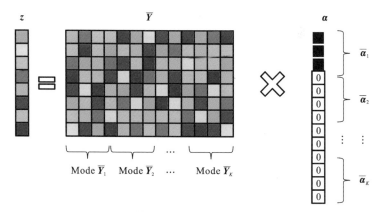

图 3-1　模态辨识的结果(z 属于模态1)

3.4.2　在线故障检测

对当前样本 z 进行模态辨识后,接下来进行故障检测。使用重构误差 WKRE 作为检测指标,计算如下:

$$\text{WKRE} = \|\boldsymbol{\Phi}(z) - \boldsymbol{\Phi}(\bar{Y})\boldsymbol{\alpha}\|_2 = \boldsymbol{K}_{yy} - 2\boldsymbol{K}_{y\bar{Y}}\boldsymbol{\alpha} + \boldsymbol{\alpha}^{\mathrm{T}}\boldsymbol{K}_{\bar{Y}\bar{Y}}\boldsymbol{\alpha} \qquad (3\text{-}23)$$

如果 z 是正常样本,它应该和字典矩阵 $\bar{Y}$ 中的样本具有相似的本征特征,那么 z 的重构误差会很小。如果 z 是一个故障样本,那么重构误差会相对较大。

使用常用的核密度估计(kernel density estimation,KDE)方法计算监控阈值[12]:

$$\widetilde{f}_h(x) = \frac{1}{n}\sum_{i=1}^{\bar{n}} K_h(x - x_i) = \frac{1}{nh}K_h\frac{x - x_i}{h} \qquad (3\text{-}24)$$

式中:$(x_1, x_2, \cdots, x_n)$ 是字典矩阵 $\bar{Y}$ 的重构误差;$K_h(x)$ 是非负核函数;$h > 0$ 是平滑参数。

在本章中 $K_h(x)$ 选用常用的统一核函数。给定置信水平 α，监控阈值 Thr 计算公式如下：

$$\int_{-\infty}^{\text{Thr}} \widetilde{f}_h(x)\,\mathrm{d}x = \frac{\alpha}{2} \qquad (3\text{-}25)$$

相应地，如果重构误差 WKRE 超过了监控阈值 Thr，则 z 是故障样本。否则，它是正常样本。

3.4.3 非线性多模态过程监测框架

本章所提出的多模态过程监测方法包含两个阶段，即离线建模阶段和在线建模阶段。

离线建模阶段的详细步骤如下：

（1）收集正常未带标签的训练数据集 Y，设置初始字典矩阵为 Y；

（2）设置时间窗口的长度 l，通过式（3-5）计算加权矩阵 W；

（3）使用 ADMM 求解优化问题（3-6）并得到稀疏系数矩阵 C；

（4）根据算法 1 得到训练数据集的模态辨识结果；

（5）从每个模态中选择有代表性的样本来使字典矩阵更新为 $\bar{Y}$；

（6）基于 KDE 方法通过式（3-25）计算监控阈值 Thr。

在线建模阶段的详细步骤如下：

（1）采集当前样本 z；

（2）根据式（3-19）计算稀疏系数向量 c_{new}；

（3）根据式（3-22）计算 z 属于每个模态的概率 p^i，从而确定 z 的模态；

（4）根据式（3-23）计算 z 的重构误差 WKRE，通过比较重构误差 WKRE 和监控阈值 Thr 来判断当前样本 z 是否发生故障。

3.5 案例研究

3.5.1 数值仿真

在数值例子中，三个仿真变量由下式生成：

$$x = \begin{bmatrix} \omega \\ \omega^2 - 3\omega \\ -\omega^3 + 3\omega^2 \end{bmatrix} + \begin{bmatrix} e_1 \\ e_2 \\ e_3 \end{bmatrix} \qquad (3\text{-}26)$$

式中：$e_i \sim N(0,0.001)$，$i=1,2,3$，是不相关的高斯噪声。

通过改变 ω 的值仿真三种模态。模态 1：$\omega \sim U(0.01,2)$；模态 2：$\omega \sim U(3,5)$；模态 3：$\omega \sim U(5,6)$，其中，$U(a,b)$ 表示从 a 到 b 的均匀分布。在离线模态辨识阶段，从三种模态中收集 1000 个样本构成训练数据集 $\boldsymbol{Y}$，训练数据集中一共有 3000 个样本。

1. 离线模态辨识

首先，对训练数据集分别使用本章所提 TEKSR 方法、K 均值聚类方法[13]、密度峰值聚类（density peaks clustering，DPC）方法[14]、谱聚类（spectral clustering，SC）方法[15]、核稀疏子空间聚类（kernel sparse subspace clustering，KSSC）方法[16]。不同方法的数值仿真的正确率如表 3-2 所示。为了公平比较，将每种方法的参数调整为相对最优值。在 K 均值聚类和 SC 方法中，人为设置模态数为 3。而 KSSC 方法和本章所提方法的核宽度分别为 7 和 1。由表 3-2 可知，所有方法都能精确识别第一种模态。此外，本章所提方法还能够成功识别第二种和第三种模态，正确率达到 100%。然而，其他四种方法不能同时准确识别后两种模态。DPC 方法和 KSSC 方法能够正确识别第三种模态，正确率均为 100%。然而对于第二种模态，模态识别性能显著下降，正确率分别为 74.8% 和 91.1%。尽管 SC 方法可以识别出第二种模态的所有样本，但识别第三种模态的正确率仅为 78.6%。K 均值聚类方法的正确率最低，对于后两种模态分别为 31.8% 和 62.9%。

表 3-2　不同方法的数值仿真的正确率

模态	K 均值聚类方法	DPC 方法	SC 方法	KSSC 方法	TWKSR 方法
模态 1	100%	100%	100%	100%	100%
模态 2	31.8%	74.8%	100%	91.1%	100%
模态 3	62.9%	100%	78.6%	100%	100%

使用本章所提方法对训练数据集进行精确辨识后，从每种模态中选取 80% 的代表性样本来更新字典矩阵。

2. 在线过程监测

在在线过程监测阶段，设计了正常、故障两种情形作为测试数据。表 3-3 列出了这两种情形的详细描述。在情形 1 中，过程在不同的正常模态之间切换。图 3-2(a) 展示了使用本章所提方法计算得到的各测试样本属于不同模态的概率模态辨识结果。前 300 个样本属于第二种模态的概率接近 1，说明它们属于第二种模态。同理可得,第 301~600 个和第 901~1200 个样本属于第三种模态,第 601~900 个样本属于第一种模态。显然,模态辨识结果符合实际情况。

表 3-3　在数值仿真中的两种情形

情形号	模　态	描　述	样　本　数
情形 1	模态 2	正常	1~300
	模态 3	正常	301~600
	模态 1	正常	601~900
	模态 3	正常	901~1200
情形 2	模态 1	正常	1~300
	模态 1	在 x_2 上加一个 1.2 的阶跃故障	301~600

图 3-2(b)~(e)和表 3-4 分别总结了不同故障检测方法的结果和监测性能。核 PCA[17](KPCA)方法的 T^2 表现最好,但 SPE 表现最差。核稀疏表示(kernel sparse representation,KSR)方法[16]和加权支持向量数据描述(weighted support vector data description,WSVDD)方法[18]的 FAR 分别为 0.83% 和 0.75%,远高于本章所提方法的 0.17%。显然,本章所提方法在模态辨识和故障检测方面都取得了满意的结果。

表 3-4　不同故障检测方法的监测性能

情形号	定量指标	KPCA 方法		WSVDD 方法	KSR 方法	TWKSR
		T^2	SPE			
情形 1	FAR	0	1.17%	0.75%	0.83%	0.17%
	FDR	——				
情形 2	FAR	0	2.33%	37.33%	0	0
	FDR	16.33%	83.67%	100%	93.33%	100%

在情形 2 中,前 300 个样本是模态 1 的正常样本,从第 301 个样本开始 x_2 发生了幅值为 1.2 的阶跃故障。如表 3-3 所示,根据 FDR,KSR 方法不能检测出 6.67% 的故障样本。WSVDD 方法能够检测出所有的故障样本,但根据其 FAR,62.67% 的正常样本被误判为故障。KPCA 方法的故障检测性能最差,T^2、SPE 的 FDR 分别为 16.33% 和 83.67%。在四种方法中本章所提方法效果最好,其 FAR 为 0,FDR 为 100%。

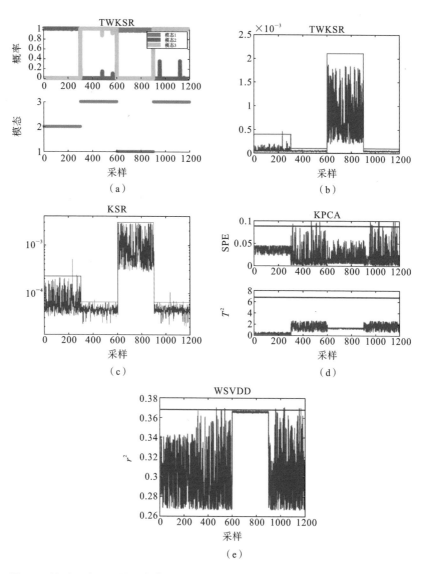

图 3-2　情形 1 中，(a)使用本章所提方法的模态辨识结果；使用(b)本章所提方法、(c)KSR 方法、(d)KPCA 方法、(e)WSVDD 方法的故障检测结果

3.5.2　污水处理过程

污水处理过程是典型的非线性、多变量、耗时的过程。本章采用了一种叫作仿真基准模型 1(benchmark simulation model no. 1，BSM1)的模拟污水处理

厂验证本章所提方法的有效性和效率[19]。到目前为止,该基准已经得到了很多的肯定,并在工业过程控制和自动化领域得到了广泛的应用。如图 3-3 所示,该基准由五单元活性污泥反应器和二次沉淀池组成。

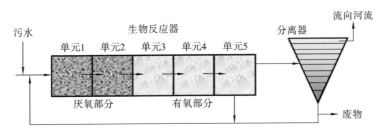

图 3-3 BSM1 污水处理基准布局模型示意图

在本章中,首先在不包含测量噪声的恒定输入下模拟闭环系统中一个为期100 天的稳定操作阶段。然后,将动态干旱天气进水数据设置为输入。每 15min 采样一次,7 天内采样 672 次。根据本章参考文献[20],本案例选择 17 个与生物现象相关的变量。通过改变三种流量和三种氧传递系数来模拟三种模态。表 3-5 列出了详细的参数。

表 3-5 BSM1 的三种模态

参　数	模态 A	模态 B	模态 C
进水流量/(m³/d)	18446	9223	4611
回流量/(m³/d)	18446	9223	4611
内循环流量/(m³/d)	55338	27669	13833
K_La-罐 3/d⁻¹	240	180	120
K_La-罐 4/d⁻¹	240	180	120
K_La-罐 5/d⁻¹	84	84	60

1. 离线模态辨识

为了证明离线模态辨识的性能,不失一般性,每个模态生成了 672 个样本。每种方法的正确率如表 3-6 所示。在 K 均值聚类方法和 SC 方法中人为设置模态数为 3。KSSC 方法和本章所提方法的核宽度分别为 7 和 15。所有方法都能精确识别出第三种模态,但是由于某些变量变化不明显,第一种模态和第二种模态不能被准确地辨识出来。DPC 方法可以准确地辨识出模态 1,正确率为 100%,但是对于第二种模态,近一半的样本被误判。SC 方法将大量的模态 1 和模态 2 的样本混淆在一起,无法准确地辨识出来,正确率分别为 55.06% 和 73.81%。此外,K 均值聚类方法和 KSSC 方法能较好地将模态 1 辨识出来,但是对于第二种模态,辨识结果较差。相比之下,本章所提方法极大地提高了对第二种模态的辨识结果,正确率最高(80.36%)。综上所述,本章所提方法在模态辨识方面取得了较好的综合效果。将训练数据集分为三种模态后,分别从模态 1、2、3 中选取 Ln 值前 80% 对应的样本来更新字典矩阵。

表 3-6 污水处理过程案例中不同方法的正确率

模态	K 均值聚类方法	DPC 方法	SC 方法	KSSC 方法	TWKSR 方法
模态 1	90.77%	100%	55.06%	93.9%	95.68%
模态 2	71.28%	55.06%	73.81%	69.05%	80.36%
模态 3	100%	100%	100%	100%	100%

2. 在线过程监测

为了展示不同方法的监测性能,本章设计了一个正常情形和两个故障情形作为测试数据集。表 3-7 总结了测试情形的具体描述。

表 3-7 污水处理过程中的三个情形

情形号	模态	描述	样本数
情形 1	模态 3	正常	1~673
	模态 1	正常	674~1346
	模态 2	正常	1347~2019
情形 2	模态 3	正常	1~673
	模态 1	正常	674~1346
	模态 1	最大异养生长速率 μ_H 从 4.0 d^{-1} 到 2.0 d^{-1} 阶跃变化	1347~2019
情形 3	模态 2	正常	1~673
	模态 2	μ_H 从 4.0 d^{-1} 到 3.0 d^{-1} 阶跃变化和最大异养衰减速率 b_H 从 0.3 d^{-1} 到 0.1 d^{-1} 阶跃变化	674~1346

在情形 1 中,过程从模态 3 运行到模态 1,然后切换到模态 2,最后返回到模

态 3。每个阶段持续 7 天,共产生 673 个样本。本章所提方法和 KSR 方法的模态辨识结果分别如图 3-4(a)和(c)所示。本章所提方法将模态 1 中的 55 个样本误判为模态 2,误判个数略大于 KSR 方法的(44 个样本)。然而,本章所提方法只误判了模态 2 中的 110 个样本,和 KSR 方法(182 个样本)相比得到了极大改

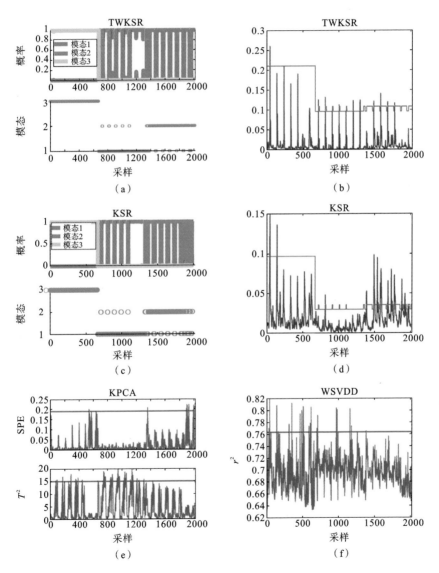

图 3-4 情形 1 中,采用(a)本章所提方法、(c) KSR 方法的模态辨识结果;采用(b)本章所提方法、(d) KSR 方法、(e) KPCA 方法、(f) WSVDD 方法的故障检测结果

进。各方法的故障检测结果如图 3-4(b)、(d)、(e)、(f)所示,并归纳在表 3-8 中。KSR 方法将较多的正常样本误判为故障样本,其 FAR 最高为 6.39%。KPCA 方法的 SPE 指标在 FAR 上表现良好,为 0.94%,而 T^2 指标的表现较差,为 4.56%。同样地,WSVDD 方法将 1.29% 的正常样本误判为故障样本。相比之下,本章所提方法的 FAR 为 1.04%,具有较好的性能。综上所述,本章所提方法能够提供总体较好的模态辨识和故障检测结果。

表 3-8　各方法的故障检测结果

情形号	定量指标	KPCA 方法		WSVDD 方法	KSR 方法	TWKSR
		T^2	SPE			
情形 1	FAR	4.56%	0.94%	1.29%	6.39%	1.04%
	FDR	—	—	—	—	—
情形 2	FAR	13.89%	5.87%	5.87%	1.11%	0.97%
	FDR	49.93%	100%	92.72%	100%	100%
情形 3	FAR	0	0.3%	9.51%	16.94%	1.34%
	FDR	9.21%	4.46%	83.66%	100%	100%

情形 2 模拟了最大异养生长速率 μ_H 的阶跃变化。本章所提方法的 FAR 为 0.97%,优于 KSR 方法(1.11%)。KPCA 方法的 T^2 指标不但将 13.89% 的正常样本误判为故障样本,而且未能检测到部分故障,FDR 为 49.93%。KPCA 方法的 SPE 指标的 FDR 为 100%,但其 FAR 较大,为 5.87%。同时,WSVDD 方法的 FAR 和 FDR 都不理想,分别为 5.87% 和 92.72%。通过比较,本章所提方法不但能检测出所有的故障,而且 FAR 最小(0.97%)。

情形 3 模拟了最大异养生长速率 μ_H 和最大异养衰减速率 b_H 的阶跃变化。从表 3-8 中可以看出,KPCA 方法中的 SPE 指标和 T^2 指标的 FAR 都很低,分别为 0.3% 和 0,但它们分别只能检测到 4.46% 和 9.21% 的故障样本。WSVDD 方法可以检测出 83.66% 的故障样本,但其 FAR 较高,为 9.51%。本章所提方法与 KSR 方法均能检测出所有故障,FDR 均为 100%。然而,KSR 方法将过多的正常样本误判为故障样本,其 FAR 为 16.94%。相比之下,本章所提方法的 FAR 和 FDR 都取得了优异的结果,分别为 1.34% 和 100%。

3.6　结束语

本章提出了一种非线性多模态过程实时监测方案。为了获得更精确的离线模态识别结果,本章通过将时间序列相关特性集成到传统的 KSR 方法中,提出了 TWKSR 方法。利用 ADMM 具有求解复杂 l_1 范数问题的能力求解所提出的 TWKSR 方法的优化问题。此外,选择每个模态的一些代表性样本来更新字典矩阵,这可以增强可解释性,降低计算成本,并提高监测模型的准确性。在在线阶段,基于更新的字典矩阵计算稀疏系数和重构误差,它们分别用于在线模态辨识和故障检测。通过数值仿真和污水处理过程,将本章所提方法与其他常用方法进行了比较。结果表明,本章所提方法不仅可以识别训练和测试数据的模态,而且可以检测每种模态下的故障样本,满足实时监测的要求。

本章参考文献

[1] TAN R M, CONG T, OTTEWILL J R, et al. An on-line framework for monitoring nonlinear processes with multiple operating modes[J]. Journal of Process Control, 2020, 89(3): 119-130.

[2] DU W L, TIAN Y, QIAN F. Monitoring for nonlinear multiple modes process based on LL-SVDD-MRDA[J]. IEEE Transactions on Automation Science and Engineering, 2014, 11(4): 1133-1148.

[3] XIAO Z B, WANG H G. Sparse representation residual space analysis and its application to multimode batch process monitoring[J]. Industrial & Engineering Chemistry Research, 2015, 55(1): 187-196.

[4] XIAO Z B, WANG H G, ZHOU J W. Robust dynamic process monitoring based on sparse representation preserving embedding[J]. Journal of Process Control, 2016, 40(1): 119-133.

[5] PENG X, TANG Y, DU W L, et al. Multimode process monitoring and fault detection: a sparse modeling and dictionary learning method[J]. IEEE Transactions on Industrial Electronics, 2017, 64(6): 4866-4875.

[6] YANG C H, ZHOU L F, HUANG K K, et al. Multimode process monitoring based on robust dictionary learning with application to aluminium electrolysis process[J]. Neurocomputing, 2019, 332(12): 305-319.

[7] HUANG K K, WEN H F, JI H Q, et al. Nonlinear process monitoring using kernel dictionary learning with application to aluminum electrolysis process[J]. Control Engineering Practice, 2019, 89(5): 94-102.

[8] ZHANG L, ZHOU W D, CHANG P C, et al. Kernel sparse representa-tion-based classifier[J]. IEEE Transactions on Signal Processing, 2012, 60(4): 1684-1695.

[9] HAN S J, CAO Q B, MENG H. Parameter selection in SVM with RBF kernel function[C]//Proceedings of World Automation Congress 2012. New York: IEEE, 2012: 1-4.

[10] ELHAMIFAR E, VIDAL R. Sparse subspace clustering: algorithm, theo-ry, and applications[J]. IEEE Transactions on Pattern Analysis and Ma-chine Intelligence, 2013, 35(11): 2765-2781.

[11] LIU J M, CHEN Y J, ZHANG J S, et al. Enhancing low-rank subspace clustering by manifold regularization[J]. IEEE Transactions on Image Processing, 2014, 23(9): 4022-4030.

[12] SHEATHER S J, JONES M C. A reliable data-based bandwidth selec-tion method for kernel density estimation[J]. Journal of the Royal Sta-tistical Society. Series B: Methodological, 1991, 53(3): 683-690.

[13] CELEBI M E, KINGRAVI H A, VELA P A. A comparative study of efficient initialization methods for the k-means clustering algorithm[J]. Expert Systems with Applications, 2013, 40(1): 200-210.

[14] ZHENG Y, WANG Y, YAN H L, et al. Density peaks clustering-based steady/transition mode identification and monitoring of multimode processes[J]. The Canadian Journal of Chemical Engineering, 2020, 98 (10): 2137-2149.

[15] YU S X, SHI J. Multiclass spectral clustering[C]//Proceedings of Ninth IEEE International Conference on Computer Vision. New York: IEEE, 2003: 313-319.

[16] PATEL V M, VIDAL R. Kernel sparse subspace clustering[C]//Pro-ceedings of 2014 IEEE International Conference on Image Processing (ICIP). New York: IEEE, 2014: 2849-2853.

[17] XU X Z, XIE L, WANG S Q. Multimode process monitoring with PCA mixture model[J]. Computers and Electrical Engineering, 2014, 40(7): 2101-2112.

[18] LI H, WANG H G, FAN W H. Multimode process fault detection

based on local density ratio-weighted support vector data description[J].
Industrial & Engineering Chemistry Research, 2017, 56(9): 2475-2491.

[19] ALEX J, BENEDETTI L, COPP J, et al. Benchmark simulation model no. 1 (BSM1)[J]. Industrial Electrical Engineering and Automation, 2008(1): 63.

[20] WANG B, LI Z C, DAI Z W, et al. Data-driven mode identification and unsupervised fault detection for nonlinear multimode processes[J]. IEEE Transactions on Industrial Informatics, 2019, 16(6): 3651-3661.

第4章
基于轨迹的过渡模态辨识与操作异常监测

4.1　引言

　　第 3 章的研究对象为多模态过程的稳定模态,本章的对象转为过渡模态。与稳定模态不同,模态过渡时系统是极其不稳定的,稍有不慎就会生产出大量的残次品,所以对过渡模态的监测需要更多的重视。然而,由第 1 章的国内外研究现状可知,过渡模态的研究成果较少,并且过渡模态往往伴随着非线性、非高斯、动态时变等特性,这导致其监测问题面临巨大的困难和挑战。要实现对过渡模态的监测,就须先对其进行精细化建模,而建模的前提是过渡模态的辨识。在多模态数据集中,稳定模态和过渡模态的边界是不清晰的,过渡模态辨识精度有待进一步提高。在建模方面,过渡模态具有强烈的时变特性,导致大部分现有方法对其刻画不准确。虽然基于趋势分析的方法对过渡模态演化轨迹进行了刻画,取得了较好的监测效果,但是其复杂度较高且相关研究成果不足。为了解决上述过渡模态在辨识和建模方面的问题,本章基于趋势分析的思想,试图设计一套全新的过渡模态监测框架。

　　2002 年,Wiskott 和 Sejnowski[1] 提出了慢特征分析(SFA)的动态分析技术,从输入的数据集中学习不变或缓慢变化的特征,这种特征可以被认为是更接近过程本质的特征,非常有助于对过程的刻画。近年来,出现了一系列基于 SFA 的过程监测方法[2]。例如,Zhang 等人[3] 将 SFA 方法应用于典型变量分析的主元空间和残差空间中,从而提取了两个子空间的变异速度,为正常运行工况提供了物理解释和过程分析。但到目前为止,将 SFA 改进并用于多模态过程监测的研究不多。Zhao 和 Huang[4] 考虑到运行条件的频繁变化导致慢特征对应的检验统计量无法被合适的置信区间包围的问题,利用 SFA 对协整分析方法处理得到的平稳特征进行建模,完成了对过程状态变化和故障的判断。Zhang 等人[5] 对批次过程建立了全局保持统计慢特征分析(global-preserving statistics slow feature analysis,GSSFA)模型,捕捉到了批次过程中过渡的时变特性。由上述应用可知,SFA 有潜力去刻画和分析过渡的演化趋势。

在过渡过程中,激进演化可能导致灾难性事故的发生,这类故障需要马上被处理和恢复;而萎靡演化可能导致更多不合格产品的出现,对这类故障的处理相对不那么紧急。所以判断在线过渡过程比正常演化进行得"快"或"慢"是非常重要的。然而,在已有研究中并没有详细讨论过这两种类型的故障。

由第 1 章的国内外研究现状可知,与稳定模态相比,过渡模态会有更频繁的操作调整,操作故障发生的概率也会更高。并且模态过渡时系统会剧烈震荡以致非常脆弱,一旦操作不当,很可能导致严重的产品质量问题甚至安全事故。由于目前严重缺乏操作故障类型定义和相关数据集,监测方法对操作故障的有效性无法被验证,因此多模态过程中操作故障的归纳、分类和相应数据集的产生是迫切而重要的。

针对上述问题,本章提出了基于轨迹的过渡模态辨识与操作异常监测框架。首先,基于 SFA 构造了一个可以反映过程演化最慢的慢特征指标,并设计了相应的过渡模态辨识策略。然后,针对过渡模态复杂的动态时变特性,设计了可以反映过程"位置"和"速度"的检验统计量,并结合基于轨迹的思想监测过渡的异常情况。此外,本章根据危险与可操作性(hazard and operability, HAZOP)分析的引导词和实际操作特点,首次总结和归纳了 8 种多模态过程会出现的操作故障类型。最终,在数值仿真和田纳西-伊斯曼(Tennessee-Eastman,TE)过程仿真的模态 4 到模态 2 转换中,生成了正常操作和故障操作数据集,并验证了所提方法的有效性。其中,在 TE 案例中还分析了灾难性故障,提出了评估这类故障的可拯救时间(rescue time,RT)指标,并利用检测时间(detection time,DT)指标进一步验证了所提方法的优势。

4.2 基于轨迹的过渡模态辨识与过程监测

过渡模态与稳定模态的特征差异很大,为了实现精细化建模,首先需要辨识出过渡模态。在适当的时间和一定范围内以正确的顺序执行设定点的调整时,模态就会发生正常转换。只要转换前后的模态是固定不变的,其正常转换过程会有类似的轨迹。基于上述内容,本章基于 SFA 提出了过渡模态辨识方法和监测方案。

4.2.1 基于最慢慢特征的过渡模态辨识

不同频率的慢特征是由不同原因的过程变化导致的,高频慢特征很可能是由噪声引起的,低频慢特征则是系统的运行状态的体现。在机理上,稳定模态的低频慢特征是几乎不发生变化的,而过渡模态会随时间呈现时变特性。所以,本章基于 SFA 提出了最慢慢特征(slowest slow feature,SSF)作为过渡进程的指示指标:

$$\text{SSF}_n = s_{i^*}, \quad i^* = \underset{i}{\arg\min}(\langle \dot{s}_1^2 \rangle, \cdots, \langle \dot{s}_M^2 \rangle) \tag{4-1}$$

在所有的慢特征中,SSF_n 是最能反映潜在状态的指标。但单利用 SSF_n 指标,只能粗略判断过渡的大致范围。为了定量地确定过渡起止时刻,本节结合核密度估计(kernel density estimation,KDE)方法,提出变长度移动窗口 KDE(moving window KDE,MWKDE)策略。相应的过程如图 4-1 所示,具体步骤如下:

(1)采集数据集 $\boldsymbol{X} \in \mathbb{R}^{M \times N}$,其包含稳定模态和过渡模态;

(2)对 $\boldsymbol{X}$ 进行慢特征分解,得到每个采样时刻的 SSF_n 值;

(3)取前 L 个 SSF_n 值创建一个窗口数据集 $\boldsymbol{\Phi}$;

(4)对 $\boldsymbol{\Phi}$ 进行 KDE,计算控制限 ϕ_B 和 ϕ_H;

(5)增加一个 SSF_n 值到窗口数据集 $\boldsymbol{\Phi}$ 中,重复步骤(4),一旦 SSF_n 值不在控制范围 $[\phi_B, \phi_H]$ 内,过渡过程开始;

(6)此时的 ϕ_B、ϕ_H 值被存储为稳定模态控制限;

(7)采用固定长度为 l、步长也为 l 的移动窗口判断后续的 SSF_n 值,利用 KDE 计算控制限;

(8)一旦当前窗口和后一个窗口之间的控制限的差小于阈值 ε,过渡过程结束。

如图 4-1 所示,采集到的数据集中过渡模态是夹在两个稳定模态之间的。稳态过程中的移动窗口长度逐渐增大。与固定长度的移动窗口不同,变长移动窗口的右侧随着时间向前移动,而左侧保持不变[6]。通过这种方式,窗口大小的选择不会对过渡过程的起点识别造成明显的影响。一旦确定了过渡过程起点,窗口长度将保持不变,直到过渡过程结束,终点的确定对监测结果影响不大。综上所述,窗口长度对监测方法性能的影响是很小的。

在在线阶段进行建模和监测以前,需要确定实时数据 $\boldsymbol{x}_{on}$ 的状态。首先,$\boldsymbol{x}_{on}$ 沿着 $\boldsymbol{W}$ 投影,获得 SSF_{on}。因为一般过程先从稳定模态开始,再进入过渡模态,所以,一开始的 $\mathrm{SSF_{on}}$ 会在某稳定模态控制限内。如果 $t-1$ 时刻的 $\mathrm{SSF_{on}}$ 在稳定模态控制限内,t 时刻的 $\mathrm{SSF_{on}}$ 超出了稳定模态控制限,且后续几个时刻的都超限,则 t 时刻是过渡过程的开始点,后续的过程在过渡模态内。

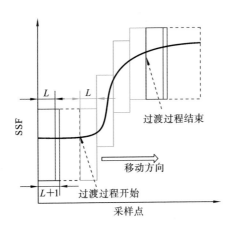

图 4-1 基于 SSF 的过渡模态辨识示意图

4.2.2 基于轨迹的过程建模与故障检测

不同的正常过渡过程在相同的时刻都要达到比较接近的"位置",且每个时刻的变化速度也应该是相似的。而故障会导致过渡过程某些时刻的"位置"不能在正常范围内,变化的速度也会改变。也就是说,正常过渡过程应该是在一定范围内演化的轨迹,故障过渡则会以异于正常的速度突破正常轨迹的范围。基于此,本章提出了刻画过渡演化轨迹的方法,并确定正常轨迹的范围。

在 2.3 节中,可以求解出 M 维的系数矩阵 $\boldsymbol{W}$,相应地可以获取 M 个特征,但这些特征并不都是慢特征。为了消除噪声的影响,最优 $\widetilde{M}$ 个本征慢特征被选择。根据本章参考文献[1],$\widetilde{M}$ 值由下式确定:

$$\widetilde{M}=\mathrm{count}\{\boldsymbol{s}_i\,|\,\Delta(\boldsymbol{s}_i)<\max_j\{\Delta(\boldsymbol{x}_j)\}\},\quad i=1,2,\cdots,M \tag{4-2}$$

式中:$\Delta(\boldsymbol{x}_j)=\langle\dot{\boldsymbol{x}}_j^2\rangle$ 和 $\Delta(\boldsymbol{s}_i)=\langle\dot{\boldsymbol{s}}_i^2\rangle$ 分别表示第 j 个变量和第 i 个慢特征的平均变化;$\mathrm{count}(\,\cdot\,)$ 表示数据集中的元素数量。

式(4-2)的物理含义如下:如果慢特征中的某些特征的变化比变化最快的变量的变化还要快,那么认为这些特征为噪声。因此,$\widetilde{M}$ 个慢特征相应的系数矩阵为 $\boldsymbol{W}_{\widetilde{M}}=[\boldsymbol{w}_1,\cdots,\boldsymbol{w}_{\widetilde{M}}]^\mathrm{T}$,那么主慢特征空间的计算公式为

$$\tilde{\boldsymbol{s}}=\boldsymbol{W}_{\widetilde{M}}\boldsymbol{X} \tag{4-3}$$

$\tilde{s}$ 包含的每个慢特征可以在不同层面上反映过渡过程演化的轨迹,轨迹的每个采样时刻可以代表当前过渡过程演化到达的"位置"。为了更直观和方便地展示轨迹,这里将 $\tilde{s}$ 整合为一个检验统计量:

$$L_{o,n} \equiv S_n^2 = \tilde{s}\tilde{s}^{\mathrm{T}} \tag{4-4}$$

在 SFA 方法中,存在一阶检验统计量:

$$\dot{S}_n^2 = \dot{\tilde{s}}\tilde{\boldsymbol{\Omega}}^{-1}\dot{\tilde{s}}^{\mathrm{T}} \tag{4-5}$$

式中: $\tilde{\boldsymbol{\Omega}} = \mathrm{diag}\{\omega_1, \cdots, \omega_{\tilde{M}}\}$,代表 $\langle\dot{z}(n)\dot{z}(n)^{\mathrm{T}}\rangle_n$ 在奇异值分解中与 $\tilde{M}$ 个慢特征对应的特征值。

模态过渡时,每一个阶段演化的速度都是在一定范围内的,过快有可能使系统崩溃,过慢会使过渡的时间变长,导致生产出更多的残次品。所以,对演化速度的监测也很有必要。 $\dot{S}_n^2$ 的物理含义为过程在此刻和下一刻变化程度的大小,可以在一定程度上反映过程演化的"速度"。在实际过程中,如果过程变化比较缓慢,那么 $\dot{S}_n^2$ 变化幅度非常小,就很难体现出过渡"速度"的变化。为了使监控方法对过渡"速度"变化更加敏感,构建一个基于窗口的检验统计量 S_p :

$$S_p = \sum_{k=1}^{K} (\dot{\tilde{s}}_{n-k} - \langle\dot{\tilde{s}}_{n-k}\rangle)\tilde{\boldsymbol{\Omega}}^{-1}(\dot{\tilde{s}}_{n-k} - \langle\dot{\tilde{s}}_{n-k}\rangle)^{\mathrm{T}} \tag{4-6}$$

式中: K 表示窗口的长度; $\langle\dot{\tilde{s}}_k\rangle = \dfrac{1}{K}\sum\limits_{k=1}^{K}\dot{\tilde{s}}_{n-k}$,是窗口中慢特征向量的平均值。

由于过渡模态具有显著的时变特性,两个统计量不满足特定的分布形状,因此采用 KDE 方法来估计检验统计量的概率密度分布,并计算控制限。与一般的统计过程监测的前提一致,在模型构建阶段可以收集许多正常过渡的历史数据。完全按照标准的操作进行过渡,采集到的数据集被称为标准过渡数据集,其他 $I-1$ 个在正常范围内的过渡数据集被称为候选过渡数据集。实际工业过程中,不同周期下的正常过渡过程会有不同的长度。本章中,将基于 SSF 的方法确定每个正常过渡的跨度,并计算出平均过渡长度 N' 。那么,正常过渡的数据集分别表示为 $\boldsymbol{X}_1^{M \times N'}, \boldsymbol{X}_2^{M \times N'}, \cdots, \boldsymbol{X}_I^{M \times N'}$,其中 $\boldsymbol{X}_1^{M \times N'}$ 表示标准过渡。利用这些历史正常数据建模,过程如下:

(1) 对 $\boldsymbol{X}_1^{M \times N'}$ 进行 SFA 处理,并得到权重矩阵 $\boldsymbol{W}'$;

(2) 确定本征慢特征的个数 $\tilde{M}$,并计算相应本征慢特征 $\tilde{s}_1$;

(3) 每个候选过渡数据集都沿着 $\boldsymbol{W}'$ 进行投影,并分别得到相应的本征慢特征 $\tilde{s}_2, \tilde{s}_3, \cdots, \tilde{s}_I$;

（4）在每个时刻，分别计算所有正常过渡数据集检验统计量 $L_{o,n}$ 和 S_p；

（5）给定置信水平 α，利用 KDE 方法，计算每个时刻两个统计量的控制限 L_{o,n_B}、L_{o,n_H} 和 S_{p_B}、S_{p_H} 值。

$L_{o,n}$ 和 S_p 两个检验统计量的控制限都是双边的。$L_{o,n}$ 与"位置"相关，在故障检测中，当 $L_{o,n}$ 超过上限或低于下限时，认为故障发生。为了简化判断的过程，$L_{o,n}$ 被改写为 $L_o = \left| L_{o,n} - \frac{1}{2}(L_{o,n_B} + L_{o,n_H}) \right|$，相应的控制限变为单边的 $L_{o_T} = \frac{1}{2}(L_{o,n_H} - L_{o,n_B})$。$S_p$ 统计量蕴含着更丰富的信息，若故障的 S_p 低于下限，则说明故障过渡演化速度低于正常的，即过渡演化萎靡，这种故障的危害性并不高，可能会增加过渡演化的时长；反之，过渡演化激进，这种故障要特别重视，可能会造成系统崩溃，所以 S_p 统计量保留双边的控制限。传统 SFA 方法的计算复杂度为 $O(M^3)$。基于轨迹的方法在每个时刻都建立一个 SFA 模型，所以，其计算复杂度为 $O(M^3 N')$。

在在线阶段，首先基于 SSF 方法判断过程是处于稳定模态还是处于过渡模态；若过程处于稳定模态，则用传统的多元统计过程控制（multivariate statistical process control，MSPC）方法就可以进行建模和监控，本章不再赘述；若过程处于过渡模态，则计算实时数据的检验统计量 L_o 和 S_p。如果连续 ι 个 L_o 值超过相应时刻的 L_{o_T} 值，或者 S_p 值不在 $[S_{p_B}, S_{p_H}]$ 区间内，则说明发生故障。在随后的讨论中，采用故障的漏报率（missing alarm ratio，MAR）指标来判断方法的性能。由于当 L_o 或 S_p 失控时，样本都会被判定为故障样本，因此采用联合漏报指标 J 来综合判定 MAR，$J(i) \equiv L_o(i) < L_{o_T} \bigcap S_{p_B} \leqslant S_p(i) \leqslant S_{p_H}$，其中 i 样本为故障样本。

4.3　多模态操作故障的定义

一般的工业过程都涉及现场工作人员或者机器对操作点等参数的调整，尤其是在多模态过程中，模态的转化必然会有操作点的变化。操作引起的故障在一般过程中时有发生，而在多模态过程中发生的概率更高。操作故障一般都是突然发生的，所以其对系统的冲击力和破坏力较强，需要被及时检测到并恢复。但在以往多模态监测方案中，几乎没有讨论操作故障的研究成果。

本节将多模态操作故障定义如下：现场操作人员或者机器为了维持过程在某一模态下或者完成模态的转换，没有按照提前设定的范围、顺序、时间等对系统参数、生产条件等进行调节,最终导致过程不能完成生产目标的故障。结合现有文献和实际过程,本节汇总了多模态操作故障的类型。首先,表 4-1 列出了 HAZOP 分析的引导词及其相应的解释。表 4-2 中相应地定义了多模态过程的 8 种操作故障。具体来说,OF1 对应于引导词"Before"和"After";OF2 和 OF3 分别与引导词"More"和"Less"相关;OF4 与引导词"Reverse"对应;OF5 和 OF6 分别对应于"Early"和"Later";OF7 与"Part of"相关;OF8 根据引导词"Other than"定义。

表 4-1　HAZOP 分析的引导词及其相应的解释[7]

引　导　词	描　　　述
Before	操作发生在指定步骤之前
After	操作发生在指定步骤之后
More	操作幅度大于指定值
Less	操作幅度小于指定值
Reverse	操作值数值不改变,符号改变
Early	正确的顺序,但比预定时间早
Later	正确的顺序,但比预定时间晚
Part of	一些操作被忽略
Other than	指定操作点以外的其他操作

表 4-2　多模态过程中操作故障的分类

类　　别	描　　　述
OF1	错误的操作顺序
OF2	操作变量的改变值大于标准值
OF3	操作变量的改变值小于标准值
OF4	操作变量改变的方向错误
OF5	一些操作步骤的执行早于标准时间
OF6	一些操作步骤的执行晚于标准时间
OF7	某些操作被忽略
OF8	操作变量错误

需要说明的是,多模态过程的操作故障在稳定模态和过渡模态中都会发生,而过渡模态涉及更多的操作调整,所以操作故障发生的概率更高。本章的监测对象为过渡模态,所以本章后续讨论的是过渡模态的操作故障。

4.4　案例研究

为了验证所提方法在过渡模态操作故障监测方面的可行性,本章构建了数值仿真和 TE 过程仿真,设计了正常和故障的过渡操作步骤,并生成了相应数据集。基于阶段的子 PCA(sub-PCA)方法[8]和 GSSFA 方法[5]被作为对比方法,来验证本章所提方法在过渡模态辨识和故障检测方面的优势。其中,sub-PCA 的主元和残差检验统计量分别为 T^2 和 SPE,GSSFA 的两个检验统计量分别为 D_p 和 D_r。

4.4.1　数值仿真研究

1. 仿真设计与数据生成

本章在 MATLAB 中搭建一个系统,共有六个变量,分别表示为 V_1、V_2、V_3、V_4、V_5、V_6,其中 V_1 和 V_2 为操作变量,在第一个稳定模态中,V_1 和 V_2 的采样分别为白噪声 e_1 和 e_2。过程变量 V_3、V_4 分别与 V_1、V_2 相关。采用传递函数的方式表示其相关关系:

$$V_3(s) = \frac{0.16}{s^2 + 0.4s + 0.16} V_1(s) + e_3 \tag{4-7}$$

$$V_4(s) = \frac{1}{10s + 1} V_2(s) + e_4 \tag{4-8}$$

输出变量 V_5、V_6 和 V_1、V_2、V_3、V_4 线性相关:

$$V_5(t) = V_1(t) + 4V_3(t) + 2V_4(t) + e_5(t) \tag{4-9}$$

$$V_6(t) = 0.5V_1(t) + 4V_3(t) + 2V_4(t) + e_6(t) \tag{4-10}$$

其中,e_1、e_2、e_3、e_4、e_5、e_6 满足高斯分布 $N(0,0.01)$。

仿真的总模拟时长设置为 400 h,采样间隔为 0.1 h。过渡过程的标准操作如表 4-3 所示,首先 V_2 的均值在第 1501 个采样时刻调整到 −5,也就是说,系统在第 1501 个采样时进入过渡阶段;然后 V_2 的均值在第 1801 个采样时刻调整到 −10,最后 V_1 的均值在 2101 个采样时刻调整到 6。根据传递函数计算,系统大约在第 2328 个采样时刻进入下一个稳定模态。标准过渡数据变量变化曲线图如图 4-2 所示。

表 4-3 正常和 8 种故障操作步骤

类 别	步 骤
标准	步骤 1：V_2 在第 1501 个采样时刻执行操作，操作量为 -5。 步骤 2：V_2 在第 1801 个采样时刻执行操作，操作量为 -10。 步骤 3：V_1 在第 2101 个采样时刻执行操作，操作量为 6
OF1	步骤 1：V_1 在第 1501 个采样时刻执行操作，操作量为 6。 步骤 2：V_2 在第 1801 个采样时刻执行操作，操作量为 -5。 步骤 3：V_2 在第 2101 个采样时刻执行操作，操作量为 -5 （故障发生在第 1501 个采样时刻，并持续到过渡结束）
OF2	步骤 1：V_2 在第 1501 个采样时刻执行操作，操作量为 -8。 步骤 2：V_2 在第 1801 个采样时刻执行操作，操作量为 -2。 步骤 3：V_1 在第 2101 个采样时刻执行操作，操作量为 6 （故障发生在第 1501 个采样时刻，并持续到第 2100 个采样时刻）
OF3	步骤 1：V_2 在第 1501 个采样时刻执行操作，操作量为 -2。 步骤 2：V_2 在第 1801 个采样时刻执行操作，操作量为 -8。 步骤 3：V_1 在第 2101 个采样时刻执行操作，操作量为 6 （故障发生在第 1501 个采样时刻，并持续到第 2100 个采样时刻）
OF4	步骤 1：V_2 在第 1501 个采样时刻执行操作，操作量为 -5。 步骤 2：V_2 在第 1801 个采样时刻执行操作，操作量为 -5。 步骤 3：V_1 在第 2101 个采样时刻执行操作，操作量为 -6 （故障发生在第 2101 个采样时刻，并持续到过渡结束）
OF5	步骤 1：V_2 在第 1501 个采样时刻执行操作，操作量为 -5。 步骤 2：V_2 在第 1701 个采样时刻执行操作，操作量为 -5。 步骤 3：V_1 在第 2101 个采样时刻执行操作，操作量为 6 （故障发生在第 1701 个采样时刻，并持续到第 2100 个采样时刻）
OF6	步骤 1：V_2 在第 1501 个采样时刻执行操作，操作量为 -5。 步骤 2：V_2 在第 1901 个采样时刻执行操作，操作量为 -5。 步骤 3：V_1 在第 2101 个采样时刻执行操作，操作量为 6 （故障发生在第 1801 个采样时刻，并持续到第 2200 个采样时刻）
OF7	步骤 1：V_2 在第 1501 个采样时刻执行操作，操作量为 -5。 步骤 2：无操作。 步骤 3：V_1 在第 2101 个采样时刻执行操作，操作量为 6 （故障发生在第 1801 个采样时刻，并持续到过渡结束）

类　别	步　骤
OF8	步骤 1：V_1 在第 1501 个采样时刻执行操作,操作量为－5。 步骤 2：V_2 在第 1801 个采样时刻执行操作,操作量为－5。 步骤 3：V_1 在第 2101 个采样时刻执行操作,操作量为 6 (故障发生在第 1501 个采样时刻,并持续到过渡结束)

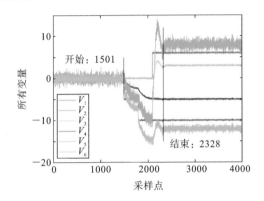

图 4-2　标准过渡数据变量变化曲线图

除了在标准操作下生成的数据集外,通过改变操作的幅值和时间,产生一系列候选过渡模态数据集来计算基于轨迹的方法的控制限。具体来说,假设两个操作变量的标准变化量为 $\Delta V_i, i=1,2$,首先,通过小范围更改变化量生成一系列候选数据集,变化量为 $\beta \Delta V_i, \beta \sim U[0.95, 1.05]$ 是一个均匀分布的随机变量。然后,V_1 和 V_2 的操作时刻分别在 2101±2 和 1501±2、1801±2 个采样时刻中变动。根据上述规则,产生了 20 个候选数据集。

根据表 4-2 中操作故障的定义,过渡过程中 8 种故障操作步骤列在表 4-3 中。以 OF1 为例,错误的操作是调换了步骤 1 和步骤 3,所以故障从过渡一开始就出现,一直持续到过渡结束。由于步骤 2 没有改变,因此第 1801 到 2101 个样本的一阶动力学依然处于正常状态。

2. 算法验证与讨论

以生成的正常数据集为对象,利用提出的基于 SSF 的方法与基于阶段的 sub-PCA 方法对数据集进行辨识。基于 SSF 的方法中,参数设置为 $\alpha=1\%, l=10$。基于阶段的 sub-PCA 方法采用 K 均值聚类方法进行模态辨识,但此方法需要人为确定聚类的个数,所以事先通过本章参考文献[9]中的减法聚类方法确定整个过程的三个阶段。利用这两种方法对 21 个正常数据集进行了处理，过渡开始/结束辨识结果与平均偏差如表 4-4 所示。基于阶段的 sub-PCA 方法在开始点识别中晚了 75 个采样时刻，在结束点中早了 199 个采样时刻；而基于 SSF 的方法可以精确地辨识到开始点，并且在结束点的辨识中平均只早了 17 个采样时刻。由此可见，本章所提方法对过渡模态辨识的精度是更高的。

表 4-4　过渡开始/结束辨识结果与平均偏差

采样时刻	基于 SSF 的方法	基于阶段的 sub-PCA 方法
开始点	0 ± 0	75 ± 2
结束点	-17 ± 8	-199 ± 1

利用基于轨迹的方法和基于阶段的 sub-PCA 方法对基于 SSF 的方法辨识到的过渡过程进行建模。基于轨迹的方法中，$\widetilde{M}=2$，采用 KDE 方法计算 L_o 和 S_p 控制限时，置信度设为 95%。基于阶段的 sub-PCA 方法将过渡过程细分为三个阶段，主成分累积贡献率设为 90%，检验统计量 T^2 和 SPE 的置信度设为 95%。

数值仿真 8 种故障的 MAR 和 FAR 结果如表 4-5 所示，最佳的结果被加粗。需要说明的是，对于 OF1 和 OF8，故障从过渡开始到结束都存在，因此不存在 FAR，在表中用"—"表示。基于轨迹的方法中，所有故障的 MAR 为 0~4.3%；在 FAR 方面除了 OF3 的两个检验统计量和 OF6 的 L_o 偏高，其余都为 0。基于阶段的 sub-PCA 方法中，OF2、OF3、OF5、OF6 的 MAR 超过了 10%；

表 4-5　数值仿真 8 种故障的 MAR 和 FAR 结果

故障类型	基于轨迹的方法					基于阶段的 sub-PCA 方法				
	MAR			FAR		MAR			FAR	
	L_o	S_p	J	L_o	S_p	T^2	SPE	J	T^2	SPE
OF1	0	6.2%	**0**	—	—	9.3%	0	0	—	—
OF2	5.5%	5.6%	**1.8%**	0	0	58.5%	13%	12.8%	2.4%	0.6%
OF3	10.2%	5.3%	**4.3%**	9%	10.2%	58.7%	49.7%	40.5%	**4.9%**	**0.2%**
OF4	0	100%	**0**	**0**	**0**	0	100%	0	4.2%	0.5%
OF5	4%	0.5%	**0**	**0**	**0**	74.5%	74.2%	73.3%	5.8%	0.3%
OF6	4.7%	0.8%	**0**	10.1%	**0**	62.3%	50.8%	47.3%	**4%**	**0.5%**
OF7	7.5%	1.9%	0.8%	**0**	**0**	0	0	0	6.5%	0.3%
OF8	1.7%	5%	**0**	—	—	0	0	0	—	—

六种情况的 FAR 都在 5％左右。总体来看,本章所提方法在 MAR 和 FAR 方面表现更好。

为了进一步说明本章所提方法的优越性,在接下来的讨论中考虑 OF2 和 OF5。图 4-3(a)展示了基于轨迹的方法对 OF2 的监测结果。开始的稳定模态(第 1001~1500 个样本)由传统的 SFA 监测,过渡模态由基于轨迹的方法监测。从 L_o 图中可以看出,步骤 1 和步骤 2 下的数据都超出了正常过渡轨迹的变化范围,即被检测为故障。同时,从 S_p 图中可以看出,步骤 1 对应数据的检验统计量超出控制上限,意味着此时操作值大于标准值,即比正常过渡要"快";相反,步骤 2 对应数据的检验统计量低于控制下限,这可以推理出此时操作值小于标准值,即比正常过渡要"慢";这两个结论与实际操作情况是一致的。由此验证了基于轨迹的方法可以侧面反映故障操作值相对标准值的情况。因为 OF2 的步骤 1 和步骤 2 的故障操作值之和等于 V_2 标准操作值之和,所以系统在步骤 2 结束时又回归到了正常状态,相应地,在图 4-3(a)中检验统计量回到了控制限以内。图 4-3(b)展示了基于阶段的 sub-PCA 方法对 OF2 的监测结果,其对第 1001~1500 个样本建立单个 PCA 模型,并对过渡阶段建立三个子 PCA 模型。在步骤 1 中,SPE 统计量全部超限,但在步骤 2 中,大部分 T^2 和 SPE 统计量落入控制限以内,存在大量漏报。在步骤 3 中,系统恢复正常,但 SPE 统计量大量超限,这导致了故障的误报率高的情况。

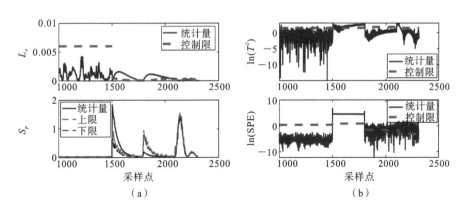

图 4-3 (a) 基于轨迹的方法和(b) 基于阶段的 sub-PCA 方法对 OF2 的监测结果

OF5 的步骤 2 的开始时刻比标准操作早了 100 个采样时刻。从图 4-4(a) 中可以看出,基于轨迹的方法可以立即检测出故障,并持续报警直到步骤 2 结束;在步骤 3 执行后,系统恢复正常,基于轨迹的方法的检验统计量也相应地回到了控制限内。基于阶段的 sub-PCA 方法对 OF5 的监测结果如图 4-4(b)所示,在故障一出现时,检验统计量超出了控制限,而第 1801 个到第 2100 个故障样本被判断为正常样本,步骤 3 中的正常样本却被检测为故障样本。

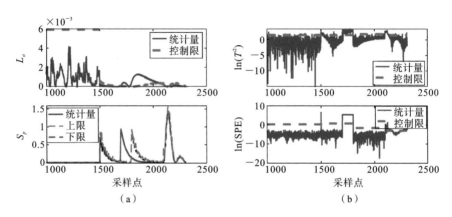

图 4-4 (a) 基于轨迹的方法和(b) 基于阶段的 sub-PCA 方法对 OF5 的监测结果

综上可知,基于 SSF 的方法在过渡过程辨识方面的精度远远高于基于阶段的 sub-PCA 方法。基于轨迹的方法除了在 MAR 和 FAR 方面优于基于阶段的 sub-PCA 方法,还能反映出故障在"位置"或"速度"上异于正常轨迹。

4.4.2 TE 过程仿真研究

1. 传统 TE 过程描述

TE 过程是由 Downs 和 Vogel[10] 于 1993 年提出的一种化工过程仿真,已被广泛用于科学研究。如图 4-5[11] 所示,TE 过程反应装置主要由 5 个单元组成:反应器、冷凝器、循环压缩机、气液分离器和解吸塔。TE 过程主要是指将气体成分 A、C、D、E 和惰性组分 B 送入反应器,并形成液态产物 G 和 H。根据不同的液态产物质量比,可以将 TE 过程划分为 6 个稳定模态,模态参数如表 4-6所示。如表 4-7~表 4-9 所示,该过程有 41 个过程变量(包含 22 个连续变量和 19 个成分变量)和 12 个操作变量。TE 过程包括 21 个预先设定好的故障,其中 16 个是已知的,5 个是未知的。其他详细介绍可参见本章参考文献[10]。Ricker[12] 提供了系统控制和正常的操作方案,相应的仿真平台可以从如下网站下载:http://depts.washington.edu/control/LARRY/TE/download.html。

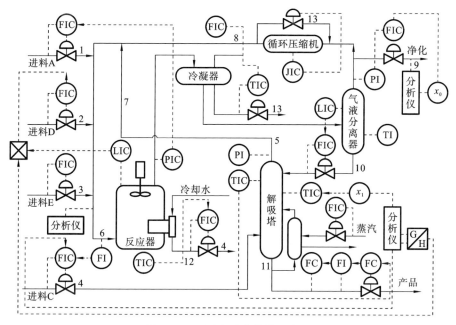

图 4-5　TE 过程反应装置示意图

表 4-6　TE 过程 6 种模态的参数

模 态 类 别	$m(G)/(\%)$	$m(H)/(\%)$	产品产率/(kg/h)
1	50%	50%	7038
2	10%	90%	1048/12669
3	90%	10%	10000/1111
4	50%	50%	最大产率
5	10%	90%	最大产率
6	90%	10%	最大产率

表 4-7　TE 过程连续变量表

变量编号	变量名称	变量编号	变量名称
XMEAS01	A 进料量	XMEAS06	反应器进料速率
XMEAS02	D 进料量	XMEAS07	反应器压力
XMEAS03	E 进料量	XMEAS08	反应器液位
XMEAS04	总进料量	XMEAS09	反应器温度
XMEAS05	再循环流量	XMEAS10	排放速率

变量编号	变量名称	变量编号	变量名称
XMEAS11	产品分离器温度	XMEAS17	汽提器塔底流量
XMEAS12	产品分离器液位	XMEAS18	汽提器温度
XMEAS13	产品分离器压力	XMEAS19	汽提器流量
XMEAS14	产品分离器塔底流量	XMEAS20	循环压缩机功率
XMEAS15	汽提器液位	XMEAS21	反应器冷却水出口温度
XMEAS16	汽提器压力	XMEAS22	分离器冷却水出口温度

表 4-8　TE 过程成分变量表

变量编号	变量名称	变量编号	变量名称
XMEAS23	反应器中 A 的成分	XMEAS33	放空空气中 E 的成分
XMEAS24	反应器中 B 的成分	XMEAS34	放空空气中 F 的成分
XMEAS25	反应器中 C 的成分	XMEAS35	放空空气中 G 的成分
XMEAS26	反应器中 D 的成分	XMEAS36	放空空气中 H 的成分
XMEAS27	反应器中 E 的成分	XMEAS37	产品流量中 D 的成分
XMEAS28	反应器中 F 的成分	XMEAS38	产品流量中 E 的成分
XMEAS29	放空空气中 A 的成分	XMEAS39	产品流量中 F 的成分
XMEAS30	放空空气中 B 的成分	XMEAS40	产品流量中 G 的成分
XMEAS31	放空空气中 C 的成分	XMEAS41	产品流量中 H 的成分
XMEAS32	放空空气中 D 的成分		

表 4-9　TE 过程操作变量表

变　　量	描　　述	变　　量	描　　述
XMV(1)	D 进料量(流 2)	XMV(7)	分离器罐液流量(流 10)
XMV(2)	E 进料量(流 3)	XMV(8)	汽提器液体产品流量(流 11)
XMV(3)	A 进料量(流 1)	XMV(9)	汽提器水流阀
XMV(4)	总进料量(流 4)	XMV(10)	反应器冷却水流量
XMV(5)	循环压缩机再循环阀	XMV(11)	冷凝器冷却水流量
XMV(6)	排放阀(流 9)	XMV(12)	搅拌速度

2. 拓展 TE 过程仿真

本部分对上述传统 TE 过程进行了拓展,形成与操作有关的仿真过程。TE 过程控制回路存在 12 个操作点,在稳定模态过程中,操作点的值是固定的。在模态转化时,其中的 5 个操作点"production setpoint""mole ％ G setpoint""yA setpoint""yAC setpoint"和"reactor temp setpoint"需要被重新设定,分别被标记为 OV_1、OV_2、OV_3、OV_4、OV_5。在机理上,它们与表 4-7 ~ 表 4-9 中的 XMEAS17、XMEAS40、XMEAS23、XMEAS25 和 XMV(10)直接相关。通过改变这五个操作点的设定值,可以获得 6 种稳定模态以及它们之间的过渡过程,6 种模态的不同参数如表 4-6 所示。在本次验证中,因为 XMV(5)、XMV(9)和 XMV(12)的数值在仿真过程中不变,所以这三个变量不被考虑,剩余的 41 个过程变量和 9 个操作变量被选择用于过程建模与监测。

6 种模态之间的转换大多可以通过一步操作实现。但在实际工业过程中,过渡大概率是需要多步完成的,所以这里选择了模态 4 到模态 2 过渡(此过渡通过多步合理操作才可以完成)作为监测对象。整体仿真时长设为 400 h,采样间隔为 0.05 h。系统首先在稳定模态 4 下运行,在第 3201 个采样时刻以后,$OV_1 \sim OV_5$ 分别需要从 36.04、53.35、61.95、58.76、128.2 变为 22.73、11.66、64.18、54.25、124.2。如果一步完成设置的改变,系统将崩溃。因此,标准操作被设计为两个步骤:首先,在第 3201 个采样时刻 OV_2 减少 18,OV_1、OV_3、OV_4、OV_5 一步操作完成;然后,在第 4801 个采样时刻 OV_2 减少 23.79。为了产生一系列候选数据集,β 在[0.95,1.05]中取值,改变操作变量的变化程度,并在±5 个采样范围内调整操作时刻,生成 30 个候选的正常数据集。此外,根据表 4-10 中的描述将生成的 8 个故障数据集 OF1~OF8 作为测试集,其中,OF2、OF4、OF7 和 OF8 是会导致系统崩溃的灾难性故障。

表 4-10　TE 过程模态 4 到模态 2 转化正常与故障操作步骤

类别	步　　骤
标准	步骤 1:在 3201 个采样时刻,OV_2 减少 18,OV_1、OV_3、OV_4、OV_5 一步操作完成。 步骤 2:在 4801 个采样时刻,OV_2 减少 23.79
OF1	步骤 1:在 3201 个采样时刻,OV_2 减少 18,OV_1、OV_3、OV_4 一步操作完成。 步骤 2:在 4801 个采样时刻,OV_2 减少 23.79,OV_5 一步操作完成 (故障开始于第 3201 个采样时刻,持续至过渡结束)

续表

类别	步　　骤
OF2	步骤：在 3201 个采样时刻，OV_2 减少 19.5，OV_1、OV_3、OV_4 一步操作完成 （系统崩溃） （故障开始于第 3201 个采样时刻，持续至系统崩溃）
OF3	步骤 1：在 3201 个采样时刻，OV_2 减少 10，OV_1、OV_3、OV_4、OV_5 一步操作完成。 步骤 2：在 4801 个采样时刻，OV_2 减少 23.79 （故障开始于第 3201 个采样时刻，持续至过渡结束）
OF4	步骤：在 3201 个采样时刻，OV_2 增加 18，OV_1、OV_3、OV_4 一步操作完成 （系统崩溃） （故障开始于第 3201 个采样时刻，持续至系统崩溃）
OF5	步骤 1：在 3201 个采样时刻，OV_2 减少 18，OV_1、OV_3、OV_4、OV_5 一步操作完成。 步骤 2：在 4601 个采样时刻，OV_2 减少 23.79 （故障开始于第 4601 个采样时刻，持续至过渡结束）
OF6	步骤 1：在 3201 个采样时刻，OV_2 减少 18，OV_1、OV_3、OV_4、OV_5 一步操作完成。 步骤 2：在 5001 个采样时刻，OV_2 减少 23.79 （故障开始于第 4801 个采样时刻，持续至过渡结束）
OF7	步骤：在 3201 个采样时刻，OV_2 减少 18，OV_3、OV_4、OV_5 一步操作完成 （系统崩溃） （故障开始于第 3201 个采样时刻，持续至系统崩溃）
OF8	步骤 1：在 3201 个采样时刻，OV_2 减少 18，OV_1、OV_3、OV_4、OV_5 一步操作完成。 步骤 2：在 4801 个采样时刻，OV_4 减少 23.79 （系统崩溃） （故障开始于第 4801 个采样时刻，持续至系统崩溃）

　　基于 SSF 的方法和基于阶段的 sub-PCA 方法被应用于标准操作数据集，辨识结果分别如图 4-6 和图 4-7 所示。基于 SSF 的方法中，第 3206 和 5332 个采样时刻被确定为过渡开始点和结束点。而基于阶段的 sub-PCA 方法的结果为第 3276 和 4899 个采样时刻。

　　由操作步骤可知，过渡是从第 3201 个采样时刻开始的，但是关于过渡的结束点的判断，目前没有文献可以参考。由于 A 进料量（XMEAS01）不稳定持续时间几乎是所有变量中最长的，因此它被用来估计结束点。如图 4-8 所示，第 5387 个采样时刻被认为是结束点。不失一般性，利用这两种方法分别对 31 个

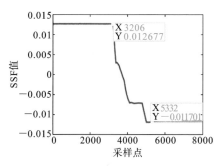

图 4-6　模态 4 到模态 2 转化的 SSF 变化
与识别结果

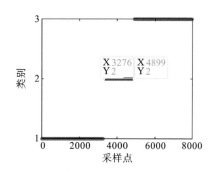

图 4-7　基于阶段的 sub-PCA 方法对模态 4
到模态 2 转化的识别结果

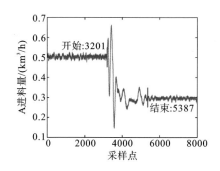

图 4-8　模态 4 到模态 2 转化中 A 进料量的变化

正常数据集进行过渡模态的辨识,过渡开始/结束辨识结果和平均偏差如表 4-11 所示。基于 SSF 的方法对开始点的辨识延迟了 5 个采样时刻,而基于阶段的 sub-PCA 方法延迟了 76 个采样时刻。在结束点的辨识中,基于 SSF 的方法比基于阶段的 sub-PCA 方法的延迟减少了 357 个采样点。

表 4-11　过渡开始/结束辨识结果和平均偏差

采样时刻	基于 SSF 的方法	基于阶段的 sub-PCA 方法
开始点	$+5\pm2$	-76 ± 1
结束点	$+56\pm9$	-413 ± 4

为了验证本章所提方法的有效性,采用基于轨迹的方法、基于阶段的 sub-PCA 方法和 GSSFA 方法对基于 SSF 的方法辨识到的过渡过程结果进行建模,三种方法的置信度都为 95%。其中,基于轨迹的方法中,$\widetilde{M}=13$。基于阶段的

sub-PCA 方法中,过渡过程被细分为 3 个阶段并建立 3 个 PCA 模型,其对应的正常过渡监测结果如图 4-9 所示。GSSFA 方法包含两个检验统计量 D_p 和 D_r,正常过渡监测结果如图 4-10 所示。图 4-11(a) 和 (b) 展示了对于正常过渡,基于轨迹的方法的检验统计量 L_o 和 S_p 的监测结果。由于在整个过渡过程中"速度"的变化范围很大,取图 4-11(b) 的局部放大图,如图 4-11(c) 所示,表明正常的 S_p 在允许变化的范围内波动。

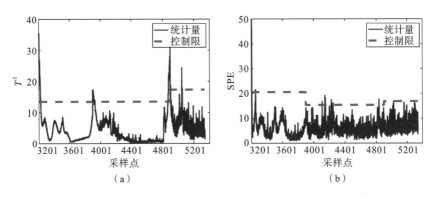

图 4-9 基于阶段的 sub-PCA 方法关于 (a) T^2 和 (b) SPE 检验统计量的正常过渡监测结果

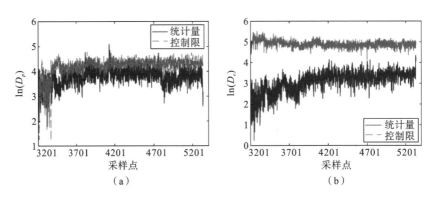

图 4-10 GSSFA 方法关于 (a) D_p 和 (b) D_r 检验统计量的正常过渡监测结果

模型建立以后,对表 4-10 中的 OF1～OF8 进行监测,三种方法的 MAR 和 FAR 汇总在表 4-12 中,MAR 的最佳结果被加粗。基于轨迹的方法除了对灾难性故障 OF2 的 MAR 大于 70% 以外,对剩余故障的 MAR 都低于 8%,且对 OF2、OF3、OF5、OF7 和 OF8 在三种方法中都是最低的。虽然总体来看,GSS-FA 方法相对基于阶段的 sub-PCA 方法来说 MAR 有所降低,但除对 OF4 和

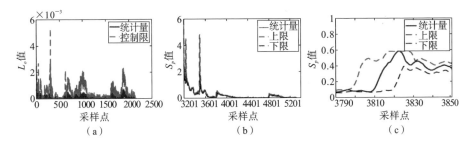

图 4-11 基于轨迹的方法关于(a)L_o、(b)S_p 检验统计量和(c)3790 到 3850 采样的 S_p 检验统计量的正常过渡监测结果

OF6 以外,其对其他故障的 MAR 都高于基于轨迹的方法。而基于阶段的 sub-PCA 方法对 OF2～OF7 的 MAR 都大于 10%。同时,在 FAR 方面,基于阶段的 sub-PCA 方法小于 5%,GSSFA 方法中 D_p 对所有故障都大于 10%,而本章所提方法不超过 1%,在所有情况下都是最低的。

表 4-12   三种方法对 8 种故障的 MAR 和 FAR 结果

方法	指标	统计量	OF1	OF2	OF3	OF4	OF5	OF6	OF7	OF8
基于阶段的 sub-PCA 方法	MAR	T^2	19.2%	96.3%	38.5%	13.6%	69.2%	63.2%	88.9%	0.2%
		SPE	0.2%	98.1%	20.5%	19.5%	74.6%	65.8%	88.9%	0
		J	**0.2%**	95.8%	19.3%	13.6%	68.2%	61.7%	87.8%	0
	FAR	T^2	—	—	—	—	3.3%	2.9%	—	2.9%
		SPE	—	—	—	—	0.9%	0.8%	—	0.8%
GSSFA 方法	MAR	D_p	7%	85.2%	5.7%	5.3%	4.8%	5.6%	4.7%	0
		D_r	6.4%	87.2%	8.2%	7.9%	22.5%	13.3%	3.8%	0
		J	4.6%	81.5%	3.4%	**1.8%**	4.8%	**4.1%**	3.8%	0
	FAR	D_p	—	—	—	—	18.2%	19.6%	—	18.2%
		D_r	—	—	—	—	0	0	—	0.3%
基于轨迹的方法	MAR	L_o	0.6%	77.2%	4.4%	2.6%	20.2%	17%	5.3%	14.2%
		S_p	59.9%	74.4%	52.6%	12.7%	26%	18.5%	14.8%	0
		J	0.5%	**74.4%**	**2.8%**	2.5%	**1.4%**	8%	**2.1%**	**0**
	FAR	L_o	—	—	—	—	0.5%	0.4%	—	0.4%
		S_p	—	—	—	—	0.5%	0.4%	—	0.8%

具体来说,OF2 中操作变量 OV_2 的变化值为 19.5,略大于正常值 18。如图 4-12(a)所示,基于阶段的 sub-PCA 方法在系统崩溃之前都没有检测到故障。从图 4-12(b)和(c)中可以看出,虽然基于轨迹的方法和两种对比方法都不能检测到初始阶段的故障,但基于轨迹的方法能够在第 166 个采样时刻附近报警,这比 GSSFA 方法早 8 个采样时刻。另外,图 4-12(c)显示 OF2 的 S_p 统计量超出了上限,说明过渡速度比正常轨迹的要快,这与实际故障情况是一致的。

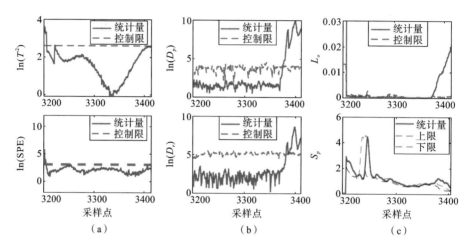

图 4-12 (a) 基于阶段的 sub-PCA 方法、(b) GSSFA 方法、(c) 基于轨迹的方法对 OF2 的监测结果

OF3 中 OV_2 变化值小于标准值,其监测可视化如图 4-13 所示。从图 4-13(a)中可以看出,初始阶段的故障未被基于阶段的 sub-PCA 方法检测到,而图 4-13(b)和(c)显示 GSSFA 方法和基于轨迹的方法很快对故障做出了反应,并且检验统计量持续落在控制限以外。在此情况下,基于轨迹的方法的优势在于相较于 GSSFA 方法更少的故障数据落入控制限以内。并且,本章所提方法的 S_p 统计量低于下限,这说明 OF3 比正常过渡的速度要慢。对 OF2 和 OF3 的监测结果说明,相较于比正常过渡慢的故障,比正常过渡快的故障更容易使系统崩溃,需要及时恢复调整,基于轨迹的方法可以为现场工程师的决策提供参考。

OF5 故障原因是步骤 2 早于标准时间。如图 4-14(a)所示,基于阶段的 sub-PCA 方法可以一开始就检测出故障,但在中期以后存在大量漏报。从图 4-14(b)中可以看出,GSSFA 方法对故障初始阶段的监测效果良好,但是后期有一些漏报。而图 4-14(c)显示,基于轨迹的方法不但可以很快检测到故障,而

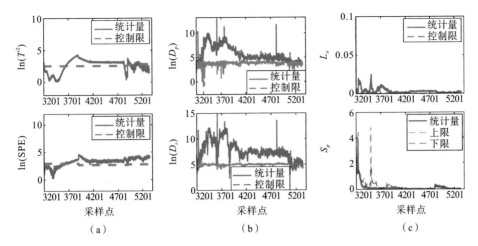

图 4-13 （a）基于阶段的 sub-PCA 方法、（b）GSSFA 方法、

（c）基于轨迹的方法对 OF3 的监测结果

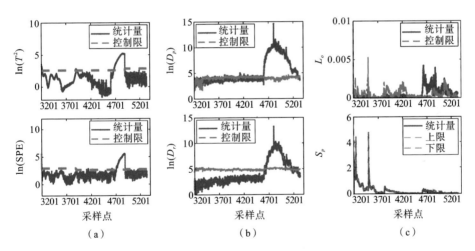

图 4-14 （a）基于阶段的 sub-PCA 方法、（b）GSSFA 方法、

（c）基于轨迹的方法对 OF5 的监测结果

且保证了持续报警,直到过程结束。

OF7 中步骤 1 的 OV_1 操作被遗忘,故障的初始阶段和正常情况是十分相似的。可视化结果如图 4-15 所示。图 4-15(a)显示,虽然基于阶段的 sub-PCA 方法在故障一开始就做出了反应,但后续的检验统计量很快返回到控制限以下,这是因为主成分分析方法在故障中反映的是过程方差的变化,OV_1 操作没有发生变化,所以 OF7 的数据对方差变化没有贡献。图 4-15(b)显示,GSSFA 方法

在故障初始阶段,有一些检验统计量落入控制限以下。而从图 4-15(c) 中可以看出,几乎所有的故障样本都被本章所提方法检测到。

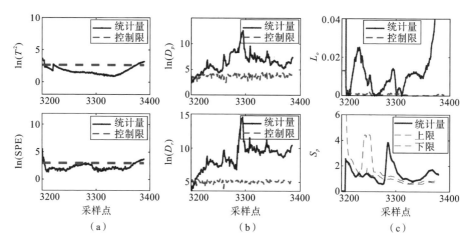

图 4-15　(a) 基于阶段的 sub-PCA 方法、(b) GSSFA 方法、
(c) 基于轨迹的方法对 OF7 的监测结果

灾难性故障分析　TE 过程中不可挽回故障的概念最早是由 Chen 等人[13] 提出的。不可挽回性的讨论对导致系统崩溃的灾难性故障研究具有重要意义。在本节中,OF2、OF4、OF7 和 OF8 为灾难性故障。对于这些故障,在某个时间之前进行干预,可以使系统恢复正常。但如果故障的恶化超过这个时间,即使采取了纠正措施,系统仍然会崩溃,即在这个时间以后,系统是不可挽回的。这里将这个时间定义为可拯救时间(RT)。监测方法能在 RT 之前检测到故障,且预留足够的时间来供现场工程师恢复系统,具有很大的应用价值。然而,RT 在实际工业过程中是无法获取的,只能在仿真平台上仿真获取。本节中,在 TE 仿真平台上,经过多次仿真获得四个灾难性故障的 RT。对于灾难性故障,监测方法的检测时间(DT)只有早于 RT 时才有效。本节开创性地对算法的 DT 展开了讨论。设定 DT＝t_a-t_0,其中 t_a 表示算法发出警报的时刻,t_0 表示故障发生的时刻。

图 4-16 展示了 OF2 的 E 进料量(XMV(2))和反应器压力(XMEAS07)在故障前后发生的变化。如果 OF2 在 9.45 h 前得到纠正,系统是可恢复的;否则,系统将崩溃。对于所有灾难性操作故障,表 4-13 列出了 RT 和三种方法的 DT。基于轨迹的方法对所有故障的 DT 都比两个对比方法的要早。对于 OF4

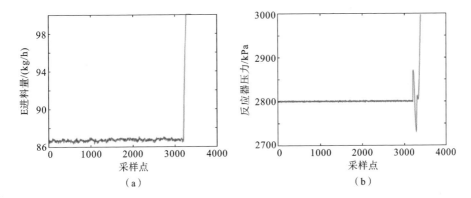

图 4-16　OF2 中的(a) E 进料量和(b)反应器压力的变化

和 OF8,三种方法都能够较早地检测到故障。对于 OF2 和 OF7,基于阶段的 sub-PCA 方法不能在 RT 之前检测到故障,而基于轨迹的方法分别剩余 1.15 h 和 6.25 h 来恢复系统,比 GSSFA 方法分别多了 0.4 h 和 0.35 h。

表 4-13　灾难性故障 RT 与三种方法的 DT

故障	RT/h	DT/h		
		基于阶段的 sub-PCA 方法	GSSFA 方法	基于轨迹的方法
OF2	9.45	未检测到	8.7	8.3
OF4	3.9	1.3	0	0
OF7	6.25	8.6	0.35	0
OF8	18.05	0	0	0

4.5　结束语

本章提出了基于轨迹的过渡模态辨识与操作异常监测方法。设计的 SSF 因子结合基于 KDE 的策略完成了对过渡模态的辨识。与现有研究不同,本章提出的建模和监测方法通过构建与"位置"和"速度"有关的检验统计量,将一个正常的过渡描述为沿着可变空间范围波动的轨迹,轨迹演化中位置偏差和速度的过快或过慢被认为是故障的不同表现形式。同时,归纳和汇总了 8 种多模态过程中出现的操作故障。在案例分析中,首次生成了过渡模态的操作正常/故障数据集,并用以验证所提方法的有效性。此外,还讨论了检测时间用来判断恢复系统的可能性。结果表明，所提方法能更加准确地辨识过渡模态，对操作故障有着更好、更详细的报警机制，并且可以为灾难性故障预留更多的恢复时间。

本章参考文献

[1] WISKOTT L，SEJNOWSKI T J. Slow feature analysis：unsupervised learning of invariances[J]. Neural Computation，2002，14(4)：715-770.

[2] QIN Y，ZHAO C H. Comprehensive process decomposition for closed-loop process monitoring with quality-relevant slow feature analysis[J]. Journal of Process Control，2019，77(4)：141-154.

[3] ZHANG S M，ZHAO C H，HUANG B. Simultaneous static and dynamic analysis for fine-scale identification of process operation statuses[J]. IEEE Transactions on Industrial Informatics，2019，15(9)：5320-5329.

[4] ZHAO C H，HUANG B. A full-condition monitoring method for nonstationary dynamic chemical processes with cointegration and slow feature analysis[J]. AIChE Journal，2018，64(5)：1662-1681.

[5] ZHANG H Y，TIAN X M，DENG X G，et al. Multiphase batch process with transitions monitoring based on global preserving statistics slow feature analysis[J]. Neurocomputing，2018，293(2)：64-86.

[6] ZHU Z B，SONG Z H，PALAZOGLU A. Transition process modeling and monitoring based on dynamic ensemble clustering and multiclass support vector data description[J]. Industrial & Engineering Chemistry Research，2011，50(24)：13969-13983.

[7] BICKERTON J. HAZOP applied to batch and semi-batch reactors[J]. Loss Prevention Bulletin，2003，171(1)：10-12.

[8] KRIEGEL H P，KRÖGER P，SANDER J，et al. Density-based clustering [J]. WIREs Data Mining and Knowledge Discovery，2011，1(3)：231-240.

[9] CHIU S L. Fuzzy model identification based on cluster estimation[J]. Journal of Intelligent and Fuzzy Systems，1994，2(3)：267-278.

[10] DOWNS J J，VOGEL E F. A plant-wide industrial process control prob-

lem[J]. Computers & Chemical Engineering，1993，17(3)：245-255.

[11] TAN S A，WANG F L，PENG J，et al. Multimode process monitoring based on mode identification[J]. Industrial & Engineering Chemistry Research，2012，51(1)：374-388.

[12] RICKER N L. Optimal steady-state operation of the Tennessee Eastman challenge process[J]. Computers & Chemical Engineering，1995，19 (9)：949-959.

[13] CHEN D S，WONG D S H，LIU J L. Process monitoring using a distance-based adaptive resonance theory[J]. Industrial & Engineering Chemistry Research，2002，41(10)：2465-2479.

第 5 章
基于非对称加权动态时间规整的
非平稳过程监测

5.1 引言

　　作为工业生产的重要环节,非平稳过程广泛出现于精细化工、食品、能源、金属加工、生物制药等领域。与平稳过程相比,非平稳过程具有动态特性复杂、过程耗时不一、高度依赖控制体系的特点,是操作较难、风险较高的生产环节[1]。前面章节以多模态的稳定和过渡模态为研究对象,它们为非平稳过程中的典型案例。由于非平稳过程具有复杂的动态特性,因此传统的稳定过程监测手段无法被直接应用其中。直接对非平稳过程划分子阶段的方法可能会忽视工业数据与时间相关联的特性,引入时序相关性方法可以较好地把握时间尺度上的信息,取得更准确的监测结果。1994 年 Nomikos 等人[1]首次提出多项主成分分析(multiway principal component analysis,MPCA)方法,对一次操作的所有数据进行时间上的展开,随后再降维分析,是非平稳过程监测的最早尝试。其后有学者指出,应当针对过程中明显具有不同特征的时段分别建模,例如Luo 等人[2]选用对操作较为敏感的轨迹变量,结合变形 K 均值聚类方法进行阶段划分并给出了新样本的阶段辨识策略。考虑到操作模式的频繁切换问题,Zhang 等人[3]基于 SFA 设计了一个阶段识别因子以用于过程的自动阶段划分,并结合即时学习策略使用全局保留的 SFA 模型对划分后的过渡过程进行在线监测。

　　不考虑对过程人为划分具体阶段,而是从过程整体的角度出发,一些学者提出可以用自适应模型来匹配非平稳过程的缓慢变化特性,递归 PCA[4]便是一种代表方法,这类方法将新数据加入历史数据中以更新模型,是整体建模思路下的产物。不过这类模型存在被盲目更新的风险,因此准确度可能会受到限制。相较而言,对比待测过程与历史过程的整体相似度能更准确地实施故障的检测,但由于不等长问题,因此有必要同时进行数据的规整。其中 DTW[5]和相关优化规整[6]是两种常见的方法。考虑到原始 DTW 本身是用于孤立词识别的方法,其仅能实现两条完整序列的对比,为此,开放尾端(open-ended)的监控策略和非对称加权整定方法被引入,以实现 DTW 在工业数据中的应用[5,7]。为了更精确地实施在线整定,González-martínez 等人[8,9]制定了投影边界约束,并提出了新的路径选择策略。此后,他们又提出了能够解决批次不同步的方法[10]。Wang 等人[11]结合 DTW 和时间尺度上的可视化模型实现了相似时长批次的在线监测。Spooner 等人[12]则基于 k 近邻规则,从大量过程数据中选取DTW 距离最为相似的构建指标并进行监控;从理论上已经证明这类思路对非线性相关的多变量数据同样具有效果[13]。Spooner 等人[14]从 DTW 的约束条件出发,在整定效果和失真风险之间进行了讨论。相较于分阶段建模的方法,这类基于整体相似度对比的方法在在线应用时面临的难点主要来自对不等长待测过程的定位和检测。

在非平稳工业过程中,测量变量会随着操作变量的输入发生一系列明显波动,操作时机与输入幅度的微小差异都可能对测量变量的响应曲线造成显著影响。实际生产时,这一类过程需要依赖操作员或控制系统,依照正常操作条件(normal operating condition,NOC)设置每一个操作步骤的目标值与时间节点,因此,针对非平稳工业过程的监测方法,需要对测量变量在幅值尺度和时间尺度上的异常进行识别。此外,在整体建模的思路下,为了排除过程不等长的影响,通常会采用非线性的整定方法对响应曲线进行拉伸或缩短,再构建监控指标实现异常监测。本章主要介绍基于投影 k 近邻动态时间规整(projective k-nearest neighbor dynamic time warping,PkDTW)的在线过程整定策略,在此基础上结合相似度度量构建两大指标对幅值和时间两个尺度下的异常实施在线检测。

5.2 过程数据整定

5.2.1 基于投影规则的过程数据在线整定

在正常操作条件下采集的 I 组包含 V 个测量变量的历史过程数据将被作为建模数据,记为 $\boldsymbol{B} \in \mathbb{R}^{I \times V \times N}$。通过 2.2.3 节的方法对 $\boldsymbol{B}$ 进行非对称加权离线整定,确定参考序列 $\boldsymbol{B}_{\mathrm{REF}}$ 和参考时间轴长度 N_{REF} 后,便能求出权重矩阵 $\boldsymbol{W}$ 和离线整定后的建模数据集 $\hat{\boldsymbol{B}}$。

对于在线采集到的待测过程数据 $\boldsymbol{B}_{\mathrm{TEST}}$,由于无法判断过程的实际进行程度,因此不能直接使用完整的历史过程数据与之进行整定,否则会导致相似度的度量结果失真。为了在历史过程数据的序列中寻找一个能够对应待测数据进行程度的子序列,需要使用开放尾端的策略。具体而言,每当系统获取待测序列的一个新采样,便需要在所有历史过程数据中,分别找到一个首端为第一个采样、尾端为第 t 个采样的子序列,使之与已有待测序列间的 DTW 距离最小。若经过离线整定后的第 j 组过程数据为 $\hat{\boldsymbol{B}}_j$,则尾端 t 可以被视为一个关于待测序列已有采样数 n 的函数:

$$t(n)=\mathrm{argmin}_m\left[D_{\mathrm{TEST},j}(n,m)\right] \tag{5-1}$$

式中:$D_{\mathrm{TEST},j}(n,m)$ 表示待测数据已有的 n 个采样构成的序列与 $\hat{\boldsymbol{B}}_j$ 的前 m 个采样构成的子序列间的 DTW 距离,$m\in[1,N_{\mathrm{REF}}]$。

在第 $n+1$ 个采样被在线获取后,需要重复上述步骤,计算 $t(n+1)$ 以确定最新的尾端位置。

图 5-1 展示了一个使用开放尾端的 DTW 对待测数据进行在线整定的示例,其中,虚线标记的部分表示尾端的搜索范围。值得注意的是,由于 DTW 距离的本质是欧氏距离的累积,因此必然存在一个 m_e,能够使 $D_{\mathrm{TEST},j}(n,m_e)<D_{\mathrm{TEST},j}(n+1,t(n+1))$,而根据开放尾端的规则,又有 $D_{\mathrm{TEST},j}(n,t(n))\leqslant D_{\mathrm{TEST},j}(n,m_e)$,因此开放尾端的 DTW 距离 $D_{\mathrm{TEST},j}(n,t(n))$ 对于 n 是单调递增的。此外,由于新采样点与历史序列中各点的加权欧氏距离 $d(n+1,m)$,$m=1$,$2,\cdots,N_{\mathrm{REF}}$ 具有无法确定的大小关系,因此,即使已知 $m_s<m_1$ 且 $D_{\mathrm{TEST},j}(n,m_s)>D_{\mathrm{TEST},j}(n,m_1)$,也无法判断根据最小路径累计距离后 $D_{\mathrm{TEST},j}(n+1,m_s)$ 与 $D_{\mathrm{TEST},j}(n+1,m_1)$ 的大小关系,也就是说,根据最小 DTW 距离找到的最新尾端,不一定在上一个尾端的后面,$t(n)$ 不一定随 n 单调递增。对应到实际应用中,尾端回溯的现象说明待测过程的进度难以对应到历史过程的具体位置上,

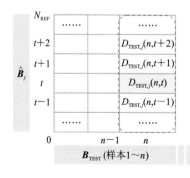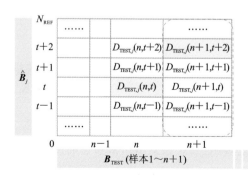

图 5-1　使用开放尾端的 DTW 对待测数据进行在线整定的示例

大概率地揭示了待测过程在局部上无法遵照历史过程稳定、快速进展的情形。

为了在线定位待测过程在历史过程中的对应位置并为后续分析提供便利，本节采用一种投影的策略，将待测过程与历史过程的相似度信息直接投影到长度最大且等同于参考序列长度 N_{REF} 的时间轴上。

理想状态下，完整的、具有 N_{TEST} 个采样的待测过程经过投影后，记载了其与第 j 组历史过程间实时相似的、N_{TEST} 组二维坐标 $(n, t(n))$ 与对应的 DTW 距离信息将被转换为参考时间轴 t 上连续 N_{REF} 个记录有 DTW 距离信息的点 $D_{TEST,j}(t(n)), t(n)=1,2,\cdots,N_{REF}$。但实际在线应用时，参考时间轴上的 t 并不能连续地与 n 形成一一对应关系，可能存在多个关于 n 的映射值 $t(n)$ 指向同一个 t 值的情况 $(t(n_1)=t(n_2)=\cdots=t(n_x)=t)$（情形一），也可能存在不对应任何一个 n 的 t 值 $(D_{TEST,j}(t)=\text{null})$（情形二）。下面分别讨论这两类情形以及对应的投影策略。

（1）情形一说明待测过程在局部上可能偏离历史过程或相对停滞，其 t 值对应的 DTW 距离信息应采用最大 DTW 距离来反映潜在的最大异常状态，考虑到前文描述的单调性问题，在线整定过程中，最大 DTW 距离也可以用 t 值对应的最新 DTW 距离代替：

$$D_{TEST,j}(t)=\max[D_{TEST,j}(n_1,t),D_{TEST,j}(n_2,t),\cdots,D_{TEST,j}(n_x,t)]$$
$$=D_{TEST,j}(n_x,t), \quad n_1<n_2<\cdots<n_x \tag{5-2}$$

（2）情形二说明待测过程可能偏离正常值或在局部上相对历史过程进展过快，其对应的 DTW 距离信息应该继承上一个 t 值对应的 DTW 距离信息以实现 t 轴上 DTW 距离的平稳变化：

$$D_{TEST,j}(t)=D_{TEST,j}(t-1) \tag{5-3}$$

图 5-2 展示了上述投影规则的实际应用示例，其中红色的折线代表尾端构成的路径。在加入第 $n+3$ 个采样后，可以求出能使待测序列与 $\hat{B}_j$ 子序列间的 DTW 距离最小的尾端 $t(n+3)$，依照投影规则，$D_{TEST,j}(t+1)=D_{TEST,j}(t)=D_{TEST,j}1$，$D_{TEST,j}(t+2)=\max[D_{TEST,j}(n+1,t),D_{TEST,j}(n+2,t)]=D_{TEST,j}3$；需要注意的是，加入第 $n+4$ 个采样后，尾端出现了回溯现象，此时需要依据投影规则，重新计算 $t(n+4)$ 之后所有的 DTW 距离信息。

将 $\boldsymbol{B}_{TEST}$ 与 $\hat{\boldsymbol{B}}$ 中的每一组历史数据都进行一次开放尾端的整定后，便能大致掌握 $\boldsymbol{B}_{TEST}$ 相对各组历史数据的进展程度以及它与历史数据间的相似度。此外，根据规则进行投影后，还能排除不等长问题的干扰，获取 $\boldsymbol{B}_{TEST}$ 在每一个时间点相对所有历史数据的实时表现情况。

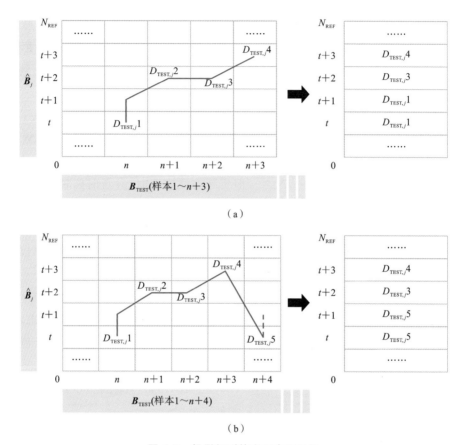

（a）

（b）

图 5-2　投影规则的实际应用示例

5.2.2　约束设定

由 2.2.3 节可知,在使用非对称 DTW 对数据进行整定时,如果过于激进,对数据进行了过多拉伸或收缩操作,则会引起信息的失真。在实际整定待测过程时,过多整定本身也通常意味着相似度的低下。根据非对称整定的原理(见式(5-2)),当两个序列的欧氏距离矩阵中 DTW 距离的累计路径,即整定路径 (x,y) 水平或垂直前进时,其中一组序列会发生实质性的变形。为了减少过度整定,需要引入额外的约束以限制整定路径的形态。

引入新的约束还会带来另外一个好处:由于使用了开放尾端的在线整定策略,历史序列中每一个子序列都必须被搜索到,以寻找能使 DTW 距离最小的尾端位置,这无疑带来了巨大的计算负担。在使用全局约束后,由于路径的范围被确定,因此尾端可能出现的位置范围也会相应地大大缩小,在线整定过程的计算量也将显著下降。

在语音识别领域得到广泛应用的 Sakoe-Chiba(SC)约束[15]是一种经典的局部约束。它规定:整定路径在距离矩阵中水平或垂直地前进一步之前,必须经过至少 p 步斜线行进。该约束能够直接限制序列在每一个局部上发生实质整定步数所占的最大比例,是一种非常严格的约束形式。将 SC 约束应用到全局,可以发现,所有可能出现路径的(x,y)会形成一个近似于平行四边形的区域。若忽视 SC 约束在局部上的作用,这个平行四边形可以被视为一种全局约束——Itakura 平行四边形约束[16]。与 SC 约束相比,Itakura 约束能使两个序列在局部上具有更高的整定自由度。考虑到非平稳过程即使在同为 NOC 的情况下也可能存在差异,特别是时间尺度上的差异,选用 Itakura 约束将更能确保正常整定过程的进行。此外,作为一种全局约束,Itakura 约束可以减少整定路径的条件判断次数,约束本身带来的运算量也将大大减小。

为了确定一个图 5-3 所示的 Itakura 平行四边形,可以基于 SC 约束中 p 的定义设置 Itakura 平行四边形的两个斜率。考虑 p 的含义,两个斜率值可以分别用 $p/(p+1)$ 和$(p+1)/p$ 计算得出。p 可以是正整数或 0,当 p 为 0 时,约束实际不存在。当 p 逐渐增大时,平行四边形将逐渐收缩,约束也将随之更加严格,当 p 达到一个足够大的值时,平行四边形将变得过于狭小以至于无法维持整定路径的通路。这个上限取决于距离矩阵的尺寸,也就是需要整定的两组过程的长度。为了给 p 确定一个合适的范围,其上限可以用下式计算:

$$p_{\max} = \min\left(\left[\frac{N_{\text{TEST}}^{\min}}{N_{\text{REF}} - N_{\text{TEST}}^{\min}}\right], \left[\frac{N_{\text{TEST}}^{\max}}{N_{\text{REF}} - N_{\text{TEST}}^{\max}}\right]\right) \tag{5-4}$$

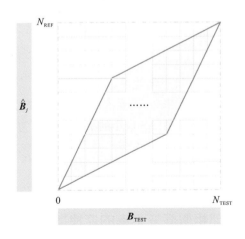

图 5-3　Itakura 平行四边形(高亮区域)能够为整定路径限定一块中心区域

式中：$N_{\text{TEST}}^{\min}$ 和 $N_{\text{TEST}}^{\max}$ 分别表示所有测试数据可能出现的长度上限和下限。

引入全局约束的主要目的是在确保充分整定的同时尽量减少序列的实质性形变，避免不当整定。为了定量地衡量序列形变的程度，参照本章参考文献 [14]，可以针对 DTW 整定路径水平或垂直行进的情形，引入一个实质性整定的平均计次指标，其中第 i 组原始过程数据 $\boldsymbol{B}_i$ 和第 j 组原始过程数据 $\boldsymbol{B}_j$ 间的计次指标 NHV_{ij} 可以表示为

$$\text{NHV}_{ij} = \sum_{q=1}^{Q} \left[f_c(x_{q+1}^{ij} - x_q^{ij}) + f_c(y_{q+1}^{ij} - y_q^{ij}) \right] \tag{5-5}$$

式中：$f_c(x) = \begin{cases} 1, & x=0 \\ 0, & x \neq 0 \end{cases}$；$(x_q^{ij}, y_q^{ij})$ 表示 $\boldsymbol{B}_i$ 和 $\boldsymbol{B}_j$ 间的整定路径；Q 表示整定路径经过的总步数。

NHV_{ij} 实质上是对整定路径水平或垂直行进步数的计数。这个指标越大，表示序列发生实质性形变的次数越多，与之相应地，发生不当整定的可能性也会越大。

在建模阶段，需要通过所有历史数据，决定一个能使 NHV 指标较小的 p 值，因此这里使用平均计次指标 $\overline{\text{NHV}}$ 来评价 p 值对整个历史数据集造成的影响：

$$\overline{\text{NHV}} = \frac{1}{I(I-1)} \sum_i \sum_j \text{NHV}_{ij}, \quad i \neq j \tag{5-6}$$

另一方面，为了确保整定本身的有效性，DTW 距离也应该作为一个衡量 p 值影响力的指标。这里使用原始历史数据的平均 DTW 距离 $\overline{D}$ 来衡量：

$$\overline{D} = \frac{1}{I(I-1)} \sum_i \sum_j D_{ij}(N_i, N_j), \quad i \neq j \tag{5-7}$$

这个指标越小，说明整定后的整体相似度越高，整定也相应地更有效果。为了平衡上述两个指标，可以构建一个混合指标 AS：

$$\text{AS} = \sqrt{\text{NHV}_{\text{scaled}}^2 + \overline{D}_{\text{scaled}}^2} \tag{5-8}$$

式中：$\overline{\text{NHV}}$ 和 $\overline{D}$ 都需要进行归一化处理。

在 $p_{\max}$ 通过式(5-4)确定下来后，需要求出所有可能的 p 值对应的 AS，AS 越小，约束越能达到主要目的。能使 AS 最小的 p 值将被设为最终的约束因子。

5.3 在线过程监测

5.3.1 基于近邻相似度变化率的监控指标

由于 DTW 距离本身就是一种相似度的度量，因此考虑建立基于相似度的

监控指标。原始 DTW 方法只适用于序列两两间的比较,在使用 DTW 判断 B_{TEST} 与 $\hat{B}$ 间的整体相似度时,往往会使用整定后的平均历史数据 $\overline{B}$ 来进行分析。平均历史数据并不能反映全部历史数据集的信息,尤其是当多样性的操作能够被接受时,整定结果将丧失一部分参考价值。鉴于上述缺陷,可以考虑结合聚类的方法来利用全部历史信息。k 近邻聚类(kNN)是一种最为成熟的聚类方法,原始 kNN 使用欧氏距离作为空间中的距离度量,为了使其能够适用于非平稳不等长的过程,考虑使用 DTW 距离代替欧氏距离作为序列近邻的判断标准。在大多数生产条件下,用户无法获取足够的异常数据用于聚类,因此在实际应用中,往往只需要基于聚类原理找出近邻的序列,并使用近邻 DTW 距离构建新的监控指标,而非直接判断待测序列属于哪一个具体的类。

具体到对于 B_{TEST} 的分析,每获取一个新的采样后,都可以使用开放尾端的 DTW 在整定后的历史数据集 $\hat{B}$ 中在线寻找相似度与之最高,即 DTW 距离上最为邻近的 k 个序列,来求取平均 DTW 距离,作为衡量 B_{TEST} 是否发生异常的标准之一。由于 $\hat{B}$ 中的每一组历史数据都会有些许差异,因此使用它们分别对 B_{TEST} 进行整定时,找到的尾端都不一定同步,也就是说,对于不同的 j,经过投影后 $D_{\text{TEST},j}(t)$ 对应的非空值个数也会不一致。图 5-4 所示为投影不同步的情形及处理方式示意。为了确保算法的有效性,避免潜在的过激整定或历史数据的局部性差异对相似度指标造成误差,此时需要依据共同尾端进行分析,也就是说,仅计算能使所有 $D_{\text{TEST},j}(t)$ 都为非空值的 t 对应的近邻相似度指标 $\text{DK}_{\text{TEST}}(t)$:

$$\text{DK}_{\text{TEST}}(t) = \frac{\min_{j_1, j_2, \cdots, j_k}\left[D_{\text{TEST},j_1}(t) + D_{\text{TEST},j_2}(t) + \cdots + D_{\text{TEST},j_k}(t)\right]}{k},$$

$$\text{s. t.} \begin{cases} j_1 \neq j_2 \neq \cdots \neq j_k, & k < I \\ D_{\text{TEST},j}(t) \neq \text{null}, & j = 1, 2, \cdots, I \end{cases} \tag{5-9}$$

其中,结合实例经验并参考相似研究应用,得知 k 取 $20\% \times I$ 左右时能够较好地反映待测过程与历史过程的相似度信息。

忽略不全为非空值的 t 所对应的相似度信息可能会造成报警的延迟,但因为 $\hat{B}$ 中的每一组数据实际上已经经过离线整定,因此不同步的幅度会非常小,由此造成的延迟也几乎可以忽略不计。

k 近邻的平均 DTW 距离能够实现待测序列与历史序列相似度的在线分析,因此可以作为一个监控测量变量幅值异常的指标。由于 DTW 距离本质上是距离的累积和,因此在变量发生异常一段时间,并经历累积后,基于 DTW 距离的相似度指标才会表现出异常,这可能削弱异常监测的灵敏性。为了改善这

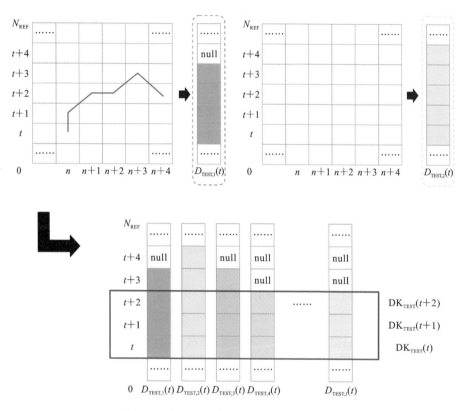

图 5-4 投影不同步的情形及处理方式示意

一问题,考虑基于变化率改进近邻 DTW 距离指标:

$$
\begin{cases}
\delta\mathrm{DK}_{\mathrm{TEST}}(t)=\mathrm{DK}_{\mathrm{TEST}}(t)-\mathrm{DK}_{\mathrm{TEST}}(t-1) \\
\delta\mathrm{DK}_{\mathrm{TEST}}(1)=\mathrm{DK}_{\mathrm{TEST}}(1)
\end{cases}
\tag{5-10}
$$

将近邻 DTW 距离变化率 $\delta\mathrm{DK}_{\mathrm{TEST}}(t)$ 作为新的监控指标,当 $\delta\mathrm{DK}_{\mathrm{TEST}}(t)$ 明显增大时,说明近邻 DTW 距离变大,待测过程与历史过程相似度降低,在时刻 t 偏离了正常的轨迹。

为了定量地确定异常的范围,可以考虑基于历史数据来建立控制限。从原历史数据集 $\boldsymbol{B}$ 中选定一组历史过程 $\boldsymbol{B}_i$,参考测试数据的在线整定方法,对其每一个包含采样 $1\sim n(n=2,3,\cdots,N_i)$ 的子序列,都分别从 $\hat{\boldsymbol{B}}_j(j=1,2,\cdots,I,j\neq i)$ 中为之寻找一个尾端,随后按照 5.2 节所述的规则进行投影。经过投影后,对于参考时间轴上的每一个 t,都可以类比式(5-9)求出 $\boldsymbol{B}_i$ 与 $\hat{\boldsymbol{B}}$(需要排除整定后的自身 $\hat{\boldsymbol{B}}_i$)之间的近邻 DTW 平均距离指标 $\mathrm{DK}_i(t)$,进而类比式(5-10)求出近邻 DTW 平均距离变化率指标 $\delta\mathrm{DK}_i(t)$。

根据 I 组历史数据,可以求出 I 组变化率指标 $\delta DK_i(t)$。考虑到某一状态下的过程变量往往可以被近似地视为服从某个正态分布,并且加权 DTW 距离变化率是基于过程变量线性运算得到的,因此,将参考时间轴上的每一个 t 值视为过程的一个状态后,可以近似地认为,整定后的历史数据经计算得到的 DTW 距离变化率指标集 δDK,在每一个 t 值处都应该分别服从一个正态分布 $N(t)$,其具体参数可以通过极大似然估计分别确定。在检测阶段,每当通过待测数据得到变化率指标 $\delta DK_{TEST}(t)$ 时,都应该检查其是否位于控制限 $\delta DK_{cl}(t)$ 内,以此判断待测数据是否发生幅值尺度上的异常,$\delta DK_{cl}(t)$ 的表达式如下:

$$\delta DK_{cl}(t) = N(t)_{1-\alpha} \tag{5-11}$$

式中:$N(t)_{1-\alpha}$ 表示 t 值处对应正态分布在置信水平 α 下的置信上限。

当 $\delta DK_{TEST}(t)$ 超过 $\delta DK_{cl}(t)$ 时,说明待测数据可能发生了幅值尺度上的异常。

5.3.2 基于尾端计次的监控指标

为了检测时间尺度上的异常状况,本小节引入一个新的监控指标 C,本质上它是参考轴上某个时间点被选为尾端的计次指标。在 t 处 $\hat{B}_j$ 对 B_{TEST} 的计次指标 $C_{TEST,j}(t)$ 应用下式计算:

$$C_{TEST,j}(t) = \sum_{n=1}^{N_{TEST}} f_c(t - t(n)) \tag{5-12}$$

式中:$f_c(x) = \begin{cases} 1, & x = 0 \\ 0, & x \neq 0 \end{cases}$。

对于数据集 $\hat{B}$,可以使用平均计次指标 $\bar{C}$ 来反映 B_{TEST} 在时间尺度上的表现:

$$\bar{C}_{TEST}(t) = \sum_{j=1}^{I} C_{TEST,j}(t) / I \tag{5-13}$$

平均计次指标越大,说明 B_{TEST} 选择该参考时刻为尾端的次数越多,也说明待测过程在当前阶段相对参考过程经历的采样数越多,时间延迟越大;反之说明待测过程还未完全进入当前阶段或跳过当前阶段。由于后面这一类异常会反映在幅值尺度上,因此仅需针对时间延迟这类异常设立控制上限。

与确定 δDK 控制限的方法相似,为了确定 $\bar{C}$ 的控制限,应当对每一组原始参考数据 $B_i (i = 1, 2, \cdots, I)$,参照式(5-12)和式(5-13)计算其在 $\hat{B}$(排除整定后的自身 $\hat{B}_i$)上的尾端平均计次指标。$\bar{C}_i(t)$ 的上限在某种程度上反映了参考时刻 t 处 NOC 能容忍的最长时间,因此其可以作为 $\bar{C}$ 的控制限 $\bar{C}_{cl}$:

$$\bar{C}_{cl}(t) = \max(\bar{C}_1(t), \bar{C}_2(t), \cdots, \bar{C}_I(t)) \tag{5-14}$$

当 $\bar{C}_{\text{TEST}}(t)$ 超过 $\bar{C}_{\text{cl}}(t)$ 时，说明发生了时间尺度上的异常。

值得注意的是，由于 t 被限定在 $[1, N_{\text{REF}}]$ 上，因此当 $\boldsymbol{B}_{\text{TEST}}$ 收集到新的采样后，计算 $\delta\text{DK}_{\text{TEST}}$ 和 $\bar{C}_{\text{TEST}}$ 时都可能面临投影不同步的情形，计算后也可能仅仅出现监控指标的旧值更新的情况。这一类情况在使用历史数据建立控制限的时候已经经历过，其最大容忍限度已经体现在控制限上了，因此不会影响整个监控体系的准确性。

此外，如果建模数据较少，绘制 δDK 和 $\bar{C}$ 的图形时可能出现毛刺，此时可以使用高斯核平滑方法改善曲线的平滑度。

5.3.3 操作步骤

本章所提方法的具体操作步骤如下。

1）离线建模阶段

（1）从历史过程中选定一组耗时接近平均水平的过程作为参考数据；

（2）使用非对称加权 DTW 离线整定历史过程数据集；

（3）根据上一步求出的权重，利用原始数据求出 Itakura 约束的因子；

（4）在全局约束下，使用开放尾端的 DTW 求出原历史数据和整定后的历史数据每两两间的尾端位置和 DTW 距离大小；

（5）将上述结果投影到长度等同于参考数据的参考时间轴上；

（6）为每组历史数据找到参考时间轴上量度投影 DTW 距离的 k 个近邻；

（7）计算所有历史数据对应的两大监控指标，并确定控制限。

2）在线监测阶段

（1）在同样的全局约束下，每获取一个新的采样，都需要计算待测过程与整定后的历史集之间的开放尾端 DTW 距离；

（2）将上述 DTW 距离和尾端信息投影到参考时间轴上；

（3）以投影 DTW 距离为判断标准，在历史过程集中找到 k 个近邻；计算两大指标，并将它们与控制限进行比较。

5.4 案例研究

5.4.1 TE 过程仿真案例

本章采用传统的 TE 过程仿真来验证所提方法的有效性，该过程的具体描述详见第 4 章。由于模态 1 与模态 4 的操作变量数值相对接近，可以推测这个过渡过程拥有较好的鲁棒性,经历的步骤数相较于其他过渡过程较少,因此本案例选取模态 1→4 转换过程作为仿真实验对象,通过改变操作变量的数值,对测量变量进行建模监控。

为了验证所提方法的有效性,首先需要定义一个 NOC,在过渡过程的每一个子步骤中,确定操作变量的目标值和耗时标准。对此,具体的设定如表 5-1 所示。考虑到现实状况,这不一定是一个最优的过渡方式,不过这样的设定保证了操作的丰富性,更有利于分析验证。参照 NOC,本章生成了 14 组正常过渡数据作为建模的 NOC 数据。

表 5-1　本案例使用的模态 1→4 转换过程标准设定

步骤序号	步骤耗时 (采样数)	步 骤 描 述
1	75~120	XMV(1) 先由 22.89 调节到 29,再调节到 36.04
2	70~130	XMV(9) 从 122.9 调节到 128.2
3	80~160	XMV(6) 从 53.8 调节到 53.35; XMV(7) 从 63.1373 调节到 61.95; XMV(8) 从 51 调节到 58.76

注:过程总时长范围为 260~500 个采样(包含步骤 1 前的稳定状态采样 35~90 个)。

如前文所述,在过渡模态中,可能出现幅值尺度上的异常和时间尺度上的异常。因此在建立测试集时,需要基于四类情况产生故障数据。表 5-2 列出了测试数据中调节过多(故障 1)、调节过少(故障 2)、操作过快(故障 3)、操作过慢(故障 4)四类典型故障的详细设定。

表 5-2　四类故障过程的设定

异 常 类 型	异 常 描 述
调节过多	步骤 3 XMV(8) 调节到 59.5
调节过少	步骤 2 XMV(9) 调节到 127.5
操作过快	步骤 1 耗时 60 个采样时间
操作过慢	步骤 2 耗时 150 个采样时间

在离线建模阶段,从历史过程中选出参考过程后,便能对历史 NOC 数据集进行初步的离线加权非对称整定,经过若干轮迭代,41 个测量变量的权重会稳定下来,整定结果也随之达到最优。其中,测量变量 XMEAS10 整定前后的轨

迹如图 5-5 所示。

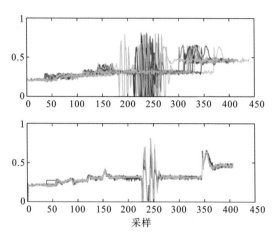

图 5-5 历史 NOC 数据 XMEAS10 整定前后的轨迹（从上至下：整定前，整定后）

接着，为了确定 Itakura 约束的因子 p，需要先求出其上限，逐个代入评价指标 $\overline{\mathrm{NHV}}$、$\overline{D}$ 的计算公式（见式（5-6）和式（5-7））后，可以得到图 5-6 所示的

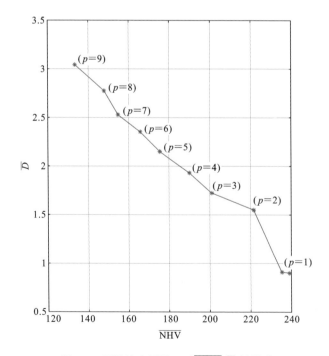

图 5-6 不同约束因子 p 对 $\overline{\mathrm{NHV}}$-$\overline{D}$ 的影响

$\overline{\text{NHV}}$-$\overline{D}$ 曲线。计算不同 p 对应的混合指标 AS,即可确定一个最优的 Itakura 约束。在本案例中,最优的 Itakura 约束的因子 p 取值为 4。

图 5-7 展示了测量变量 XMEAS10 在四类故障过程中整定前后的轨迹。经过离线整定后,有些故障体现得较为明显,例如故障 1,调节过多的 XMV(8) 显然对图中的测量变量造成了一定的影响,而故障 3 的测试数据有一段明显被拉长的子序列。即便离线整定后能够直观地看出部分故障,实际在线监测时,

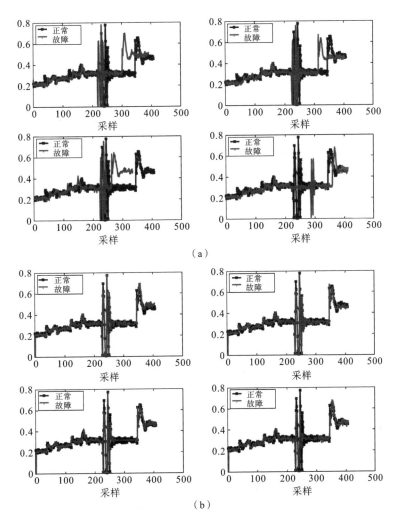

图 5-7 (a) XMEAS10 在四类故障过程中的原始轨迹(从左至右,从上至下:故障 1,故障 2,故障 3,故障 4);(b) 离线非对称整定后 XMEAS10 在四类故障过程中的轨迹(顺序同上)

准确快速地检测出所有的故障还是面临巨大挑战的。

获取变量权重、最终整定过的历史数据集和 Itakura 约束的因子后,即可对测试集展开在线检测。前述四类故障过程和一类正常过程的检测结果如图 5-8 所示,图中浅黄色曲线代表所有历史数据的 δDK 和 $\bar{C}$ 监控指标计算结果,黑色曲线代表控制限,红色曲线代表在线监测结果。可以看到,所有类型的故障均能被准确检测出来,而在过程正常的状态下几乎没有误报发生。除去异常监测的准确性外,本章所提方法的灵敏度也有很好的体现,由图 5-7 可知,故障 1 发

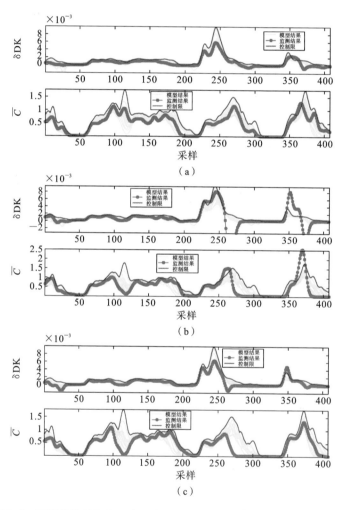

图 5-8　四类故障过程和一类正常过程的 δDK 和 $\bar{C}$ 监控图。(a)~(e):
故障 1,故障 2,故障 3,故障 4,正常过程

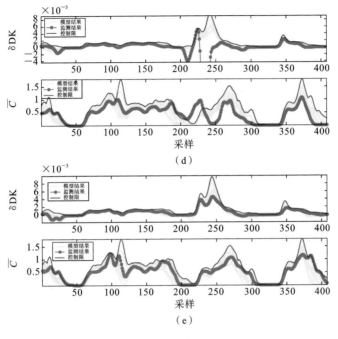

续图 5-8

生于序列的第 310 个采样左右,经过整定后对应在参考时间轴上的第 350 个采样左右,而在以参考时间轴为横轴的在线监控图上,第 350 个采样开始发生超限,也就是说,故障的确在第一时间就能被检测出来。对比故障发生在参考时间轴上的位置和监测出的故障位置,不难发现故障 3 似乎有报警延迟,这是由参考时间轴上一直没有出现与测试数据对应的尾端造成的,结合 $\overline{C}$ 监控图可以得知,历史数据集中有一段序列没有任何成为尾端的记录,相当于待测序列跳过某段中间步骤,进入了后面的环节,因此仍然可以认为报警是足够及时的。

有些故障如故障 4,仅能通过 $\overline{C}$ 监控图观测出来,这一类时间尺度上的故障可能不会直接对系统造成影响,因此针对测量变量数值变化的 δDK 指标无法有效地检测这类故障。由于时间尺度方面的操作标准对应的是一个范围,因此讨论这一类故障在哪一个精确时刻被检测出来并没有太大的实际意义。此外,需要注意的是,监控图上的点并不与待测过程的每个新采样都存在一一对应关系,因此像调节过慢这类故障,反映在监控图上会呈现已有监控点缓慢超出控制限的过程。图 5-9(a)、(b)分别展示了故障 4 对应的测试序列在采集到第 245 个采样和第 255 个采样时对应的监控图,可以看到 $\overline{C}$ 监控图后段已有的监

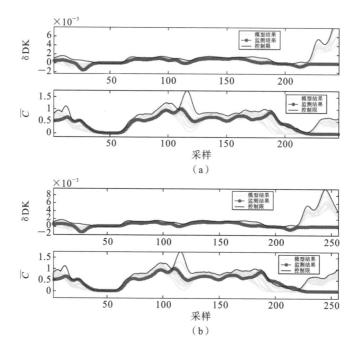

图 5-9　故障 4 对应的测试数据在已有采样数不同的情况下得到的监控结果

(a) 已获取 245 个采样；(b) 已获取 255 个采样

控点在若干新采样来临后位置发生了变化。

作为对比，子阶段 PCA 方法也被应用到上述仿真案例中。子阶段 PCA 方法使用 kNN 进行子阶段的划分。为了使每个子阶段都拥有足够的样本建立 PCA 模型，同时也为了保证子阶段的代表性，可以规定划分得到的每个子阶段都应能使所有的 14 组历史数据在其中至少存在一个采样。由于 kNN 输出的结果会受到初始值的影响，确定子阶段数目时，还需要经过多次重复验证。

图 5-10 展示了子阶段 PCA 方法用于故障 2 的测试例时输出的主元统计量监控图。可以看到，这种方法无法有效地区分子阶段切换时的正常和故障状态。建模时如何划分步骤切换状态下采样所属的子阶段也是一大难题，一旦出现不合适的划分，便会直接影响控制限的计算，增大误报率和漏报率。此外，对于时间尺度上的故障，特别是不会对变量数值造成直接影响的异常状况，子阶段 PCA 方法也难以通过主元或残差统计量进行有效辨识。

作为一种基于整体建模思想的方法，本章参考文献[13]提到的 DTW-NN 方法作为对比也被应用于本案例。图 5-11 是 DTW-NN 方法检测一类正常过程时

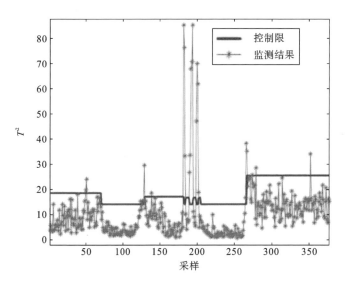

图 5-10　子阶段 PCA 方法检测故障 2 的测试例时输出的主元统计量监控图

输出的结果。可以看到,由于 DTW-NN 不能在测试数据和建模数据间建立统一的参考时间轴,因此计算出来的监控指标会在时间尺度上与控制限出现错位的现象。图 5-11 中方框标示的位置就是这个例子中错位现象影响准确性的地方,这种影响在过程的后半部分会更加严重。此外,由于建模阶段也没有参照统一的时间轴,因此通过每一组过程数据得到的监控指标曲线长度都是不一致的,到了过程的最后,则无法将它们与测试数据两两对齐,监控的准确性会下降。

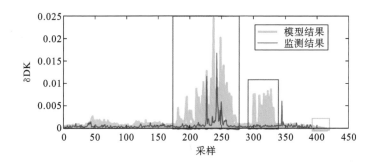

图 5-11　DTW-NN 方法下正常过程的 DTW 距离变化率监控图

表 5-3 展示了本章所提方法和上述两种方法对比的结果。可以看到,本章所提方法具有一定的优越性。其中,报警延迟为有效识别故障的平均延迟。由

于本章所提方法能检测出时间尺度上的故障,而类似于故障4的异常很难精确定义在某个具体时刻上,因此报警的平均及时性受到了不利影响。考虑到子阶段PCA方法能够检测出的故障都位于步骤切换处,而步骤切换时其误报也较多,因此综合而言,本章所提方法在这个案例中具有最好的表现。

表5-3 三种方法在 TE 过程案例中的效果对比

使 用 方 法	平均误报率	平均报警延迟(采样数)	有效识别故障种数
子阶段 PCA 方法	8.21%	1.5	2/4
DTW-NN 方法	5.67%	9.75	3/4
PkDTW 方法 (本章所提方法)	0.57%	3.75	4/4

5.4.2 半导体刻蚀过程实例

本小节使用的数据集来自实际半导体工业的刻蚀过程[17],这是一个典型的批次过程,其时间尺度非等长、测量变量不稳定的特征给异常监测带来一定的挑战。

数据集包含 364 个晶片的档案,它们对应的数据具有数量不等且范围在 520~570 内的采样数。每个采样记录了 5 个测量变量(V_1~V_5)的信息,其中 4 个变量(V_1~V_4)会表现出类似于开关量的大幅变化特征。根据生产计划,364 个晶片被置于 16 个组(lot)中分别进行。整个刻蚀过程可以分为 23 个步骤,每个步骤开始和结束的时间都有记录。

有经验的工程师会注意到,在刻蚀过程中,测量变量的数值会受到短期效应(首片效应)和长期效应的双重影响。简言之,短期效应是指同一个组中,传感器读取到的第一个晶片的测量变量数值相较于后续晶片稍低;而长期效应是指,每一组中处于同样顺序的晶片的测量变量的数值会随着时间推移出现下降趋势。在实际工业应用中,这两项效应通常不会被判定为异常,它们对质量造成的影响十分有限。但在这一部分,使用本章所提方法,来检测长期效应带来的影响,也就是说,本节中长期效应将被视为一种“故障”情形。

为了能同时验证时间尺度上的异常和幅值尺度上的异常,建模数据和测试数据将以如下的标准建立:每一个用于建模的历史过程的长度(包含的采样数)都选在 520~540 的范围内,同时,为了防止短期效应的影响,它们在各自组中的顺序都应当接近;待测过程的数据从倒数第二个组中选取,其在组中的顺序

104

与建模数据的保持一致,此外,待测过程具有 560 个采样,这意味着在某些步骤中,其耗时较长。

对建模数据与测试数据进行离线整定后,可以得到图 5-12 所示的变量 V_3 的变化曲线,可以看到整个过程有着复杂的动态特性。将 V_3 曲线步骤 8、步骤 10 的部分(方框从左到右标示的部分)放大后,可以看到长期效应对测试数据(红色带点折线)相较于建模数据(其余折线)带来的影响,这实际上是一个非常微小的异常现象。

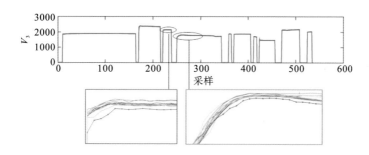

图 5-12 测试数据(红点)在步骤 8、步骤 10 中展现出的长期效应影响

图 5-13 展示了以测试数据为基准的情况下,所有建模数据在各个步骤中与测试数据的耗时差异。在步骤 5、步骤 8、步骤 19 之类的步骤中,测试数据所包含的采样数是多于所有建模数据的,也就是说,测试数据所对应的过程在这些步骤中耗时更多。

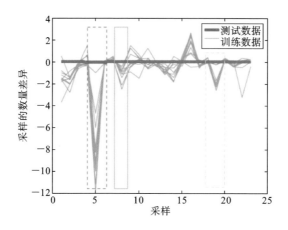

图 5-13 测试数据与建模数据的耗时差异比较

将本章所提方法用于上述数据集,可以得到图 5-14 所示的监控结果。步骤 8(实线框左一处)所包含的变量幅值尺度上的异常和时间尺度上的异常均能被有效检测出来,与之类似地,步骤 5、步骤 10、步骤 19 等步骤对应的地方(实线框左一、实线框左二、虚线框右一处),都会因长期效应或耗时差异的影响而触发报警(对比图 5-12 与图 5-13)。在某些情况下幅值尺度上的异变会影响整定进程,继而影响时间尺度上的监控指标,因此报警可能不会单独体现在某一指标上,故障的具体类型也因此有待进一步分析。尽管实际过程中,长期效应或不显著的耗时差异并不会引起额外的关注,但这个工业实例足以表明本章所提方法在实际应用中,对微小的异常也是具有检测能力的。

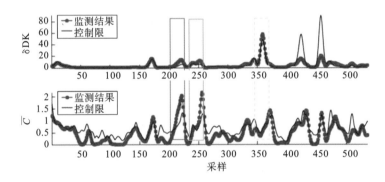

图 5-14　刻蚀过程测试数据的 δDK 和 $\bar{C}$ 监控图

5.5　结束语

本章针对非平稳不等长过程,提出了一种基于投影 k 近邻动态时间规整的在线过程整定策略。区别于传统方法,本方法首先为建模数据和测试数据建立了统一长度的参考时间轴,通过找到待测数据位于建模数据的尾端,并对信息进行投影,消除了不等长带来的影响。接着,为了辨识过程在幅值尺度和时间尺度上的异常,本方法构建了相似度变化率和尾端计次两大监控指标。同时,为保证整定的合理性并减小计算量,引入了 Itakura 全局约束,给出了计算约束因子的方法。最后,本方法在 TE 过程仿真案例和半导体刻蚀过程实例中得到应用。作为对比,子阶段 PCA 方法和 DTW-NN 方法也被用于 TE 过程的仿真。两个案例的所有结果均证明了本方法具有良好的检测效果。

本章参考文献

[1] NOMIKOS P，MACGREGOR J F. Monitoring batch processes using multiway principal component analysis[J]. AIChE Journal，1994，40(8)：1361-1375.

[2] LUO L J，BAO S Y，MAO J F，et al. Phase partition and phase-based process monitoring methods for multiphase batch processes with uneven durations[J]. Industrial & Engineering Chemistry Research，2016，55 (7)：2035-2048.

[3] ZHANG H Y，TIAN X M，DENG X G，et al. Multiphase batch process with transitions monitoring based on global preserving statistics slow feature analysis[J]. Neurocomputing，2018，293(2)：64-86.

[4] LI W H，YUE H H，VALLE-CERVANTES S，et al. Recursive PCA for adaptive process monitoring[J]. Journal of Process Control，2000，10(5)：471-486.

[5] KASSIDAS A，MACGREGOR J F，TAYLOR P A. Synchronization of batch trajectories using dynamic time warping[J]. AIChE Journal，1998，44(4)：864-875.

[6] NIELSEN N P V，CARSTENSEN J M，SMEDSGAARD J. Aligning of single and multiple wavelength chromatographic profiles for chemometric data analysis using correlation optimised warping[J]. Journal of Chromatography A，1998，805(1-2)：17-35.

[7] SRINIVASAN R，QIAN M S. Online fault diagnosis and state identification during process transitions using dynamic locus analysis[J]. Chemical Engineering Science，2006，61(18)：6109-6132.

[8] GONZÁLEZ-MARTÍNEZ J M，FERRER A，WESTERHUIS J A. Real-time synchronization of batch trajectories for on-line multivariate statistical process control using dynamic time warping[J]. Chemometrics and Intelligent Laboratory Systems，2011，105(2)：195-206.

[9] GONZÁLEZ-MARTÍNEZ J M，WESTERHUIS J A，FERRER A. Using warping information for batch process monitoring and fault classification

数据驱动的工业过程监测与故障诊断

[J]. Chemometrics and Intelligent Laboratory Systems, 2013, 127: 210-217.

[10] GONZÁLEZ-MARTÍNEZ J M, NOORD O E D, FERRER A. Multisynchro: a novel approach for batch synchronization in scenarios of multiple asynchronisms[J]. Journal of Chemometrics, 2014, 28(5): 462-475.

[11] WANG R, EDGAR T F, BALDEA M, et al. A geometric method for batch data visualization, process monitoring and fault detection[J]. Journal of Process Control, 2018, 67(7): 197-205.

[12] SPOONER M, KULAHCI M. Monitoring batch processes with dynamic time warping and k-nearest neighbours[J]. Chemometrics and Intelligent Laboratory Systems, 2018, 183(10): 102-112.

[13] HE Q P, WANG J. Fault detection using the k-nearest neighbor rule for semiconductor manufacturing processes[J]. IEEE Transactions on Semiconductor Manufacturing, 2007, 20(4): 345-354.

[14] SPOONER M, KOLD D, KULAHCI M. Selecting local constraint for alignment of batch process data with dynamic time warping[J]. Chemometrics and Intelligent Laboratory Systems, 2017, 167(5): 161-170.

[15] SAKOE H, CHIBA S. Dynamic programming algorithm optimization for spoken word recognition[J]. IEEE Transactions on Acoustics, Speech, and Signal Processing, 1978, 26(1): 43-49.

[16] MÜLLER M. Information retrieval for music and motion[M]. New York: Springer, 2007.

[17] LEE S P, CHAO A K, TSUNG F, et al. Monitoring batch processes with multiple on-off steps in semiconductor manufacturing[J]. Journal of Quality Technology, 2011, 43(2): 142-157.

第6章
多操作阶段的全流程工业过程广义监测

6.1 引言

　　区别于前几章针对局部过程进行监测,本章以包含连续多个平稳和非平稳局部阶段的全流程工业过程为监测对象。考虑到平稳和非平稳阶段的统计差异,大部分研究采用先将不同平稳和非平稳阶段辨识出来,然后建立不同模型的思路完成过程监测。其中,平稳阶段采用静态模型,非平稳阶段则采用局部、动态或基于趋势分析的模型,不同的建模过程无疑会增大方法研究的工作量,降低实际应用的便捷性。所以,本章致力于构建一种不考虑过程平稳性的广义监测策略。

　　由于全流程工业过程规模巨大导致全局建模的方法很难实施,因此依然需要对其进行阶段划分。第1章介绍的阶段划分方法大部分都基于距离变异指标,一般不具有明确的物理含义。全流程工业过程涉及频繁的操作调整,这种调整会引起变量间相关关系的变化,而大部分方法在变量间相关关系不变时才能建立准确的模型。所以,用变量间相关性变异指标来划分阶段,可以一定程度上反映操作的变化,具有较强的物理解释能力,也有利于后续的建模。例如,Guo 等人[1]提出了顺序移动主成分分析(sequential moving PCA,SMPCA)方法,利用 PCA 投影矩阵的变化沿着时间的方向将批次过程划分为不同的阶段。Zhao 等人[2]使用基于线性相关性的 Toeplitz 逆协方差聚类来识别操作条件的变化。然而,实际工业数据中变量之间的相关性很复杂,常常是线性和非线性混杂的。Reshef 等人[3]提出的最大信息系数(MIC)可以捕捉变量间的线性和非线性关系,该方法已在过程监测中得到了一定的应用[4,5]。所以,MIC 在复杂过程操作阶段划分方面具有一定潜力。

　　全流程工业过程中频繁的操作调整导致其平稳和非平稳特征交替出现。那么,全流程工业过程的子阶段存在三种情况:全部变量为平稳、部分变量为平稳和全部变量为非平稳。第一种情况对应平稳过程,后两种情况对应非平稳过程。针对平稳过程,许多静态多元统计过程监测(multivariate statistical process monitoring,MSPM)方法得到了广泛的应用,例如 PCA 和 PLS。处理非平稳过程的一种简单的思路是将其划分为不同的子阶段,并假设每个子阶段是平稳的。在类似思路下,通过假设在线样本和其局部空间邻居具有相同的平稳噪声模型,Zhang 等人[6]构建了局部模型来监测过渡模态。严格来说,子模型和局部模型的方法并不能将非平稳过程转化为平稳过程,所以得到的控制限是相对宽松的。过渡模态是一种典型的非平稳过程,第 4 章针对过渡模态开发了具有"位置"和"速度"检验统计量的轨迹法用于过程监测,取得了不错的效果。然而,此方法只面向局部过渡过程,且存在离线和在线过程需要对齐、控制限宽松度取决于历史过渡轨迹选择的问题。

近年来,协整分析(cointegration analysis,CA)及其扩展方法被广泛用于非平稳过程监测。CA 的主要思想是将非平稳过程映射到平稳空间,基于此可以将上述"部分变量为平稳"和"全部变量为非平稳"两种情况的子阶段映射到平稳空间,和"全部变量为平稳"的情况一起采用统一静态方法进行建模和监测。但传统的 CA 方法存在以下 3 个问题:

(1)对过程进行全局建模,没有考虑操作变化会破坏非平稳变量间的均衡关系;

(2)假设选定的非平稳变量都是一阶差分平稳变量,而实际过程中非平稳变量的差分平稳阶次可以是任意整数;

(3)如果某个差分平稳阶次下只有一个变量,则不能采用 CA 进行特征提取。

针对上述问题,本章提出了一种基于全流程工业过程的广义监测方案。首先,设计了基于最大信息系数的局部平均相似性和距离平均相似性指标,用于操作阶段的划分和重复阶段的确定,这在一定程度上保证了每个阶段的变量间具有均衡关系。然后,将每个阶段的变量划分到平稳子空间和非平稳子空间。在非平稳空间中,采用多 CA 模型处理不同组中具有相同差分平稳阶次的非平稳变量,以及采用去趋势波动回归模型处理某差分平稳阶次下仅有的一个非平稳变量,从而保证所有阶次的非平稳变量都进行了特征提取。在线监测时采用即时学习框架,设计包含空间和变量相关性信息的综合相似指标,对实时操作阶段进行了识别,并构建了局部 PCA 监测模型。最后,通过拓展的 TE 过程和青霉素发酵过程验证了所提方法的有效性。

6.2　基于平稳映射的全流程工业过程广义监测

如引言所述,具有平稳和非平稳操作阶段的全流程工业过程的监测问题是一个巨大的挑战。为了细化监测过程、丰富建模信息、提高故障检测精度,需要考虑三个关键问题,即如何划分历史过程的各个操作阶段,使其与实际操作一致;在建模中如何处理具有不同差分平稳阶次的非平稳变量;如何在线识别运行阶段并实时、准确地检测故障。本节围绕这三个问题介绍一种广义监测方法。

6.2.1　基于变量间相关性的阶段辨识

全流程工业过程中,操作的变化会引起阶段的转变。在控制回路中,操作的调整不会导致数据空间距离的突然变化,但是会打破以往的变量相关关系。所以与传统阶段识别方法中采用距离变异的思路不同,本节构建能够反映变量相关性变化的指标来初步划分阶段,然后构建基于距离的指标来判断重复阶段,具体如下。

首先,基于 MIC 构建反映变量间非线性关系变化的新指标。如图 6-1 所示,由 w 个样本组成的窗口以 ϵ 步长向前移动,首先计算每个窗口中的 **mic**:

$$\mathbf{mic}^i = \begin{bmatrix} \mathrm{mic}^i(\boldsymbol{x}_1;\boldsymbol{x}_1) & \cdots & \mathrm{mic}^i(\boldsymbol{x}_1;\boldsymbol{x}_M) \\ \vdots & & \vdots \\ \mathrm{mic}^i(\boldsymbol{x}_M;\boldsymbol{x}_1) & \cdots & \mathrm{mic}^i(\boldsymbol{x}_M;\boldsymbol{x}_M) \end{bmatrix}, \quad i=1,2,\cdots,n \qquad (6\text{-}1)$$

式中:$n=\dfrac{N-w}{\epsilon}+1$,是窗口的数目。

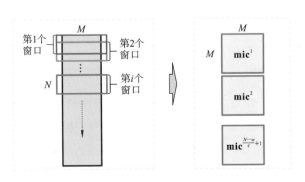

图 6-1　mic 构建流程图

矩阵 $\mathbf{mic}^i$ 代表第 i 个窗口变量间相关关系的综合特征,同一阶段下 $\mathbf{mic}$ 是相似的,不同阶段间的 $\mathbf{mic}$ 有很大的差异。那么,沿着时间方向窗口 $\mathbf{mic}$ 的变化可以反映阶段的转换。函数 corr 常被用来计算两个矩阵之间的相似度,其取值范围是 $[0,1]$,其值越接近 0 表示矩阵相关性越低,其值越接近 1 表示矩阵相关性越高。那么,这里采用 corr 计算所有窗口 $\mathbf{mic}$ 的相似度,并组成相似性矩阵 $\mathbf{S}$,具体如下:

$$\mathbf{S}(i,j) = \mathrm{corr}(\mathbf{mic}^i, \mathbf{mic}^j)$$

$$= \frac{\sum\limits_{m=1}^{M}\sum\limits_{m=1}^{M}(\mathbf{mic}^i(m,m) - \overline{\mathbf{mic}^i})(\mathbf{mic}^j(m,m) - \overline{\mathbf{mic}^j})}{\sqrt{\sum\limits_{m=1}^{M}\sum\limits_{m=1}^{M}(\mathbf{mic}^i(m,m) - \overline{\mathbf{mic}^i})^2 \sum\limits_{m=1}^{M}\sum\limits_{m=1}^{M}(\mathbf{mic}^j(m,m) - \overline{\mathbf{mic}^j})^2}} \tag{6-2}$$

式中:$\overline{\mathbf{mic}^i} = \dfrac{\sum\limits_{m=1}^{M}\sum\limits_{m=1}^{M}\mathbf{mic}^i(m,m)}{M^2}$,$i,j = 1,2,\cdots,n$。

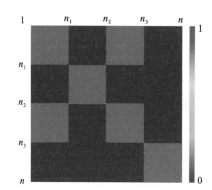

图 6-2 MIC 相似性矩阵 $\mathbf{S}$ 的色块图

这里给出了一个可视化的例子来展示 $\mathbf{S}$ 的性质。假设窗口 $1 \sim n_1$、$n_1 + 1 \sim n_2$、$n_3 + 1 \sim n$ 分别来自三个不同的阶段,窗口 $1 \sim n_1$ 和 $n_2 + 1 \sim n_3$ 来自同一阶段,$\mathbf{S}$ 的色块图如图 6-2 所示。MIC 相似度越接近 1,其相应区域的颜色越暖。很明显,同一阶段窗口的 MIC 相似度接近 1,不同阶段窗口的 MIC 相似度接近 0。

$\mathbf{S}$ 依然是一个矩阵,根据其色块图只能定性判断阶段的变化。为了能定量判断阶段转换的边界点,设计局部平均相似性(local average similarity,LAS)指标以表示阶段变化趋势:

$$\mathbf{LAS}(j) = \frac{1}{j - \bar{\omega}} \sum_{i=\bar{\omega}}^{j-1} \mathbf{S}(i,j), \quad j = 2,\cdots,n \tag{6-3}$$

式中:$\bar{\omega}$ 表示在第 j 个窗口之前被识别阶段的边界窗口,$\bar{\omega}$ 的初始值为 1。

出于完整性的考虑,将 $\mathbf{LAS}(1)$ 设为和 $\mathbf{LAS}(2)$ 一样。

根据式(6-3)可知,同一阶段的窗口 LAS 值接近 1,而当阶段改变时,LAS 值会突然下降。因此,LAS 值的突变意味着新阶段的开始。这里采用第 4 章使用的移动窗口 KDE 方法来确定 LAS 的控制下限 $\mathrm{LAS_{CL}}$。如果第 l 个窗口后的

LAS 值低于 LAS_{CL}（表示发生了阶段变化），则第 $l+1$ 个窗口被确定为下一阶段的开始。然后，将 $\bar{\omega}$ 设置为 $l+1$，第 l 个窗口后的 LAS 值被更新，并基于移动窗口 KDE 计算其控制限。最后，重复所有步骤，直到没有新的阶段出现。边界样本被指定为每个边界窗口中的最后一个样本。候选阶段的窗口集合为 $\{[1, n_1), [n_1, n_2), \cdots, [n_q, n_{q+1}) \cdots, [n_Q, n]\}$，其中 $Q+1$ 是候选阶段的数量。

上述候选阶段中可能会存在重复阶段。重复阶段存在的必要条件是：非相邻阶段窗口的 MIC 相似度接近 1；阶段与其重复阶段之间的物理距离相对较小。因此，本节使用 S 的色块图来初步判断候选阶段中可能的重复阶段，并使用物理距离最终确定重复阶段。具体而言，如果两个非相邻阶段的 MIC 相似度接近 1，则这两个阶段（一个作为参考阶段，另一个作为可能的重复阶段）可能

来自同一阶段。假设参考阶段为 $\boldsymbol{X}^{\varsigma} = \begin{bmatrix} \boldsymbol{X}_1^{\varsigma} \\ \vdots \\ \boldsymbol{X}_{N^{\varsigma}}^{\varsigma} \end{bmatrix} \in \mathbb{R}^{N^{\varsigma} \times M}$，$N^{\varsigma}$ 表示参考阶段采样

的个数。可能的重复阶段为 $\boldsymbol{X}^{\varrho} = \begin{bmatrix} \boldsymbol{X}_1^{\varrho} \\ \vdots \\ \boldsymbol{X}_{N^{\varrho}}^{\varrho} \end{bmatrix} \in \mathbb{R}^{N^{\varrho} \times M}$，$N^{\varrho}$ 表示此阶段的采样个数。

在 $\boldsymbol{X}^{\varsigma}$ 中所有样本之间的物理距离相似性（physical distance similarity，PDS）矩阵的计算公式为

$$\mathbf{PDS}_{\boldsymbol{X}^{\varsigma}, \boldsymbol{X}^{\varsigma}} = \begin{bmatrix} D(\boldsymbol{X}_1^{\varsigma}, \boldsymbol{X}_1^{\varsigma}) & \cdots & D(\boldsymbol{X}_1^{\varsigma}, \boldsymbol{X}_{N^{\varsigma}}^{\varsigma}) \\ \vdots & & \vdots \\ D(\boldsymbol{X}_{N^{\varsigma}}^{\varsigma}, \boldsymbol{X}_1^{\varsigma}) & \cdots & D(\boldsymbol{X}_{N^{\varsigma}}^{\varsigma}, \boldsymbol{X}_{N^{\varsigma}}^{\varsigma}) \end{bmatrix} \tag{6-4}$$

其中

$$D(\boldsymbol{X}_i^{\varsigma}, \boldsymbol{X}_j^{\varsigma}) = \exp\left(-\frac{\text{ED}(\boldsymbol{X}_i^{\varsigma}, \boldsymbol{X}_j^{\varsigma})}{\tau}\right), \quad i, j = 1, 2, \cdots, N^{\varsigma} \tag{6-5}$$

式中：$\text{ED}(\cdot, \cdot)$ 表示两个样本之间的欧几里得距离（Euclidean distance，ED）函数；τ 是所有 ED 的最大值；$D(\cdot, \cdot) \in [0, 1]$，是 ED 的高斯核函数形式，其值越接近 1，两个对应的样本就越接近。

然后，将 $\mathbf{PDS}$ 的平均值作为另一个指标，称为距离平均相似度（distance average similarity，DAS）：

$$\mathbf{DAS}_{\boldsymbol{X}^{\varsigma}, \boldsymbol{X}^{\varsigma}}(i) = \frac{1}{N^{\varsigma}} \sum_{j=1}^{N^{\varsigma}} \mathbf{PDS}_{\boldsymbol{X}^{\varsigma}, \boldsymbol{X}^{\varsigma}}(i, j), \quad i = 1, 2, \cdots, N^{\varsigma} \tag{6-6}$$

将 KDE[7] 应用于 $\mathbf{DAS}_{\boldsymbol{X}^{\varsigma}, \boldsymbol{X}^{\varsigma}}$ 以获得控制下限 DAS_{CL}。采用相同的步骤，

$\mathbf{DAS}_{X^\varsigma, X^\ell}$ 可由式(6-4)~式(6-6)计算得到。如果所有的 $\mathbf{DAS}_{X^\varsigma, X^\ell}$ 值都超过 $\mathbf{DAS_{CL}}$,则 $\boldsymbol{X}^\ell$ 被视为 $\boldsymbol{X}^\varsigma$ 的重复阶段;否则, $\boldsymbol{X}^\varsigma$ 和 $\boldsymbol{X}^\ell$ 是两个不同的阶段。

利用式(6-4)~式(6-6)对所有可能的重复阶段进行处理后,确定的重复阶段及其参考阶段作为一个整体混合在一起。最后,假设 H 个正式的操作阶段被辨识,数据集 X 被划分为 $\boldsymbol{X}^1 \in \mathbb{R}^{N^1 \times M}$, $\boldsymbol{X}^2 \in \mathbb{R}^{N^2 \times M}, \cdots, \boldsymbol{X}^H \in \mathbb{R}^{N^H \times M}$,其中 $N^1, N^2, \cdots, N^H$ 分别为不同阶段样本的个数。

需要说明的是,考虑变量相关关系变异的阶段划分可以保证每个阶段下变量间的均衡关系,为建模阶段利用协整分析方法打下了基础。

6.2.2 基于平稳映射的离线建模

在利用 LAS 和 DAS 指标识别出每个阶段后,利用 ADF 检验来判断每个变量的平稳性。ζ 是变量的差分平稳阶次,$\zeta = 0$ 时的平稳变量构成平稳空间(stationary space, SS),$\zeta > 0$ 的变量构成非平稳空间(nonstationary space, NS)。理论上,ζ 可以是任何整数。然而,在传统的建模和监测方法中,只有 0 阶和 1 阶的变量被用于建模和监测,这导致了一些信息的丢失。为了解决这个问题,本小节将 NS 划分为两个子空间,它们分别被命名为 NS-SO 和 NS-DO。在 NS-SO 中,相同阶次下至少存在两个变量;而在 NS-DO 中,每个阶次下只有一个变量。因此,在本章所提方法中,每个阶段的原始变量被划分为三个子空间,如下所示:

$$\boldsymbol{X}^h = [\boldsymbol{X}^{h,\text{SS}}, \boldsymbol{X}^{h,\text{S}}, \boldsymbol{X}^{h,\text{D}}] \tag{6-7}$$

式中:上标 h 表示阶段的编号;SS、S、D 表示主体部分分别来自 SS、NS-SO 和 NS-DO 空间。

使用不同的方法提取 NS-SO 和 NS-DO 中的特征。首先,在 NS-SO 中采用多 CA 模型进行处理。假设由具有 κ 阶次的变量组成的子空间 NS-SO 表示为 $\boldsymbol{X}_\kappa^{h,\text{S}} \in \mathbb{R}^{N^h \times M_\kappa^{h,\text{S}}}$。当 $\kappa > 1$ 时,$\boldsymbol{X}_\kappa^{h,\text{S}}$ 差分 $\kappa - 1$ 次得到 $\mathcal{Y}_\kappa \in \mathbb{R}^{N^h \times M_\kappa^{h,\text{S}}}$。通过对 $\mathcal{Y}_\kappa$ 进行协整分析,确定协整矩阵 $\boldsymbol{B}_\kappa^h$,相应的均衡误差可由以下公式得出:

$$\boldsymbol{Z}_\kappa^h = \mathcal{Y}_\kappa^h \boldsymbol{B}_\kappa^h \tag{6-8}$$

用上述方法处理 NS-SO 中具有不同阶次的所有变量后,得到 $\boldsymbol{Z}^h = \{\boldsymbol{Z}_{\kappa_1}^h, \boldsymbol{Z}_{\kappa_2}^h, \cdots, \boldsymbol{Z}_{\kappa_\ell}^h\}$, $\boldsymbol{B}^h = \{\boldsymbol{B}_{\kappa_1}^h, \boldsymbol{B}_{\kappa_2}^h, \cdots, \boldsymbol{B}_{\kappa_\ell}^h\}$,其中下标 $\kappa_1, \kappa_2, \cdots, \kappa_\ell$ 分别表示 NS-SO 中不同的阶次,ℓ 表示阶次的个数。

针对子空间 NS-DO 中每个变量的阶次都不同的情况,采用用于处理时间序列非平稳性的方法。目前一些研究中采用去趋势波动分析(detrended fluctuation analysis,DFA)方法处理单个非平稳变量,它可以准确量化嵌入非平稳时间序列中的长程幂律相关性[8],广泛用于信号滤波[9]和基于振动的故障诊断[10]。DFA 的主要步骤之一是为适应非平稳变量的趋势建立一系列局部回归多项式模型,在选择适当的多项式阶数后,得到的残差是近似平稳的。所以本小节基于 DFA 提出了去趋势波动回归(detrended fluctuation regression, DFR)方法来处理不同阶次的变量。不失一般性,以第 h 阶段为例来阐述该方法的内容。假设 NS-DO 中第 ξ 变量的数据集表示为 $\boldsymbol{X}_{\xi}^{h,D}$,累计离差和计算公式为

$$\boldsymbol{E}_{\xi}^{h}(j) = \sum_{k=1}^{j} \left[\boldsymbol{X}_{\xi}^{h,D}(k) - \overline{\boldsymbol{X}_{\xi}^{h,D}} \right], \quad j = 1, 2, \cdots, N^{h} \tag{6-9}$$

$\boldsymbol{E}_{\xi}^{h}$ 被划分为 G 个非重叠子阶段,每个阶段包含 $N^{h,G} = \left[\dfrac{N^{h}}{G} \right]$ 个元素。对于第 g 个子阶段的 $\boldsymbol{E}_{\xi}^{h,g}$,多项式函数被描述为如下的形式:

$$\widehat{\boldsymbol{E}_{\xi}^{h,g}}(t) = \sum_{j=0}^{r} \boldsymbol{\gamma}_{\xi}^{h,g}(j) t^{j} \tag{6-10}$$

式中:$\boldsymbol{\gamma}_{\xi}^{h,g}$ 是回归系数矩阵,可通过最小二乘法确定;r 是多项式的阶数。

r 值对拟合效果影响很大,所以要通过以下步骤进行优化。首先其初值设为 1,对应残差为

$$\Delta \widehat{\boldsymbol{E}_{\xi}^{h,g}}(t) = \boldsymbol{E}_{\xi}^{h,g}(t) - \widehat{\boldsymbol{E}_{\xi}^{h,g}}(t) \tag{6-11}$$

综合所有子阶段的残差得到:

$$F_{\xi}^{h}(r) = \frac{1}{N^{h}} \sum_{g=1}^{G} \sum_{t=1}^{N^{h,G}} (\Delta \boldsymbol{E}_{\xi}^{h,g}(t))^{2} \tag{6-12}$$

$F_{\xi}^{h}(r)$ 越小,拟合效果越好。最后,$F_{\xi}^{h}(r)$ 最小时所对应的 r 为最优回归系数。对 NS-DO 中的所有变量重复式(6-9)～式(6-12),所有残差堆叠为矩阵 $\Delta \boldsymbol{E}^{h}$。

必须注意的是,$\boldsymbol{Z}^{h}$ 和 $\Delta \boldsymbol{E}^{h}$ 在建模过程中都是近似平稳的,即非平稳过程通过 CA 和 DFR 映射到平稳空间。平稳变量 $\boldsymbol{X}^{h,SS}$、$\boldsymbol{Z}^{h}$ 和 $\Delta \boldsymbol{E}^{h}$ 组合成为第 h 阶段的特征。最后,变量子空间属性、每个窗口的 $\mathbf{mic}$、多 CA 处理后得到的 $\boldsymbol{Z}$ 和 $\boldsymbol{B}$ 以及应用 DFR 得到的 $\Delta \boldsymbol{E}$ 和 $\boldsymbol{\gamma}$ 被存储为离线模型的参数。

6.2.3　基于局部思想的在线监测

与传统的全局建模方法不同,即时学习(just in time learning, JITL)通过使用与查询数据最相似的数据来建立局部模型[11]。JITL 可以进一步保证在线

模型的平稳性和准确性,从而提高故障检测的精度。因此,JITL 的原理可被用于在线监测。

第一步是找到实时样本所属的阶段。这里将离线阶段辨识中提出的 MIC 相似度和 PDS 结合,进行在线阶段匹配。为了提高匹配的准确度,考虑到工业数据存在自相关动态特性,采用时间上连续的一串数据进行阶段匹配。首先采集实时样本 $\boldsymbol{x}_{\text{new}}$ 及其 $w-1$ 个后续样本,形成数据集 $\boldsymbol{X}^{\text{on}} \in \mathbb{R}^{w \times M}$。$\boldsymbol{X}^{\text{on}}$ 的相应 **mic** 由式(6-1)计算得到,根据式(6-2)计算该在线窗口和所有离线窗口之间的 $\boldsymbol{S}^{\text{on}} = [\text{corr}(\boldsymbol{mic}^{\text{on}}, \boldsymbol{mic}^1) \quad \cdots \quad \text{corr}(\boldsymbol{mic}^{\text{on}}, \boldsymbol{mic}^n)]^{\text{T}}$,根据式(6-4)和式(6-5)计算

$$\mathbf{PDS}_{X, x^{\text{on}}} = \begin{bmatrix} D(\boldsymbol{X}_1, \boldsymbol{X}_1^{\text{on}}) & \cdots & D(\boldsymbol{X}_1, \boldsymbol{X}_w^{\text{on}}) \\ \vdots & & \vdots \\ D(\boldsymbol{X}_N, \boldsymbol{X}_1^{\text{on}}) & \cdots & D(\boldsymbol{X}_N, \boldsymbol{X}_w^{\text{on}}) \end{bmatrix}$$

。基于 $\boldsymbol{S}^{\text{on}}$ 和 $\mathbf{PDS}_{X, x^{\text{on}}}$,设计一个综合性指标:

$$\mathbf{CSI}(i) = \boldsymbol{S}^{\text{on}}(i) + \frac{1}{w} \sum_{j=1}^{w} \mathbf{PDS}_{X, x^{\text{on}}}(j+i-1, j), \quad i = 1, 2, \cdots, n \quad (6\text{-}13)$$

那么,与 $\boldsymbol{X}^{\text{on}}$ 相似度最高的离线窗口的索引为

$$i^* = \max_{i=1,2,\cdots,n} \mathbf{CSI}(i) \quad (6\text{-}14)$$

最终,最相似窗口中的第一个样本被视为在线样本的最相似邻居。那么,在线样本 $\boldsymbol{x}_{\text{new}}$ 属于最相似邻居所属的阶段。

此外,根据 $\boldsymbol{x}_{\text{new}}$ 的 **CSI**,在其所属阶段可以获得 K 个最相似窗口,采用相同规则确定相应的 K 个相似邻居。假设 $\boldsymbol{x}_{\text{new}}$ 属于第 h 阶段,$\boldsymbol{X}^h(i^*)$ 和 $\boldsymbol{X}_{\text{new},K}^h$ 分别表示最相似的邻居和 K 个相似邻居的集合。

第二步是基于 $\boldsymbol{X}_{\text{new},K}^h$ 建立在线数据的局部监测模型。首先将 $\boldsymbol{X}_{\text{new},K}^h$ 按变量属性划分为三个子空间 $\{\boldsymbol{X}_{\text{new},K}^{h,\text{SS}}, \boldsymbol{X}_{\text{new},K}^{h,\text{S}}, \boldsymbol{X}_{\text{new},K}^{h,\text{D}}\}$,并在离线模型中得到相应的 $\boldsymbol{Z}_{\text{new},K}^h$ 和 $\Delta \boldsymbol{E}_{\text{new},K}^h$,对应的特征矩阵 $\boldsymbol{Y}$ 被构建为

$$\boldsymbol{Y} = [\boldsymbol{X}_{\text{new},K}^{h,\text{SS}}, \boldsymbol{Z}_{\text{new},K}^h, \Delta \boldsymbol{E}_{\text{new},K}^h] \quad (6\text{-}15)$$

然后,通过 PCA 将 $\boldsymbol{Y}$ 分解为两个子空间:

$$\boldsymbol{Y} = \boldsymbol{T} \boldsymbol{P}^{\text{T}} + \tilde{\boldsymbol{Y}} \quad (6\text{-}16)$$

式中:$\boldsymbol{P}$ 是负载矩阵;$\boldsymbol{T}$ 是得分矩阵。

为了提供更直观的监测结果,根据文献[12]构建了一个检验统计量:

$$D_r = \frac{T^2}{T_{\text{ctr}}^2} + \frac{\text{SPE}}{\text{SPE}_{\text{ctr}}} \quad (6\text{-}17)$$

式中:$T^2 = \boldsymbol{T}(i) \boldsymbol{\Lambda}^{-1} \boldsymbol{T}(i)^{\text{T}}$;$\text{SPE} = \| \tilde{\boldsymbol{Y}}(i) \tilde{\boldsymbol{Y}}(i)^{\text{T}} \|^2$;$\boldsymbol{\Lambda} = \boldsymbol{T}^{\text{T}} \boldsymbol{T} / (M-1)$。$T_{\text{ctr}}^2$、

SPE_{ctr}可通过文献[12]中的方法获得。D_r的控制限$D_{r,ctr}$可根据其近似分布计算得到:

$$D_{r,ctr} \sim g_D \chi_a^2(h_D) \tag{6-18}$$

式中:$g_D = \dfrac{\dfrac{1}{(T_{ctr}^2)^2} + \dfrac{\theta_2}{(SPE_{ctr})^2}}{\dfrac{1}{T_{ctr}^2} + \dfrac{\theta_1}{SPE_{ctr}}}$;$h_D = \dfrac{\left(\dfrac{1}{T_{ctr}^2} + \dfrac{\theta_1}{SPE_{ctr}}\right)^2}{\dfrac{1}{(T_{ctr}^2)^2} + \dfrac{\theta_2}{(SPE_{ctr})^2}}$,$\theta_i = \displaystyle\sum_{j=A'+1}^{M} \lambda_j^i$,$i = 1$,

2,A'是主成分的个数,λ_j是Λ的第j个大的特征值;α是显著性水平,通常设为0.05。

为了监测x_{new},将其用 CA 和 DFR 处理。首先根据第h阶段变量的子空间属性,将x_{new}划分为x_{new}^{SS},x_{new}^S,x_{new}^D。在 NS-SO 中,当$\kappa > 1$时,x_{new}^S和后续的$\kappa - 1$个样本构成$x_{new,\kappa}^S$,并将其差分$\kappa - 1$次以获得$\mathcal{Y}_{new,\kappa}^S$。$\mathcal{Y}_{new,\kappa}^S$沿着协整矩阵$B_\kappa^h$投影,得到在线均衡误差:

$$Z_{new,\kappa} = \mathcal{Y}_{new,\kappa}^S B_\kappa^h \tag{6-19}$$

随后,将 NS-SO 中所有阶次的变量执行上述操作,获得所有的均衡误差堆叠,为Z_{new}。

同时,第ξ变量$x_{new,\xi}^D$替换离线对应的$X_\xi^{h,D}(i^*)$,利用式(6-9)和式(6-11)可获得$\Delta E_{new,\xi}$。x_{new}^D中的所有变量被处理后,将得到ΔE_{new}。那么,在线特征矩阵$Y_{new} = [x_{new}^{SS}, Z_{new}, \Delta E_{new}]$被构建,并沿着$P$进行投影:

$$T_{new} = Y_{new} P \tag{6-20}$$

最后,可以通过式(6-17)计算测试统计量$D_{r,new}$。如果$D_{r,new} < D_{r,ctr}$,则认为系统处于正常状态;否则,认为系统发生故障。

6.2.4 算法流程

上文已经详细介绍了本章提出的多模态广义监测策略,整个过程可以分为三个部分:操作阶段识别、离线建模和在线监测。具体步骤总结如下。

1. 操作阶段识别

(1)收集正常训练数据集X;

(2)根据式(6-1)~式(6-3)构建 **LAS** 指标,并通过移动窗口 KDE 计算控制限LAS_{CL}以判断阶段是否发生变化;

(3)重复步骤(2),直到所有候选操作阶段被划分;

(4)根据由式(6-2)得到的 MIC 相似性矩阵S,初步锁定可能的重复阶段;

（5）通过式（6-4）～式（6-6）计算参考阶段的 $\mathbf{DAS}_{X^\varsigma,X^\varsigma}$，并通过 KDE 计算控制限 $\mathrm{DAS_{CL}}$；采用同样方法，计算参考阶段和可能的重复阶段之间的 $\mathbf{DAS}_{X^\varsigma,X^\varrho}$；

（6）将 $\mathrm{DAS_{CL}}$ 和 $\mathbf{DAS}_{X^\varsigma,X^\varrho}$ 结合起来，确定最终的重复阶段。

基于 **LAS** 的相似性计算复杂度为 $O(M^2n^2)$，采用移动窗口 KDE 计算 $\mathrm{LAS_{CL}}$ 的复杂度为 $O(n^3)$；基于 **PDS** 的相似性计算复杂度为 $O(N^\varsigma)$，采用 KDE 计算 $\mathrm{DAS_{CL}}$ 的复杂度为 $O(N^{\varsigma^2})$。因此，本章提出的操作阶段识别方法的计算复杂度为 $O(M^2n^2)$ 或 $O(n^3)$。

2. 离线建模

（1）采用 ADF 将 $\boldsymbol{X}^h$ 划分到 SS、NS-SO、NS-DO 三个子空间；

（2）在 NS-SO 子空间中构建多 CA 模型，并通过协整分析的基本理论和式（6-8）获得协整矩阵 $\boldsymbol{B}^h$ 和均衡误差 $\boldsymbol{Z}^h$；

（3）对 NS-DO 子空间中的变量分别采用 DFR 处理，通过式（6-9）～式（6-12）确定一系列回归系数矩阵 $\boldsymbol{\gamma}^h$ 和平稳残差矩阵 $\Delta\boldsymbol{E}^h$；

（4）对每个被识别到的阶段执行步骤（1）～（4）的操作，得到每个阶段的模型参数；

（5）将变量子空间属性、$\boldsymbol{B}$、$\boldsymbol{Z}$ 和 $\Delta\boldsymbol{E}$、$\boldsymbol{\gamma}$ 存储为离线模型参数。

构建 CA 模型的计算复杂度为 $O(M^3_{\kappa_m})$，其中 $M^3_{\kappa_m}<M$ 表示 NS-SO 空间中拥有最多非平稳变量的阶次的变量个数。构建 DFR 模型的计算复杂度为 $O(I_tN_m)$，其中 $N_m<N$ 表示采样最多阶段的采样数量，I_t 表示确定多项式阶次 r 的迭代次数。

3. 在线监测

（1）收集在线数据集 $\boldsymbol{X}^{\mathrm{on}}\in\mathbb{R}^{w\times M}$，其中 $\boldsymbol{x}_{\mathrm{new}}$ 表示第一个样本；

（2）通过式（6-13）获得指标 **CSI**，并通过式（6-14）确定最相似的邻居索引 i^*；

（3）判断 $\boldsymbol{x}_{\mathrm{new}}$ 所属的阶段，并根据 **CSI** 获取前 K 个相似的邻居 $\boldsymbol{X}^h_{\mathrm{new},K}$；

（4）通过式（6-15）得到离线模型中 $\boldsymbol{X}^h_{\mathrm{new},K}$ 的特征矩阵 $\boldsymbol{Y}$，并对 $\boldsymbol{Y}$ 执行 PCA，通过式（6-16）～式（6-20）来判断 $\boldsymbol{x}_{\mathrm{new}}$ 是否故障。

CSI 是 **LAS** 和 **PDS** 指标的线性组合，因此计算复杂度为 $O(M^2n)$ 或 $O(Mnw)$。局部 PCA 模型的计算复杂度为 $O(M^3)$。

6.3 连续与间歇工业过程案例应用

本章采用拓展 TE 过程（连续过程）仿真以及青霉素发酵过程（间歇过程）对所提方法的可行性进行验证。在阶段辨识方面，采用基于距离的 K 均值聚类方法[13]及基于距离和变量间线性相关性的 SMPCA 方法[1]作为对比方法，其中 K 均值聚类方法采用本章参考文献[14]的减法聚类方法确定阶段的个数。在建模和故障检测方面，采用 GSSFA 方法[6]、第 4 章提出的基于轨迹的方法 (trajectory-based method，TBM) 和全局 CA(global CA，GCA) 方法[15]作为对比方法。需要注意的是，GSSFA 方法、TBM 和本章所提方法的共同点是它们都基于局部建模思想；而本章所提方法和 GCA 方法都以提取平稳信息为目标，但后者不考虑具有不同阶次的非平稳变量。

6.3.1 拓展 TE 过程仿真

拓展的 TE 过程仿真数据集的产生过程已在第 4 章详细说明，这里不再赘述。本节采用标准操作下模态 4 过渡到模态 2 的 2187 个采样进行离线建模，以及 8 个操作故障数据集进行测试。本节选择了 41 个过程变量和 9 个非恒值的操作变量。在计算控制限时，GSSFA 方法、TBM、GCA 方法和本章所提方法的置信度都选择 95%。

操作阶段辨识　在 K 均值聚类方法中，首先针对 2187 个训练数据使用减法聚类方法识别出整个过程的三个阶段，其中每个阶段识别结果分别为 1～699、700～1698、1699～2187 样本。SMPCA 方法的阈值选择 0.95，该方法将此过程识别为 4 个阶段，分别为 1～657、658～1032、1033～1615、1616～2187 样本。

本章所提方法针对训练集计算 MIC 相似性矩阵 $\boldsymbol{S}$，窗口长度 w 设为 10，步长 t 设为 1。图 6-3 展示了 $\boldsymbol{S}$ 的色块图。对角线上有四个暖色调的正方形区域，这些区域已由红色方框圈起。相同红色方框中的窗口更有可能来自相同的操作阶段。然后，利用 **LAS** 指标初步划分操作阶段，阶段转换的边界点由第 4 章提到的移动窗口 KDE 确定。首先计算所有训练数据的 **LAS** 指标（其变化轨迹为图 6-4(a) 中带圆点标记的实线），采用移动窗口 KDE 从第一个窗口开始依次计算控制限（其变化轨迹为图 6-4(a) 中的实线）。在第 923 个窗口之后，一系列 LAS 值低于控制下限，这说明第 923 个窗口为边界窗口，那么第 923 个窗口的最后一个样本（第 933 个样本）被确定为第二个阶段的开始。然后，从第 923 个

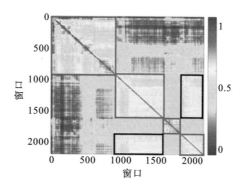

图 6-3 S 的色块图

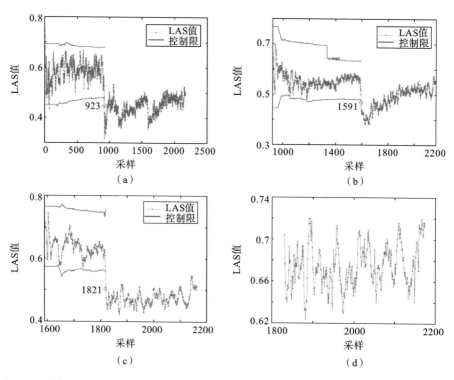

图 6-4 (a) 1~2177、(b) 923~2177、(c) 1591~2177 和(d)1821~2177 窗口的 LAS 曲线

窗口之后更新 **LAS** 指标(图 6-4(b)中带圆点标记的实线),并从 923 个窗口采用移动窗口 KDE 计算控制限。第 1591 个窗口之后的 LAS 值低于控制下限,那么第 1601 个样本被确定为第三个阶段的开始。随后,如图 6-4(c)所示,采用相同的操作将 1831 个样本确定为第四个阶段的开始。如图 6-4(d)所示,1821 个窗

口后面的 LAS 值非常平稳,这表明第 1831 个样本之后的过程属于同一阶段。因此,四个候选阶段被确定,分别包含 1~932、933~1600、1601~1830 和 1831~2187 样本。在图 6-3 中,由黑色方框围成的区域呈现暖色调,这表示第四个阶段可能是第二个阶段的重复阶段。为验证上述可能结论,首先,计算第二个阶段的 DAS 值,并通过移动窗口 KDE 确定控制限;然后,计算第二个阶段和第四个阶段之间的 DAS 值。如图 6-5 所示,第二个阶段中几乎所有 DAS 值都超过控制限,第二个阶段和第四个阶段之间的 DAS 值则都低于控制限。因此,第四个阶段不是第二个阶段的重复阶段。

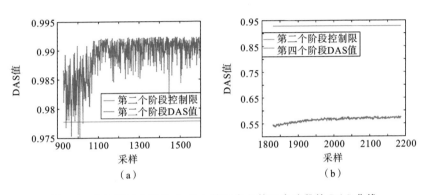

图 6-5　(a) 第二个阶段内、(b) 第二个和第四个阶段的 DAS 曲线

由操作步骤可知,第 1601 个采样被确定为两个阶段的边界点。其他边界点的确定并没有先验知识可以参考。考虑到 D 进料的演化轨迹与整个过程的变化是一致的,所以其被选定为参考变量,演化轨迹如图 6-6 所示。从图 6-6 中可以看出,D 进料在 1~1600 采样范围内先剧烈变化,然后在大约第 900 个采样之后保持了很长一段时间的平稳状态,所以这个过程至少存在一次阶段的转换;第 1601 个采样之后,D 进料先急速下降,并在大约 1830 个采样之后突然变得平稳,所以第 1830 个采样左右存在一次阶段的转换。图 6-6 将三种方法识别的阶段边界点标记在 D 进料演化轨迹中。从图 6-6(a) 和(b) 中可以看出,K 均值聚类方法和 SMPCA 方法分别认为第 1699 个和第 1616 个采样为两个操作步骤的边界点,这比实际操作分别延迟了 98 个和 15 个采样时刻,并且两个方法在 1601~2187 采样范围内都没有识别出阶段的转换。而从图 6-6(c) 中看出,本章所提方法不但准确地将第 1601 个采样识别为两个操作的边界点,而且还划分了第 1601 个采样之前和之后的变化阶段和平稳阶段,第 933 个和第 1831 个采样作为阶段转换边界点,与 D 进料演化轨迹具有一致性。

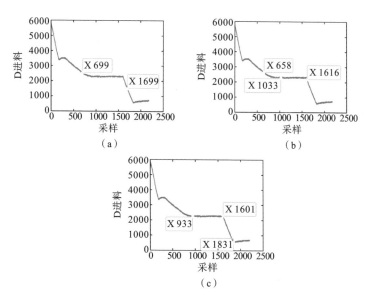

图 6-6 (a) K 均值聚类方法、(b) SMPCA 方法和(c)本章所提方法的
阶段识别结果在 D 进料曲线中的标记

故障检测 利用本章所提方法,首先在每个离线操作阶段中对每个变量
进行 ADF 检验,变量划分结果如表 6-1 所示。然后,对每个阶段进行离线建
模。最后,对 OF1~OF8 进行在线阶段识别和故障检测。同时,GSSFA、TBM
和 GCA 等方法也被执行来达到建模和监测的目的。四种方法的检测结果如
表 6-2 所示,其中 D_p 和 D_e 是 GSSFA 方法的检验统计量,L_o 和 S_p 是 TBM 的
检验统计量,D_R 和 D_r 分别为 GCA 方法和本章所提方法的检验统计量,J 是两
个统计量的联合指标。

表 6-1 每个阶段变量划分结果 （单位:个）

阶 段	SS	NS-SO	NS-DO
第一个阶段	8	41($\zeta=1$)	1
第二个阶段	7	43($\zeta=1$)	0
第三个阶段	4	43($\zeta=1$) 3($\zeta=2$)	0
第四个阶段	14	36($\zeta=1$)	0

表 6-2　四种方法对 8 种故障的 MAR 和 FAR 结果

方法	指标	统计量	OF1	OF2	OF3	OF4	OF5	OF6	OF7	OF8
GSSFA 方法	MAR	D_p	7%	85.2%	5.7%	5.3%	4.8%	5.6%	4.7%	0
		D_e	6.4%	87.2%	8.2%	7.9%	22.5%	13.3%	3.8%	0
		J	4.6%	81.5%	3.4%	1.8%	4.8%	4.1%	3.8%	0
	FAR	D_p	—	—	—	—	18.2%	19.6%	—	18.2%
		D_e	—	—	—	—	0	0	—	0.3%
TBM	MAR	L_o	0.6%	77.2%	4.4%	2.6%	20.2%	17%	5.3%	14.2%
		S_p	59.9%	74.4%	52.6%	12.7%	26%	18.5%	14.8%	0
		J	0.5%	**74.4%**	2.8%	2.5%	1.4%	8%	2.1%	0
	FAR	L_o	—	—	—	—	0.5%	0.4%	—	0.4%
		S_p	—	—	—	—	0.5%	0.4%	—	0.8%
GCA 方法	MAR	D_R	20.6%	91.6%	96.7%	0	100%	100%	16.9%	0.9%
	FAR	D_R	—	—	—	—	1.3%	1.1%	—	1.1%
本章所提方法	MAR	D_r	**0**	80.3%	**0.1%**	**0**	**1.3%**	**0.5%**	**0**	**0**
	FAR	D_r	—	—	—	—	**0**	**0**	—	**0.1%**

　　表 6-2 中展示了四种方法的监测结果,最佳的结果加粗表示。具体来说,对于大多数故障,GCA 方法具有相当高的 MAR(超过 15%)。GSSFA 方法和 TBM 的 MAR 大多在 5% 以下,除了 OF2,本章所提方法的 MAR 在所有方法中是最低的(低于 2%)。特别是对于 OF3 和 OF6,与三种对比方法的最佳结果相比,本章所提方法的 MAR 分别降低了 2.7% 和 3.6%。在 FAR 方面,OF1~OF4 和 OF7 数据集不包含正常样本,所以它们不存在 FAR,在表中用"—"表示。对于 OF5、OF6 和 OF8,GSSFA 方法的 D_p 检验统计量的 FAR 超过了 10%,TBM 和 GCA 方法的 FAR 不超过 2%,而本章所提方法的 FAR 不超过 0.1%,在四种方法中是最低的。

　　为了更直观地展示本章所提方法的性能,利用图 6-7 和图 6-8 进一步讨论 OF3 和 OF6。OF3 中故障发生在过渡开始时,并持续到过渡结束。然而,对于图 6-7(a)和(b)所示的 GSSFA 方法和 TBM,在故障的早期和后期阶段,许多检验统计量都落在控制限内,存在一些漏报。对于图 6-7(c)所示的 GCA 方法,几乎所有的检验统计量都落入控制限内,这意味着该方法无法识别 OF3。如图

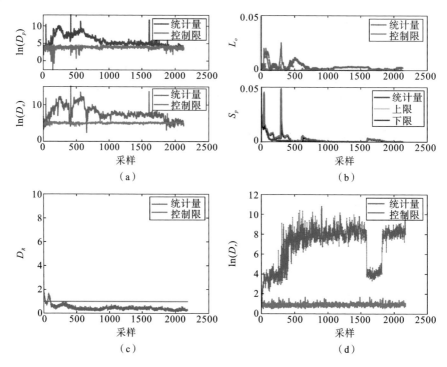

图 6-7 (a) GSSFA 方法、(b) TBM、(c) GCA 方法和(d)本章所提
方法对 OF3 的故障检测结果

6-7(d)所示,在本章所提方法的监测中,开始时只有极少数检验统计量低于控制限,后面的都远远高于控制限。OF6 中故障发生在第 1601 个采样之后,并持续到过渡结束。如图 6-8(a)所示,GSSFA 方法的有些检验统计量在故障的初期和后期落入控制限内。从图 6-8(b)中可以看出,TBM 在故障的中期存在一些漏报。对于图 6-8(c)所示的 GCA 方法,几乎所有的检验统计量都在控制限以下。而图 6-8(d)显示在故障发生之后,本章所提方法中几乎所有的检验统计量都在控制限以上。以上结果表明本章所提方法可以更大限度地将故障和正常样本分离。

接下来采用第 4 章中提到的灾难性故障的检测时间(DT)和可拯救时间(RT)来检验本章所提方法的性能,只有当 DT 小于 RT 时,方法才是有效的。四种方法的结果汇总在表 6-3 中。对于 OF4、OF7 和 OF8,TBM 和本章所提方法的 DT 均为 0,远小于相应的 RT;虽然 GSSFA 方法和 GCA 方法都可以在 RT 之前将这三种故障检测出来,但是这两种方法对 OF7 的检测分别延迟了 0.35 h 和 5.2 h,GCA 方法对 OF8 的检测延迟了 0.6 h。对于 OF2,GCA 方法

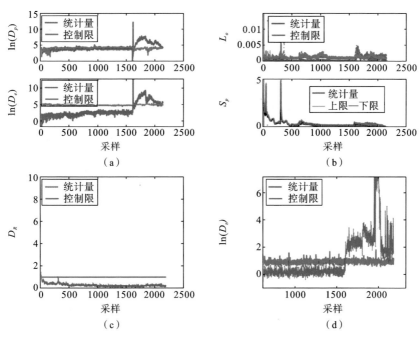

图 6-8 (a) GSSFA 方法、(b) TBM、(c) GCA 方法和(d)本章所提方法
对 OF6 的故障检测结果

根本没有检测到故障发生,GSSFA 方法、TBM 和本章所提方法的 DT 分别为
8.7 h、8.3 h 和 8.8 h,都小于 RT,因此这三种方法可以为故障恢复预留一些
时间。

表 6-3　灾难性故障的 RT 与四种方法的 DT

故障	RT/h	DT/h			
		GSSFA 方法	TBM	GCA 方法	本章所提方法
OF2	9.45	8.7	8.3	未检测到	8.8
OF4	3.9	0	0	0	0
OF7	6.25	0.35	0	5.2	0
OF8	18.05	0	0	0.6	0

综上可知,本章所提方法在四种方法中,对操作故障检测效果是最好的。

6.3.2　青霉素发酵过程

间歇馈料式青霉素发酵过程是一个应用广泛的基准仿真过程[16],此过程时

数据驱动的工业过程监测与故障诊断

变特性非常明显。从生产工艺上来看，一个完整的青霉素生产过程大致可以分为两个操作阶段。第一个操作阶段中，需要预先添加底物，菌体不断繁殖，不存在外界操作的干预和青霉素的产生；第二个操作阶段中，葡萄糖不断地被加入培养皿，以弥补底物的消耗，产生大量青霉素。

本小节采用模拟器 PenSim V2.0[17]生成所需的数据集，各反应器单元的布局如图 6-9 所示。所有批次过程运行 400 h，采样间隔为 0.5 h。第一个操作阶段大约为开始至 45 h，对应第 1 个至第 90 个采样，而第二个操作阶段大约对应第 91 个至第 800 个采样。通过改变表 6-4 所示的初始设定点的值，随机生成 20 个正常批次数据并进行训练。通过改变条件或加入干扰，生成表 6-5 中列出的 6 个故障批次并进行测试。本小节选择表 6-6 中所示的 14 个变量进行建模和监测。

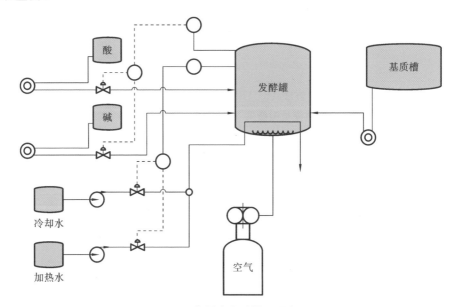

图 6-9　青霉素发酵模拟器布局

表 6-4　正常批次的条件范围

设　定　点	范　　围
培养体积/L	100~102
生物反应器温度/K	298~299
底物进料温度/K	296~297
pH	5~5.05

表 6-5　故障批次的基础信息

序　号	变　量	故障类型	故障幅度	开始样本	结束样本
F1	曝气量	阶跃	+2%	201	800
F2	搅拌器功率	阶跃	+3%	201	800
F3	底物进料速度	阶跃	+4%	201	800
F4	曝气量	斜坡	+1	201	800
F5	搅拌器功率	斜坡	+1	201	800
F6	底物进料速度	斜坡	+0.004	201	800

表 6-6　青霉素发酵过程的监测变量

序　号	定　义	序　号	定　义
1	曝气量	8	青霉素浓度
2	搅拌器功率	9	体积
3	底物进料速度	10	二氧化碳浓度
4	底物进料温度	11	pH
5	底物浓度	12	温度
6	溶解氧浓度	13	生成热量
7	生物量浓度	14	冷却水流速

与连续过程不同,间歇过程的历史数据集是三维形式。在执行基于 LAS 的方法之前,获取图 6-10 所示的展开数据集 $X \in \mathbb{R}^{NI' \times M}$,其中 I' 是批号。窗口长度 ω 和步长都设为 I'。

操作阶段辨识　首先利用 K 均值聚类方法和 SMPCA 方法对阶段进行识别。K 均值聚类方法把整个过程划分为 4 个阶段,范围分别为 1~83、84~275、276~517 和 518~800 采样。SMPCA 方法则把过程识别为 3 个阶段,范围分别为 1~85、86~325 和 326~800 采样。

基于本章所提方法首先计算 MIC 相似性矩阵 S,并将其在图 6-11 中以色块图的形式展示,利用此图大致可以判断,该过程有两个操作阶段。基于 LAS 的方法和变长度移动窗口 KDE 得到的辨识结果如图 6-12 所示。第 91 个采样被确定为第二个阶段的开始,并且在接下来的时刻 LAS 值没有发生突变。

根据操作步骤的先验知识,第 91 个采样确定为一个边界点。如图 6-13 所示,关键变量“底物进料速度”的演化轨迹和三个方法的识别结果被展示出来。

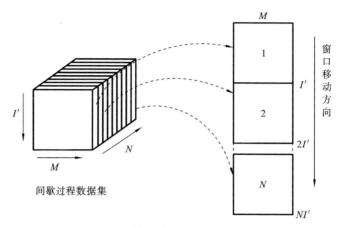

图 6-10　批次过程数据的展开方式

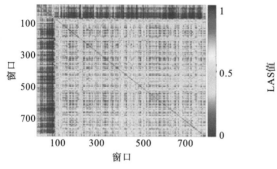

图 6-11　MIC 相似性矩阵 S 的色块图

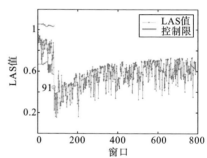

图 6-12　LAS 值的变化曲线

从图 6-13(a)和(b)中可以看出,K 均值聚类方法和 SMPCA 方法分别在第 84 个和第 86 个采样判断阶段发生了变化,它们都早于实际的第 91 个采样,而本章所提方法可以准确地将阶段变化的边界点(第 91 个采样)识别出来。在第 91 个采样之后,"底物进料速度"呈线性增大,但看不出明显的边界点。本章所提方法判定这个过程为一个阶段,该结论符合实际情况;而 K 均值聚类方法和 SMPCA 方法将其划分为多个阶段,这是因为它们都考虑了距离变异的累积。因为本章的建模方法要求阶段内变量间保持均衡关系,所以提出的阶段识别方法与接下来的工作更加契合。

故障检测　为了使本章所提方法适用于间歇过程数据集,对展开矩阵 X 进行了预处理。首先,将 X 按照图 6-10 所示的方式划分为 N 个子块。然后,计算每个子块的平均向量来构建训练数据集。在建模之前,对变量进行 ADF 检验,划分结果如表 6-7 所示。所有方法的置信度均设为 95%。

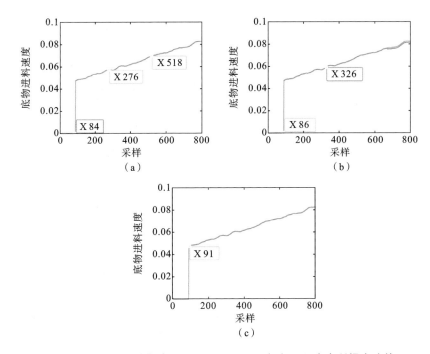

图 6-13 （a）K 均值聚类方法、（b）SMPCA 方法、（c）本章所提方法的
阶段识别结果在底料进料速度曲线中的标记

表 6-7　每个阶段变量划分结果　　　　　　　　　　（单位：个）

阶　　段	SS	NS-SO	NS-DO
第一个阶段	6	5($\zeta=1$) 3($\zeta=2$)	0
第二个阶段	3	10($\zeta=1$)	1

GSSFA 方法、TBM、GCA 方法和本章所提方法对 6 个故障批次的监测结果见表 6-8，其中 MAR 的最佳结果加粗表示。对于 F1、F3、F5、F6，本章所提方法的 MAR 是最低的。对于 F2 和 F4，本章所提方法的 MAR 分别为 2.5％和 0.7％，虽然分别略高于 GSSFA 方法的 0.5％和 TBM 的 0.2％，但是依然是令人满意的。GCA 方法在所有方法中表现最差，其对所有故障的 MAR 都不小于 10％。在 FAR 指标上，GSSFA 方法对所有故障批次的效果都是最好的，这是因为 GSSFA 方法判定 1～84 采样和 104～400 采样所对应的过程是平稳的，所以得到的控制限比较宽松。而本章所提方法在 6 种情况中的 FAR 虽没有取得最好的效果，但都不高于 0.5％。

表 6-8　四种方法下 6 种情况的 MAR 和 FAR 结果

方法	指标	统计量	F1	F2	F3	F4	F5	F6
GSSFA 方法	MAR	D_p	2.5%	0.5%	0.8%	6.3%	18.7%	11.7%
		D_r	1	84.7%	0.5%	23.7%	61.5%	0.8%
		J	2.5%	**0.5%**	0.5%	0.6%	18.7%	0.8%
	FAR	D_p	0	0	0	0	0	0
		D_e	0	0	0	0	0	0
TBM	MAR	L_o	24%	10.3%	18%	2.8%	11.7%	2.5%
		S_p	98.3%	93.2%	7.2%	2.2%	30.3%	0.8%
		J	24%	10.3%	2.3%	**0.2%**	4.5%	0.2%
	FAR	L_o	1.5%	1.5%	1%	1%	1%	1%
		S_p	5%	5%	3.5%	3%	0	2.5%
GCA 方法	MAR	D_R	99.3%	62.5%	99.5%	10.7%	36.8%	13.8%
	FAR	D_R	22.5%	22.5%	22.5%	22.5%	22.5%	22.5%
本章所提方法	MAR	D_r	**0.7%**	2.5%	**0**	0.7%	**0.3%**	0
	FAR	D_r	0.5%	0.5%	0.5%	0	0	0.5%

为了进一步体现本章所提方法的优越性,对 F1 和 F5 监测效果进行了可视化讨论。F1 中的故障发生在第 200 个采样之后,四种方法的检测结果如图 6-14 所示。图 6-14(a)显示 GSSFA 方法在故障早期会有很多检验统计量落入控制限内;从图 6-14(b)中可以观察到,TBM 在故障的中后期有一些漏报;如图

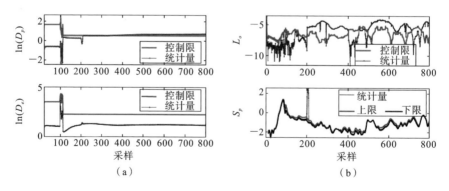

图 6-14　(a) GSSFA 方法、(b) TBM、(c) GCA 方法
和(d)本章所提方法对 F1 的故障检测结果

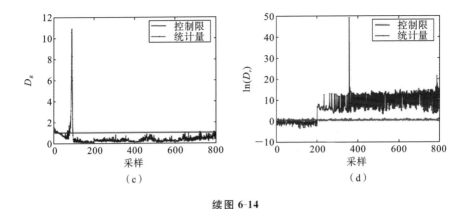

续图 6-14

6-14(c)所示,GCA 方法几乎所有故障检验统计量都在控制限以下,说明该方法不能检测到故障的发生;本章所提方法的检测结果如图 6-14(d)所示,故障一发生就能被检测出来,且几乎所有的检验统计量都远离控制限。F5 是斜坡故障,故障开始时的幅度是微小的。 如图 6-15(a)~(c)所示,GSSFA 方法、TBM 和

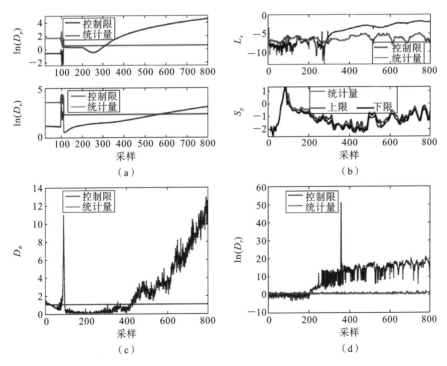

图 6-15 (a) GSSFA 方法、(b) TBM、(c) GCA 方法和(d)本章所提方法对 F5 的故障检测结果

GCA 方法在故障初期存在大量的漏报,说明这三种方法对缓慢变化故障的初期并不敏感;而本章所提方法在故障发生后始终保持超出控制限的持续大偏差报警。

综上所述,与三种对比方法相比,本章所提方法在故障检测方面性能更好。

6.4 结束语

本章以全流程多模态过程为对象提出了一种广义监测方案。利用变量相关性和样本间物理距离随操作阶段的变化规律,构建了 LAS 和 DAS 指标来完成操作阶段的识别。离线建模中引入了具有不同差分平稳阶次的非平稳变量,并提出多 CA 和 DFR 模型对其进行处理,充分挖掘了过程信息。在在线阶段,建立了基于 CSI 指标和局部 PCA 的监测方法,实现了操作阶段的匹配和实时故障检测。本章所提方法将全流程多模态过程各子阶段映射到平稳空间,使得在线过程可以采用统一的静态方法进行监测。拓展 TE 过程仿真和青霉素发酵过程的结果表明,本章所提方法相较于对比方法在阶段识别方面与实际操作和过程演化更加一致,在监测方面有更高的故障检测精度。

本章参考文献

[1] GUO R X, ZHANG N. A process monitoring scheme for uneven-duration batch process based on sequential moving principal component analysis [J]. IEEE Transactions on Control Systems Technology, 2020, 28(2): 583-592.

[2] ZHAO Y, ZHAO C H, SUN Y X. Dynamic multivariate alarm threshold optimization for nonstationary processes subject to varying conditions [C]//Proceedings of 2021 IEEE 10th Data Driven Control and Learning Systems Conference (DDCLS). New York: IEEE, 2021: 836-841.

[3] RESHEF D N, RESHEF Y A, FINUCANE H K, et al. Detecting novel associations in large data sets[J]. Science, 2011, 334(6062): 1518-1524.

[4] LIANG T, ZHANG Q Y, LIU X G, et al. Time-frequency maximal information coefficient method and its application to functional corticomuscular coupling[J]. IEEE Transactions on Neural Systems and Rehabilita-

tion Engineering，2020，28(11)：2515-2524.

[5] SHEN B B, GE Z Q. Weighted nonlinear dynamic system for deep extraction of nonlinear dynamic latent variables and industrial application[J]. IEEE Transactions on Industrial Informatics，2021，17(5)：3090-3098.

[6] ZHANG H Y, TIAN X M, DENG X G, et al. Multiphase batch process with transitions monitoring based on global preserving statistics slow feature analysis[J]. Neurocomputing，2018，293(2)：64-86.

[7] DICKEY D A, FULLER W A. Likelihood ratio statistics for autoregressive time series with a unit root[J]. Econometrica，1981，49 (4)：1057-1072.

[8] ZHANG C F, PENG K X, DONG J. A nonlinear full condition process monitoring method for hot rolling process with dynamic characteristic[J]. ISA Transactions，2021，112(11)：363-372.

[9] WANG S X, LI C S, LIM A. A model for non-stationary time series and its applications in filtering and anomaly detection[J]. IEEE Transactions on Instrumentation and Measurement，2021，70：1-11.

[10] ZHOU Y, LING B W K, MO X Z, et al. Empirical mode decomposition-based hierarchical multiresolution analysis for suppressing noise[J]. IEEE Transactions on Instrumentation and Measurement，2020，69(4)：1833-1845.

[11] CHEN Z W, LIU C, DING S X, et al. A just-in-time-learning-aided canonical correlation analysis method for multimode process monitoring and fault detection[J]. IEEE Transactions on Industrial Electronics，2021，68(6)：5259-5270.

[12] QIN S J. Statistical process monitoring：basics and beyond[J]. Journal of Chemometrics，2003，17(8-9)：480-502.

[13] LU N Y, GAO F R, WANG F L. Sub-PCA modeling and on-line monitoring strategy for batch processes[J]. AIChE Journal，2004，50(1)：255-259.

[14] CHIU S L. Fuzzy model identification based on cluster estimation[J]. Journal of Intelligent and Fuzzy Systems，1994，2(3)：267-278.

[15] SUN H, ZHANG S M, ZHAO C H, et al. A sparse reconstruction

strategy for online fault diagnosis in nonstationary processes with no a priori fault information[J]. Industrial & Engineering Chemistry Research, 2017, 56(24): 6993-7008.

[16] YU W K, ZHAO C H, HUANG B. Stationary subspace analysis-based hierarchical model for batch processes monitoring[J]. IEEE Transactions on Control Systems Technology, 2021, 29(1): 444-453.

[17] BIROL G, ÜNDEY C, ÇINAR A. A modular simulation package for fed-batch fermentation: penicillin production[J]. Computers and Chemical Engineering, 2002, 26(11): 1553-1565.

· 134 ·

第7章
基于贝叶斯与多维重构贡献的故障变量溯源

7.1 引言

前述章节研究的均为故障检测,而检测出故障以后,还需要对故障进行诊断,即故障变量溯源。故障变量溯源的研究内容是如何检测和辨识系统中的故障,即判定故障的发生,对故障进行溯源、追踪并定位故障变量。早期的故障诊断技术是定性分析方法,这种方法需要大量的专家知识与经验,较为受限且结果不一定准确。现代故障诊断技术是定量分析方法,其又包括基于解析模型的方法和基于数据的方法,基于解析模型的方法能够获得较为准确的结果。然而,由于工业环境的日益恶劣和系统的日益复杂,机理建模往往非常困难。基于数据的方法利用在工业过程中实时采集的大量数据,通过各种数据处理方法、统计建模技术等实现对工业过程的故障诊断。其不但能避免系统机理建模困难的问题,而且具有很好的应用价值。

早期的故障诊断技术中最典型的是 Miller 等人[1]提出的贡献图方法。该方法通过将监控统计量分为各个变量对应的部分来计算每个变量对故障的贡献度,贡献度越大的变量出现故障的概率越大。该方法简单有效,但是由于过程变量之间的相关性,故障变量很容易影响到正常变量,这使得正常变量的贡献度有可能超过故障变量的贡献度,从而导致错误诊断,这就是"污染效应"[2]。Kerkhof 等人[3]通过理论分析证明了"污染效应"的影响。针对这个问题,Dunia 等人[4]提出了重构的思想用于故障诊断。Alcala 和 Qin[5]提出了基于重构贡献(RBC)的方法,他们还证明了该方法能保证单变量故障且故障较大时的准确诊断。RBC 理论的提出在故障诊断领域具有里程碑式的意义。

然而,RBC 在多方面存在局限性。RBC 仅在单个大幅度故障情形下发挥作用,在多变量故障、小幅度故障的情况下,往往不那么适用。Mnassri 等人[6]证明了多变量故障情况下,正常变量的 RBC 值甚至有可能比故障变量的更大,同时他们定义了重构贡献比例。Li 等人[7]改进了 RBC 来诊断与输出相关的故障;除此之外,他们结合 DPCA 在连续搅拌釜过程中进行了根源原因诊断[8]。但是,系统规模的增大与过程变量的增加带来了计算代价问题。Kariwala 等人[9]将缺失数据分析与 PPCA 相结合进行故障诊断,然后使用 BAB 方法进行运算,但是计算量非常大。

现有的数据驱动的诊断技术还存在多方面的问题,无论是传统的贡献图方法,还是后来的 RBC 方法,都存在不可避免的"污染效应"。在简单的单故障情形下,这种"污染效应"或许不足以导致严重错误,但在多变量故障、微小故障的复杂情形下,可能会造成明显的漏判或者误判。另外一个值得重视的问题是,不能以牺牲诊断复杂度为代价换取诊断准确度,这样的诊断方案将不具有实际应用价值。针对这些问题,本章基于故障不会突然消失的特点,采用贝叶斯理论强化历史诊断结果的重要性,为当前诊断提供有价值的参考,并通过多种仿真实验进行了验证。本章所提方法同样能实现多变量故障的诊断,且可以更好地提高模型解释能力。所采用的后验概率对于故障变量间的主次关系具有更好的指示作用,提高了本章所提方法对微小故障与噪声的适应能力。

7.2　参数估计与非参数估计

假设采集到的未标准化的正常样本数据矩阵 $\boldsymbol{X}=[\boldsymbol{x}(1),\boldsymbol{x}(2),\cdots,\boldsymbol{x}(n)]$ $\in \mathbb{R}^{m\times n}$,$m$ 是样本空间的维度,n 是样本的个数。以矩阵 $\boldsymbol{X}$ 为训练数据,可以估计出变量 $\boldsymbol{x}_i$ 在系统处于正常工况下的分布特征,由于 $\boldsymbol{x}_i$ 是连续型变量,因此可以通过概率密度函数 $f(\boldsymbol{x}_i|\mathrm{N})$ 来描述其分布特征。如果 $\boldsymbol{x}_i$ 的概率模型是已知的,则可以通过训练样本来估计这个概率模型的相关参数;如果 $\boldsymbol{x}_i$ 的概率模型是未知的,那么可以通过非参数估计来预估 $f(\boldsymbol{x}_i|\mathrm{N})$。

具体地,在可以确定 $\boldsymbol{x}_i$ 的概率分布形式的情况下,假设 $f(\boldsymbol{x}_i|\mathrm{N})$ 可以被唯一的参数向量 $\boldsymbol{\theta}$ 确定,将 $\boldsymbol{x}_i$ 在正常工况下的概率密度函数记作 $f(\boldsymbol{x}_i|\boldsymbol{\theta})$。由于 $\boldsymbol{x}_i$ 有 n 个独立同分布的样本,其对应的概率密度分别为 $f(\boldsymbol{x}_i(1)|\boldsymbol{\theta}),f(\boldsymbol{x}_i(2)|\boldsymbol{\theta}),\cdots,f(\boldsymbol{x}_i(n)|\boldsymbol{\theta})$,由于 $\boldsymbol{x}_i(1),\boldsymbol{x}_i(2),\cdots,\boldsymbol{x}_i(n)$ 相互独立,则参数向量 $\boldsymbol{\theta}$ 对于变量 $\boldsymbol{x}_i$ 的似然为

$$L[\boldsymbol{x}_i(1),\boldsymbol{x}_i(2),\cdots,\boldsymbol{x}_i(n)|\boldsymbol{\theta}]=f(\boldsymbol{x}_i(1)|\boldsymbol{\theta})f(\boldsymbol{x}_i(2)|\boldsymbol{\theta})\cdots f(\boldsymbol{x}_i(n)|\boldsymbol{\theta}) \qquad (7\text{-}1)$$

式(7-1)等号的右边是 n 个概率密度函数的乘积,似然 L 是参数向量 $\boldsymbol{\theta}$ 的函数,直观上来看,需要寻找一个 $\boldsymbol{\theta}$ 的值,使得向量 $[\boldsymbol{x}_i(1),\boldsymbol{x}_i(2),\cdots,\boldsymbol{x}_i(n)]$ 出现的可

能性最大,也就是似然 L 取得最大值。根据以上分析,可定义如下目标函数:

$$\hat{\boldsymbol{\theta}} = \underset{\hat{\boldsymbol{\theta}}}{\arg\max} L\big[\boldsymbol{x}_i(1), \boldsymbol{x}_i(2), \cdots, \boldsymbol{x}_i(n) \mid \boldsymbol{\theta}\big] \tag{7-2}$$

为便于求解,对式(7-1)等号两边求对数,得到对数似然:

$$\ln L\big[\boldsymbol{x}_i(1), \boldsymbol{x}_i(2), \cdots, \boldsymbol{x}_i(n) \mid \boldsymbol{\theta}\big] = \sum_{t=1}^{n} \ln f(\boldsymbol{x}_i(t) \mid \boldsymbol{\theta}) \tag{7-3}$$

对数似然的最大值问题可以通过对 θ_i 分别取一阶偏导,并令其为 0 来求解。联立之后形成的方程组为

$$\frac{\partial L\big[\boldsymbol{x}_i(1), \boldsymbol{x}_i(2), \cdots, \boldsymbol{x}_i(n) \mid \boldsymbol{\theta}\big]}{\partial \theta_i} = 0 \tag{7-4}$$

参数向量的预估值 $\hat{\boldsymbol{\theta}}$ 和概率密度函数 $f(\boldsymbol{x}_i \mid \boldsymbol{\theta})$ 可以通过方程组(7-4)求得。

然而,在很多时候样本的概率分布形式是未知的,在对样本没有足够观察与了解的情况下,盲目地假设其概率分布形式,有可能会产生误导性的结果。此时,需要进行非参数估计,这种方法不需要提前假设样本的概率分布形式,但是可能会降低概率模型的准确性,且仅适用在样本足够多的场合。直方图是一种经典的非参数估计方法,首先将样本的分布范围划分为多个容器,将落入某个容器的样本的比例作为该容器位置的密度估计,具体描述为

$$f(\boldsymbol{x}_i \mid \mathrm{N}) \cong \frac{k}{N \cdot V} \tag{7-5}$$

式中:V 表示容器的宽度;N 是样本的总个数;k 是落入位于 $\boldsymbol{x}_i$ 位置处容器的样本个数。

通过参数估计或非参数估计,可以训练出样本在正常工况下的概率密度函数 $f(\boldsymbol{x}_i \mid \mathrm{N})$,这将为贝叶斯理论在故障诊断中的应用奠定基础。

7.3 特征属性及其类条件概率密度函数

将贝叶斯理论应用于故障诊断中,后验概率的准确度与三个方面有重要关系。其一是选择故障的特征属性,其二是通过统计分析或理论推导得到特征属性的类条件概率密度函数,其三是用合理的方法将历史诊断信息体现在先验概率中。选择故障的特征属性是最为关键的一步,通过 7.2 节中训练出的正常工况概率模型,可以提取出故障的特征属性来衡量变量偏离正常工况的程度,这就是本节要定义的一个新的概念——偏差因子。

定义 1 偏差因子 $\boldsymbol{\gamma}_i(t)$ 代表变量 $\boldsymbol{x}_i$ 的第 t 个采样偏离正常工况的程度。

在采集到新样本 $\boldsymbol{x}$ 时,设变量 $\boldsymbol{x}_i$ 在正常工况下的均值为 $\boldsymbol{\mu}_i$,标准差为 $\boldsymbol{\sigma}_i$,

概率密度函数为 $f(\boldsymbol{x}_i|\mathrm{N})$。以正常工况下数据集的中心点为基准,认为中心点是无偏的,即 $\boldsymbol{x}_i = \boldsymbol{\mu}_i$ 的偏差因子 $\boldsymbol{\gamma}_i(t) = \boldsymbol{0}$,$\boldsymbol{x}_i$ 与 $\boldsymbol{\mu}_i$ 在坐标轴上的距离越远,认为偏差因子越大,此距离可以描述为

$$d = |\boldsymbol{x}_i - \boldsymbol{\mu}_i| \tag{7-6}$$

又考虑到不同变量的量级不同,将标准差 $\boldsymbol{\sigma}_i$ 引入计算过程中以消除这种量级的影响,偏差因子初步可以描述为

$$\boldsymbol{\gamma}_i^*(t) = \frac{|\boldsymbol{x}_i(t) - \boldsymbol{\mu}_i|}{\boldsymbol{\sigma}_i} \tag{7-7}$$

在计算出各个变量的偏差因子 $\boldsymbol{\gamma}_i^*(t)$ 后,认为偏差因子越大,变量越偏离正常工况。但实际上这样较为不合理,因为正常工况下不同变量的波动性是不同的,其分布是不均匀的。这种情况下,当发生一个较小的故障时,故障变量的偏差因子有可能未超过正常变量的偏差因子,从而造成误判,因此需要进行标准化来减小该变量在正常工况下的波动性的影响。标准化的偏差因子的公式为

$$\boldsymbol{\gamma}_i^{**}(t) = \frac{\boldsymbol{\gamma}_i^*(t)}{E\{\boldsymbol{\gamma}_i^*(\tau) \in \boldsymbol{X}\}} \tag{7-8}$$

对于测试样本 $\boldsymbol{x} \in \mathbb{R}^m$,不同变量的标准化的偏差因子 $\boldsymbol{\gamma}_i^{**}(t)$ 不同,没有统一的值域范围,通过归一化方法可将其约束在 $[0,1]$ 范围内,归一化方法是指令 $\boldsymbol{\gamma}_i^{**}(t)$ 除以该时刻所有变量的标准化的偏差因子的最大值,这样不同变量之间更具可比性,便于对故障特性进行分析。因此归一化的相对偏差因子为

$$\boldsymbol{\gamma}_i(t) = \frac{\boldsymbol{\gamma}_i^{**}(t)}{\max\{\boldsymbol{\gamma}_i^{**}(t)\}} \tag{7-9}$$

式(7-9)也可以写为

$$\boldsymbol{\gamma}_i(t) = \frac{|\boldsymbol{x}_i(t) - \boldsymbol{\mu}_i|}{\max\{\boldsymbol{\gamma}_i^{**}(t)\} E\{\boldsymbol{\gamma}_i^*(\tau) \in \boldsymbol{X}\} \boldsymbol{\sigma}_i} \tag{7-10}$$

式中:$E\{\boldsymbol{\gamma}_i^*(\tau) \in \boldsymbol{X}\}$ 可以通过正常工况下数据集 $\boldsymbol{X}$ 计算得到,是一个常数;$\max\{\boldsymbol{\gamma}_i^{**}(t)\}$ 根据测试样本 $\boldsymbol{x}$ 计算得到,是不断变化的值。

偏差因子对诊断结果至关重要,其本质是故障的特征属性,本章也将通过仿真实验验证偏差因子选取的正确性。

变量 $\boldsymbol{x}_i$ 有 n 个独立同分布的采样,相应地,$\boldsymbol{\gamma}_i$ 也有 n 个独立同分布的取值,其符合某种概率分布形式。通过 $\boldsymbol{x}_i$ 的概率分布形式,可以推导 $\boldsymbol{\gamma}_i$ 的概率分布形式。将变量 $\boldsymbol{x}_i$ 在正常工况下的概率密度函数 $f(\boldsymbol{x}_i|\mathrm{N})$ 表示为 $f_X(x)$,$\boldsymbol{\gamma}_i$ 在正常工况下的概率密度函数表示为 $f(\boldsymbol{\gamma}_i|\mathrm{N})$,$\boldsymbol{\gamma}_i$ 在故障工况下的概率密度函数表示为 $f(\boldsymbol{\gamma}_i|\mathrm{F})$。定理1用于推导函数间概率模型的变换。

定理 1 如果变量 x 的概率密度函数为 $f_X(x)$，变量 z 与 x 的函数关系符合形式 $z = g(x) = |x - A|/B$，那么 z 的概率密度函数为 $f_Z(z) = B[f_X(A + Bz) + f_X(A - Bz)]$，其中 A、B 均为正实数矩阵。

证明 z 的累积概率分布函数 $F_Z(z)$ 有

$$F_Z(z) = P(|Z| \leqslant |z|) \tag{7-11}$$

又有 $Z = \dfrac{|X - A|}{B}$，代入式(7-11)得

$$F_Z(z) = P\left(\left|\frac{|X - A|}{B}\right| \leqslant |z|\right) \tag{7-12}$$

式(7-12)可以变形为

$$F_Z(z) = P(|A - Bz| \leqslant |X| \leqslant |A + Bz|) \tag{7-13}$$

这是一个区间概率的形式，可以转换为

$$F_Z(z) = P(|X| \leqslant |A + Bz|) - P(|X| < |A - Bz|) \tag{7-14}$$

变量 x 的累积概率分布函数 $F_X(x) = P(|X| \leqslant |x|)$，代入式(7-14)得

$$F_Z(z) = F_X(A + Bz) - F_X(A - Bz) \tag{7-15}$$

z 的概率密度函数 $f_Z(z)$ 为 $F_Z(z)$ 对 z 的一阶导数：

$$f_Z(z) = \frac{dF_Z(z)}{dz} = \frac{dF_X(A + Bz) - dF_X(A - Bz)}{dz} \tag{7-16}$$

求解得

$$f_Z(z) = B[f_X(A + Bz) + f_X(A - Bz)] \tag{7-17}$$

定理 1 得证。

根据式(7-10)，偏差因子 γ_i 与变量 x_i 符合定理 1 的函数关系形式。已知变量 x_i 在正常工况下的概率密度函数 $f_X(x)$ 和偏差因子 γ_i 在正常工况下的概率密度函数 $f(\gamma_i|N)$，考虑到 $f(\gamma_i|N)$ 可能为无穷小，不便于贝叶斯理论的应用，因此在其后添加一个校正项 ε，这对诊断结果无影响，仅为避免 $f(\gamma_i|N) \to 0$ 时因计算机识别精度不够而导致的运算问题。最终偏差因子 γ_i 的概率密度函数为

$$f(\gamma_i|N) = B[f_X(A + B\gamma_i) + f_X(A - B\gamma_i)] + \varepsilon \tag{7-18}$$

式中：$A = \mu_i$；$B = \max\{\gamma_i^{**}(t)\}E\{\gamma_i^*(\tau) \in X\}\sigma_i$；$\varepsilon$ 为一个极小的正数，一般可以取 $10^{-6} \sim 10^{-3}$。

需要注意的是，无论是参数估计还是非参数估计，都只能基于正常样本数据，训练出正常工况下样本的概率密度函数 $f(x_i|N)$，并且以此得到偏差因子 γ_i 的概率密度函数 $f(\gamma_i|N)$。至于故障工况下 γ_i 的概率密度函数 $f(\gamma_i|F)$，如

果通过故障样本训练求得,则会存在两个问题:

(1) 故障样本数据往往非常少,无法训练出其概率分布形式;

(2) 即使积累了大量的故障样本数据,这些故障样本也可能属于不同的故障模式,而不同的故障模式往往具有不同的概率模型,对故障样本的训练是没有意义的。

由于故障工况下的概率模型是一个无监督模型,我们无法从故障数据得到概率密度函数,那么可以通过正常工况下的概率分布形式来进行合理推导。考虑到实际工业过程中,正常工况与故障工况是两个对立面,其分布趋势是相反的,因此可以认为偏差因子 γ_i 在正常工况下的概率密度函数 $f(\gamma_i | N)$ 与故障工况下的概率密度函数 $f(\gamma_i | F)$ 是轴对称的,由于归一化的相对偏差因子的取值范围为 $[0,1]$,因此将对称轴设为 $|\gamma_i| = \dfrac{1}{2}$,则 γ_i 在故障工况下的概率密度函数 $f(\gamma_i | F)$ 为

$$f(\gamma_i | F) = f(1 - \gamma_i | N) \tag{7-19}$$

7.4 贝叶斯理论与多维重构贡献的融合

在实际的工业过程中,变量 x_i 在每一个采样时刻要么处于正常状态,要么处于故障状态,因此可以将故障诊断问题视为一个贝叶斯理论中的二分类问题。贝叶斯理论强调先验知识的重要性,将历史诊断信息体现在先验概率中可以提升诊断结果的准确率。

在采样时刻 t,设变量 x_i 属于正常类的先验概率为 $P_i(N)$,属于故障类的先验概率为 $P_i(F)$。可根据历史诊断信息来计算 $P_i(F)$:

$$P_i(F) = \frac{\sum_{\tau=1}^{t} M_{i,\tau}}{\text{Count}} \tag{7-20}$$

式中:$M_{i,\tau}$ 是 0 或者 1,表示变量 x_i 在 τ 时刻的诊断结果(0 表示正常,1 表示故障);Count 表示检测到的故障发生的样本累计个数。

需要注意的是,这里用频率来模拟概率时,故障样本累计个数 Count 越大,先验概率就越准确,当 Count 太小时,先验概率的计算会出现很大的偏差,因此设置一个阈值 Δ。当 Count$<\Delta$ 时,将"50%"作为一个校正因子加入式(7-20)中:

$$P_i(F) = \frac{(\Delta - \text{Count}) \times 50\% + \sum_{\tau=1}^{t} M_{i,\tau}}{\text{Count}} \tag{7-21}$$

而正常类的先验概率与故障类的先验概率之和为 1,则有

$$P_i(\mathrm{N}) = 1 - P_i(\mathrm{F}) \tag{7-22}$$

根据前文描述的贝叶斯决策理论和 7.3 节中偏差因子的条件概率密度函数,正常和故障工况下的后验概率的计算公式分别为

$$P(\mathrm{N}|\boldsymbol{\gamma}_i) = \frac{f(\boldsymbol{\gamma}_i|\mathrm{N})P_i(\mathrm{N})}{f(\boldsymbol{\gamma}_i|\mathrm{N})P_i(\mathrm{N}) + f(\boldsymbol{\gamma}_i|\mathrm{F})P_i(\mathrm{F})} \tag{7-23}$$

$$P(\mathrm{F}|\boldsymbol{\gamma}_i) = \frac{f(\boldsymbol{\gamma}_i|\mathrm{F})P_i(\mathrm{F})}{f(\boldsymbol{\gamma}_i|\mathrm{N})P_i(\mathrm{N}) + f(\boldsymbol{\gamma}_i|\mathrm{F})P_i(\mathrm{F})} \tag{7-24}$$

后验概率在故障诊断中非常重要,常用的方法是基于后验概率与误判损失来选择最优的类别决策,但是损失函数的确定尚没有得到理论与实际的证明。一般情况下,我们采用主元分析法对样本进行故障检测,是故障导致了监控统计量的异常升高。

2.4.1 节中介绍了多维 RBC 方法,这种方法的目的是根据候选诊断集 S_f 对监控统计量进行多维重构,使之从异常升高变为回落。如果将后验概率作为多维重构的依据,就无须处理高复杂度的组合优化问题,而且通过后验概率的大小就能判断故障变量的重要性。关于多维 RBC 方法的具体公式详见 2.4.1 节,这里不再赘述。

首先,将所有过程变量的后验概率作为集合 Λ:

$$\Lambda = \{P(\mathrm{F}|\boldsymbol{\gamma}_1), \cdots, P(\mathrm{F}|\boldsymbol{\gamma}_i), \cdots, P(\mathrm{F}|\boldsymbol{\gamma}_m)\} \tag{7-25}$$

选取集合 Λ 中的最大值 $P_{\max}$ 对应的变量 $\boldsymbol{x}_i$ 加入候选诊断集 S_f 中,将 $\boldsymbol{x}_i$ 对应的变量方向 $\boldsymbol{\xi}_i$ 加入重构方向矩阵 $\boldsymbol{\Xi}$ 中。根据重构方向矩阵 $\boldsymbol{\Xi} \in \mathbb{R}^{m \times |S_f|}$,重构后的样本为 $\boldsymbol{x}^* = \boldsymbol{x} - \boldsymbol{\Xi}f$,其中 f 为重构幅度。根据重构理论可以计算出重构之后故障监控统计量 $\mathrm{index}(\boldsymbol{x}^*)$,诊断策略如下:

(1) 将重构之后的监控统计量 $\mathrm{index}(\boldsymbol{x}^*)$ 与相应的控制限进行比较;

(2) 如果其低于控制限,那么完成诊断,并且更新诊断结果 $M_{i,t}$,对于候选诊断集 S_f 中的变量,令 $M_{i,t}=1$,否则令 $M_{i,t}=0$;

(3) 如果其高于控制限,表示候选诊断集 S_f 中的变量尚不足以解释监控统计量的异常升高,继续增大重构维度,直到 $\mathrm{index}(\boldsymbol{x}^*)$ 低于控制限。

候选诊断集中的变量为诊断结果,其后验概率能提示该故障变量的重要程度。

7.5 基于贝叶斯与多维重构的故障变量溯源

图 7-1 给出了本章所提方法的诊断算法流程图。具体步骤如下:

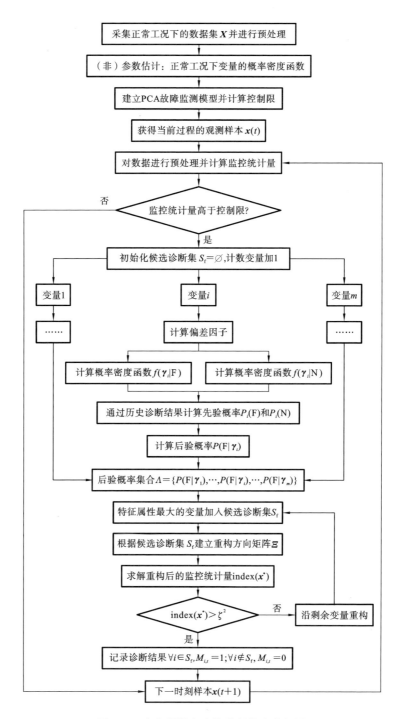

图 7-1 本章所提方法的诊断算法流程图

（1）采集正常工况下的数据集 $X \in \mathbb{R}^{m \times n}$；

（2）对数据集 X 采用极差标准化的方式进行预处理；

（3）基于数据集 X 由参数估计或非参数估计得到变量 x_i 在正常工况下的条件概率密度函数 $f(x_i | N)$；

（4）对预处理后的样本数据集使用主元分析法建立故障检测模型；

（5）采集新样本 $x(t)$，如果检测到故障发生，执行步骤（6）～步骤（12），否则采集下一时刻的新样本 $x(t+1)$；

（6）初始化参数 $Conut = 0$、Δ、$S_f = \varnothing$、$\varXi = \mathbf{0}$；

（7）由 $f(x_i | N)$ 推导偏差因子 γ_i 在正常工况和故障工况下的概率密度函数 $f(\gamma_i | N)$ 和 $f(\gamma_i | F)$；

（8）通过历史故障样本的诊断结果，计算变量 x_i 在该采样时刻属于正常类的先验概率 $P_i(N)$ 和属于故障类的先验概率 $P_i(F)$；

（9）根据贝叶斯公式，计算样本属于正常类与故障类的后验概率 $P(N | \gamma_i)$ 与 $P(F | \gamma_i)$；

（10）以后验概率为依据，对原始样本进行多维重构，计算重构之后的故障监控统计量 $index(x^*)$；

（11）将 $index(x^*)$ 与相应控制限进行比较，如果其低于控制限，则完成诊断；否则，继续增大重构维度，直到 $index(x^*)$ 低于控制限；

（12）重复步骤（5）～步骤（11），直到所有的待检测样本均完成故障诊断。

7.6 案例研究

7.6.1 数值仿真

1. 大幅度故障仿真

蒙特卡洛方法又称为随机抽样或统计模拟的方法，这种方法以概率统计理论为指导，通过产生大量的随机数来模拟真实系统，并对结果进行统计分析。本节使用蒙特卡洛方法构建虚拟的过程模型，对大量的随机样本进行建模和分析，以检验本章提出的故障诊断方法的准确性。采用传统贡献图方法[10]、RBC 方法、基于最小绝对收缩和选择算子（least absolute shrinkage and selection operator，LASSO）的方法[11,12]、本章所提方法进行诊断，并对诊断结果进行对比。

设置单个变量发生故障的情形,构建过程模型为

$$x = \begin{bmatrix} x_1 \\ x_2 \\ x_3 \\ x_4 \\ x_5 \\ x_6 \end{bmatrix} = \begin{bmatrix} -0.1681 & 0.2870 & -0.2835 \\ 0.4354 & 0.3812 & 0.1455 \\ 0.0247 & -0.0235 & 0.4096 \\ -0.1173 & -0.1763 & 0.4382 \\ 0.0825 & 0.1398 & 0.3204 \\ -0.3825 & 0.1250 & 0.4836 \end{bmatrix} \begin{bmatrix} t_1 \\ t_2 \\ t_3 \end{bmatrix} + 0.5 \times \mathbf{noise} \quad (7\text{-}26)$$

这是一个特征空间维度为 6 的蒙特卡洛仿真模型,其中 x 为列向量,是正常工况下的样本;t_1、t_2、t_3 是均值为 0 和标准差分别为 1、0.8、0.6 的三个符合高斯分布的潜变量信号;$\mathbf{noise}$ 是均值为 0、标准差为 0.2 的白噪声,即 $\mathbf{noise} \sim N(0,0.2)$。根据此模型生成的训练数据集 X 共包括 3000 个正常样本。对数据集 X 建立基于主元分析法的故障检测模型,使用累计方差贡献率准则确定主元个数为 3,累计方差贡献率为 95.28%;本节中监控统计量的置信度均设为 99%。

待测试的故障样本表示成以下一般形式:

$$x' = x + \xi f \quad (7\text{-}27)$$

式中:x' 为故障样本;$\xi = \begin{bmatrix} 0 & 1 & 1 & 0 & 0 & 0 \end{bmatrix}^T$,表示从变量 x_2 和变量 x_3 的方向添加故障;$f = 3$ 为故障添加的幅度,该故障是一个大幅度阶跃故障。从第 160 个样本开始添加故障,累计产生 1000 个故障样本。

由于正常工况下的数据符合高斯分布,可以将全部变量的概率密度函数描述为

$$f(x \mid N) = \frac{1}{\sqrt{2\pi}\sigma} e^{-\frac{(x-\mu)^2}{2\sigma^2}} \quad (7\text{-}28)$$

因此可以根据 7.2 节的方法对其进行参数估计。

式 (7-21) 中求解先验概率需要设置一个阈值 Δ,Δ 反映了诊断算法对历史诊断结果的依赖程度。Δ 越大,诊断算法对历史诊断结果依赖程度越低,越能适应不断变化的故障,同时其抗干扰性会降低。Δ 越小,则抗干扰性越高,因此需要尽可能设置一个较小的 Δ。对于数值仿真案例,由于其过程简单,Δ 可以较小,这里设其为 20。在实际应用中,根据工业过程实际情形,可以将其设为 10~100。故障变化越频繁,建议 Δ 越大。

图 7-2 给出了大幅度故障情形下四种方法的诊断结果,表 7-1 给出了相应的诊断率。后验概率用颜色深浅的形式展示出来,颜色最深时为 100%,无色时为 0。从图 7-2(a) 中可以看出,在大幅度故障的情形时,"污染效应"使得所有变

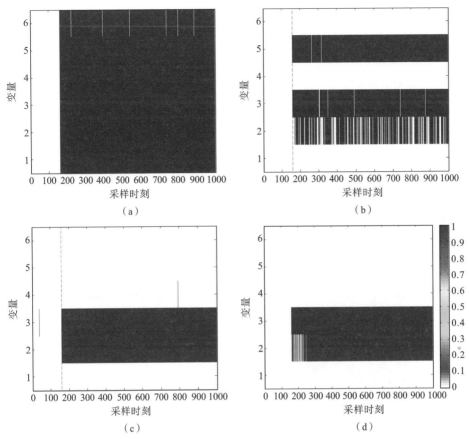

图 7-2 (a) 传统贡献图方法、(b) RBC 方法、(c) 基于 LASSO 的方法、
(d) 本章所提方法的大幅度故障诊断对比

量的诊断率都达到了 100%,这是完全错误的;从图 7-2(b)中可以看出,RBC 方法能给出明确的诊断结果,但是诊断结果也是错误的,正常变量 5 被错误判断为故障变量,主要是因为 RBC 在面对多变量故障情形时的理论缺陷;从图 7-2(c)中可以看出,基于 LASSO 的方法能给出正确的诊断结果,且诊断率均为100%;从图 7-2(d)中可以看出,本章所提方法同样给出了正确的结果,且颜色深浅代表故障变量的主次。由于故障的幅度非常大,变量 2 与 3 都被判定为主要故障变量,它们对故障的贡献都非常大,无法区分主次。该仿真验证了本章所提方法的诊断准确性。

2. 微小故障仿真

大幅度故障的诊断难度较低,为了验证本章所提方法对微小故障的适应能

表 7-1　不同方法对大幅度故障的诊断率的对比

方　　法	变量 1	变量 2	变量 3	变量 4	变量 5	变量 6
传统贡献图方法	100%	100%	100%	100%	100%	100%
RBC 方法	0	45.5%	100%	0	100%	0
基于 LASSO 的方法	0.5%	100%	100%	0.3%	0.6%	0.6%
本章所提方法	1%	100%	100%	0.2%	0.3%	0.1%

力,本节设置 $f=1$,表示幅度较小的阶跃故障。图 7-3 给出了微小故障情形下四种方法的诊断结果,表 7-2 给出了相应的诊断率。从中可以看出,传统贡献图方法的误诊率非常高;RBC 方法仍然给出了错误的诊断结果,这依然是因为 RBC

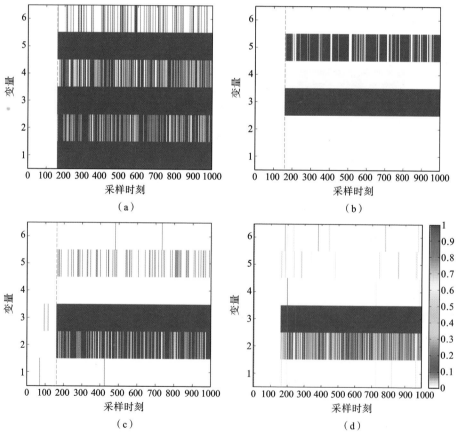

图 7-3　(a) 传统贡献图方法、(b) RBC 方法、(c) 基于 LASSO 的方法、

(d) 本章所提方法的微小故障诊断对比

表 7-2   不同方法对微小故障的诊断率的对比

方 法	变量 1	变量 2	变量 3	变量 4	变量 5	变量 6
传统贡献图方法	**99.3%**	51.4%	**100%**	40.1%	**100%**	11.4%
RBC 方法	0	0	**100%**	0	**74.1%**	0
基于 LASSO 的方法	0.2%	**56.2%**	100%	0	8.6%	0.2%
本章所提方法	0.2%	**85.2%**	99.9%	0.8%	0.3%	1.5%

在面对多变量故障情形时的理论缺陷;基于 LASSO 的方法成功诊断出了变量 2 与 3,但是诊断率开始下降,变量 2 的诊断率下降到了 56.2%,且变量 5 的误诊率上升到了 8.6%。

本章所提方法的诊断率相较于基于 LASSO 的方法提高很多,变量 2 的诊断率达到 85.2%,这说明本章所提方法相较于其他方法性能更优。而且,本章所提方法通过后验概率对故障变量的重要程度进行了区分,可看出变量 3 颜色最深,为主要故障变量,变量 2 颜色不断变化,有时颜色较浅,为次要故障变量。这是因为故障是在原始数据之上添加的,原始数据未进行标准化,各个变量均值不为零,而变量 2 的均值相较于变量 3 大很多,因此相同幅度的故障对变量 2 的影响更小,变量 2 上的故障也就相对次要一些。

总之,由仿真结果可知,本章所提方法对微小故障的适应能力更强,且能区分出主要故障变量与次要故障变量,给出的故障后验概率为工业现场的过程监测提供了更多的参考信息。

7.6.2   TE 过程性能监控

TE 过程的数据是近似服从高斯分布的,因此可以根据 7.2 节的方法对其进行参数估计。TE 过程相对复杂,故障变化剧烈,同时无法简单地根据诊断变量个数进行判断,必须根据系统机理对结果的准确性进行分析。下面从机理角度对故障模式 1 与故障模式 2 进行详细说明,并对其他故障模式进行简要分析。

1. 故障模式 1 的结果分析

故障模式 1 的原因是流 4 中的物料发生了变化,其中物料 A 和 C 的进料流量比发生了阶跃变化,而气体 B 含量不变。在物料 A 和 C 的进料流量比发生变化后,相应控制器由于反馈控制作用,需要增大物料 A 的流量,于是增大了物料 A 流量的阀门开度(x_{44}),物料 A 的流量(x_1)也随之增大,在增大到一定程度后，系统恢复到新的稳态，x_1 与 x_{44} 达到一个新的稳定值，新的稳定值比原值大很多。与此同时，系统中其他变量也在发生变化，部分变量变化一段时间后达到新的稳定值，新的稳定值相较于原值差距不大，如 x_4、x_{18} 和 x_{50}。另外一部分变量在原值处发生剧烈震荡后恢复稳定，如 x_7、x_{16} 和 x_{38}。

综合来看，正是由于控制器在故障初期对 x_1 与 x_{44} 的调节，系统才恢复了正常，这两个变量对系统的影响最高，且故障时间最长，被认为是主要故障变量；x_4、x_{18} 和 x_{50} 在变化后恢复正常，影响较低，故障时间短，被认为是次要故障变量；x_7、x_{16} 和 x_{38} 主要以震荡的形式影响系统，在其稳定前是故障变量，在其稳定后是正常变量。TE 过程中很多变量在反馈控制下会出现震荡变化，且这种震荡一般集中在故障刚发生的一段时间内，这是较数值仿真中需要注意的地方。

图 7-4 是针对 TE 过程故障模式 1 的四种方法的诊断对比图。图 7-4(a)所示为传统贡献图方法的诊断结果，由于明显的"污染效应"，很多正常变量被误诊为故障变量；由图 7-4(b)可知，RBC 方法能够显著降低"污染效应"，在故障模式 1 下，成功诊断出了主要故障变量(x_1 与 x_{44})，诊断信息具有一定价值，但是其在降低"污染效应"的同时也削弱了对故障的敏感度，因此次要故障变量(x_4、x_{18}、x_{50})被完全忽视，且变量的震荡现象也被忽视，这种方法单纯地追求"诊断结果越少越好"，而忽略了诊断结果的全面性；在图 7-4(c)中，基于 LASSO 的方法将次要故障变量(x_4、x_{18}、x_{50})均诊断出来了，同时 TE 过程中在故障刚发生的一段时间内，控制器不断进行反馈控制，大量变量会发生震荡，基于 LAS-SO 的方法将这段时间内的震荡现象很好地反映出来了，例如 x_7、x_{16}、x_{38} 是经过震荡之后恢复正常的变量，因此这种方法能够提供完整的诊断信息，不足的地方是无法区分故障变量间的主次关系，将非常次要的故障变量与主要故障变量等同视之，诊断图也相对较复杂，不够直观，而且算法的时间复杂度很高；本章所提方法很好地解决了这个问题，从图 7-4(d)中可以清晰地看出颜色最深的主要故障变量(x_1 与 x_{44})、颜色稍浅的次要故障变量(x_4、x_{18}、x_{50})，以及震荡较为剧烈的变量(x_7、x_{16})，这是本章所提方法相对其他方法的优越之处。

图 7-5 所示为故障模式 1 下本章所提方法中监控统计量的诊断前后对比，可以看出，诊断后系统恢复正常，表明本章所提方法能够诊断出故障模式 1 下的全部故障变量，且能对其重要程度进行区分。这不仅可以提供具有实际参考意义的后验概率，表明该变量发生故障的可能性，还能为工业现场的过程监测提供更多诊断信息，具有很高的应用价值。

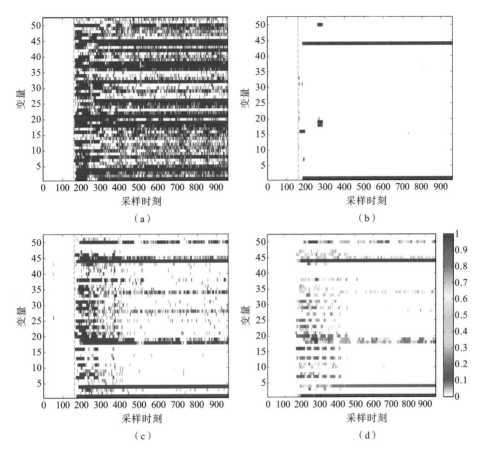

图 7-4　故障模式 1 下(a) 传统贡献图方法、(b) RBC 方法、(c) 基于 LASSO 的方法、
(d) 本章所提方法的诊断对比

2. 故障模式 2 的结果分析

故障模式 2 的原因也是流 4 中的物料发生了变化,但与故障模式 1 的恰好相反,是气体 B 的含量发生了阶跃变化,而物料 A 和 C 的进料流量比不变,并且由于反馈机制的作用,整个系统产生了一系列变化。流 4 中气体 B 的含量最先发生阶跃式增大,这导致流 6 与流 9(排出气体)中气体 B 的含量(x_{24}、x_{30})也马上增大;由于气体 B 会进入汽提器,在经过一段较短的时间后,汽提器的压力(x_{16})也迅速增大,为了避免气体 B 越来越多、压力越来越大,相应的控制器开始进行反馈调节,增大了排出气体的排放阀门开度(x_{47})与排放速率(x_{10}),于是惰性气体 B 的含量逐渐恢复正常,x_{16}、x_{24}、x_{30} 也随之下降到了正常状态;同时排放速率增大也导致流 6 中的副产物 F 开始减少(x_{28}),排出气体流 9 中的副产

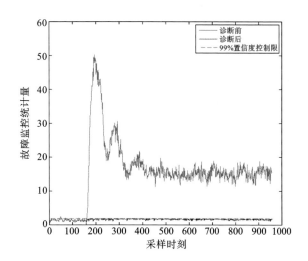

图 7-5　故障模式 1 下本章所提方法中监控统计量的诊断前后对比

物 F 也开始减少(x_{34}),在此过程中汽提器的温度(x_{18})与流量(x_{19})也受到了较大影响。

　　综合来看,系统可以划分为两个阶段:第一个阶段时间短,为控制器的调整阶段;第二个阶段时间长,系统进入新的稳态。由于第一个阶段控制器对 x_{10} 与 x_{47} 的调节,系统才恢复到稳态,这两个变量的影响程度非常高,持续了整个过程,被认为是最主要故障变量;x_{16}、x_{24}、x_{30} 在第一个阶段为故障变量,在第二个阶段恢复正常,持续时间短,是次要故障变量;x_{28}、x_{34}、x_{18}、x_{19} 在第一个阶段为正常变量,在第二个阶段变化至一个新的稳定点,且离原值较远,持续时间长,也可认为是主要故障变量。

　　图 7-6 是针对 TE 过程故障模式 2 的四种方法的诊断对比图。图 7-6(a)中,传统贡献图方法的"污染效应"明显;如图 7-6(b)所示,RBC 方法成功诊断出了主要故障变量(x_{10}、x_{34}、x_{47}),诊断信息具有一定价值,但是其在降低"污染效应"的同时也削弱了对故障的敏感度,不仅忽视了次要故障变量(x_{16}、x_{24}、x_{30}),甚至对主要故障变量(x_{28}、x_{18}、x_{19})也没有进行任何报警,诊断结果非常不完备;由图 7-6(c)可知,基于 LASSO 的方法对所有对故障有贡献的变量都进行了报警,即使对于小幅度震荡变量(x_3、x_4),其诊断信息也完备,但是不够直观;而本章所提方法解决了这个问题,图 7-6(d)很好地展现了故障模式 2 下系统的整个变化过程,利用后验概率给出了完备且一目了然的诊断信息。

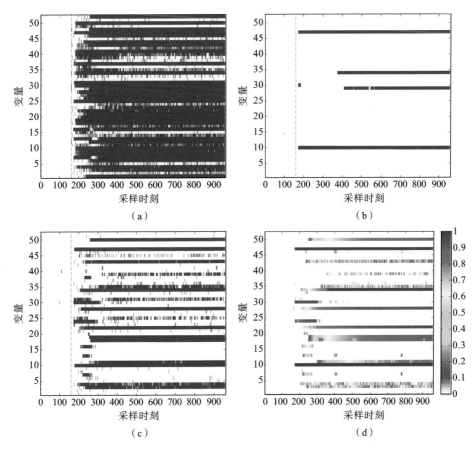

图 7-6 故障模式 2 下 (a) 传统贡献图方法、(b) RBC 方法、(c) 基于 LASSO 的方法、(d) 本章所提方法的诊断对比

图 7-7 所示为故障模式 2 下本章所提方法中监控统计量的诊断前后对比，可以看出，诊断后系统恢复了正常，验证了本章所提方法的正确性。

另外，为了验证本章所选特征属性的正确性，对特征属性进行分析，图 7-8 所示为正常变量与故障变量特征属性值的对比，其中图 7-8(a) 是以正常变量 5、9 为例给出的正常变量特征属性值，可以看出，正常变量的特征属性值在故障发生后并未上升，而是维持在一个很低的水平；图 7-8(b) 是主要故障变量 10、47 的特征属性值，在故障发生后，它们迅速上升并维持在 0.9 左右，这说明本章所选特征属性能够很好地抓取变量的故障特征，从而使诊断的准确度得以提升。

上述分析表明，本章所提方法的优势在于诊断全面，突出重点，为工业现场的过程监测提供了更多诊断信息，同时诊断算法的复杂度也很低。

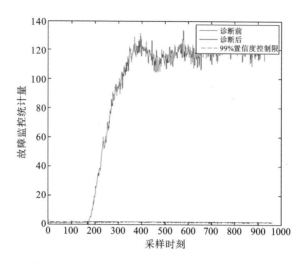

图 7-7　故障模式 2 下本章所提方法中监控统计量的诊断前后对比

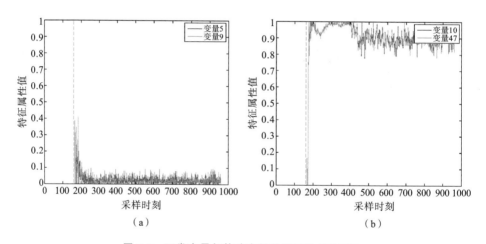

图 7-8　正常变量与故障变量特征属性值的对比

（a）正常变量 5、9；（b）主要故障变量 10、47

7.6.3　CSTR 过程性能监控

连续搅拌釜反应系统（CSTR）是一种动态过程的标准实验案例,在化工生产的核心设备中占有重要的地位,已被广泛应用于医药、试剂、食品等工业生产过程。CSTR 过程是一个强非线性、时变、纯滞后的复杂工业过程,由于其复杂性,通常被用来评价动态过程控制的性能与效果,CSTR 过程的工艺流程如图 7-9 所示。

CSTR 过程总共有 7 个变量,变量之间联系紧密。可以通过微分方程组来

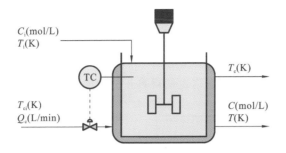

图 7-9 CSTR 过程的工艺流程

注：T_{ci} 是冷却剂流入时的温度；Q_c 是冷却剂的流速。

描述彼此间的数学物理关系：

$$\begin{cases} \dfrac{dC}{dt} = \dfrac{Q}{V}(C_i - C) - k_0 C \exp\left(\dfrac{-E}{RT}\right) \\ \dfrac{dT}{dt} = \dfrac{Q}{V}(T_i - T) - k_0 \dfrac{\Delta H_r}{\rho C_\rho} C \exp\left(\dfrac{-E}{RT}\right) - \dfrac{UA}{\rho C_\rho V}(T - T_c) \end{cases} \tag{7-29}$$

式中：C_i 是进料的浓度；C 是反应物的浓度；T_i 是进料的温度；T 是反应器的温度；T_c 是冷却剂流出时的温度；Q 是进料的流速。

CSTR 过程的参数名称及其含义、取值和单位如表 7-3 所示。

表 7-3 CSTR 过程的参数及其含义、取值和单位

参　　数	含　　义	取　　值	单　　位
V	反应体积	100	L
ρ	反应物的密度	1000	g/L
UA	导热系数	11950	J/(min·K)
k_0	Arrhenius 反应速率常数	exp(13.4)	min^{-1}
ΔH_r	反应热	17835.82	J
E/R	活化能系数	5360	K
C_ρ	反应物的比热	0.239	J/(g·K)

CSTR 过程有 7 个变量，即 $x = [C_i, T_i, C, T, Q_c, T_{ci}, T_c]$。本实验通过 MATLAB 对 CSTR 过程进行建模和分析，在正常条件下采集了 1200 个数据；设置了两种故障模式，在故障条件下同样采集 1200 个数据，故障设置如下。

（1）故障模式 1：冷却剂的温度 T_{ci} 与 T_c 发生斜坡变化，变化幅度为 10%，故障从第 200 个采样时刻开始引入，直至反应结束。

（2）故障模式 2：进料的浓度 C_i 发生阶跃变化，变化幅度为 10%，进料的温

度 T_i 发生阶跃变化,变化幅度为 10%,故障从第 200 个采样时刻开始引入,直至反应结束。

图 7-10 给出了 CSTR 过程在故障模式 2 下各个变量的轨迹图,可以发现,大部分变量的变化较为明显,这也使得真正的故障变量更不容易被找出。

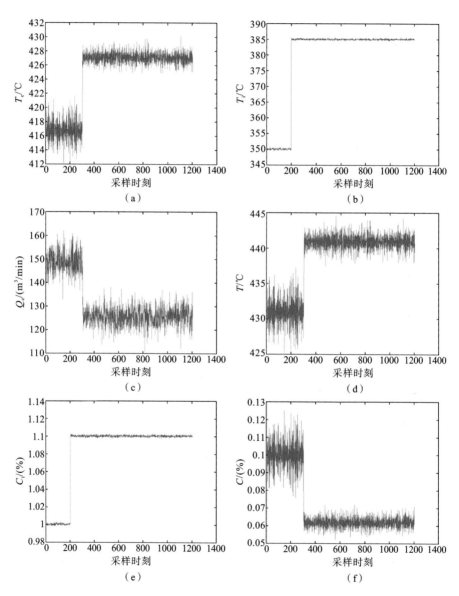

图 7-10 CSTR 过程在故障模式 2 下各个变量的轨迹图

(a) T_c;(b) T_i;(c) Q_c;(d) T;(e) C_i;(f) C;(g) T_{ci}

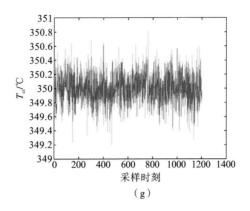

（g）

续图 7-10

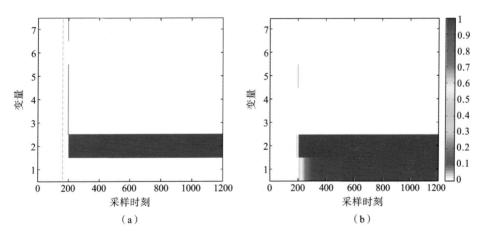

图 7-11　CSTR 过程在故障模式 2 下的结果对比

（a）RBC 方法；（b）本章所提方法

从图 7-11 中可以看出，RBC 方法无法给出准确的诊断结果，不适用于多变量故障情形。而本章所提方法对多变量故障问题的"重视程度"更高，这是因为贝叶斯理论中对先验信息的考虑，变量 1 发生长期故障，在初期被认为是次要的，在后期成为主要故障变量，这更符合实际情况。

7.7　结束语

本章提出了一种基于贝叶斯与多维重构贡献的故障诊断方法。首先基于正常数据集进行参数估计或者非参数估计，求解变量的概率密度函数，然后结合工业实际定义了新的特征属性,并建立了该特征属性的概率模型。考虑到故障通常不会突然消失,历史诊断结果是有益的先验信息,所以引入贝叶斯理论来提高先验信息的重要性,最后基于后验概率,筛选出可疑变量,进行多维重构来确定最终的故障变量并通过三个案例证明了本章所提方法的有效性。本章所提方法对微小故障的适应能力强,且模型的可解释能力更好,对次要故障变量的区分度更高,从而能提供更多的有效信息,这将有利于工业现场的故障分析。

本章参考文献

[1] MILLER P, SWANSON R E, HECKLER C E. Contribution plots: a missing link in multivariate quality control[J]. Applied Mathematics and Computer Science, 1998, 8(4): 775-792.

[2] WESTERHUIS J A, GURDEN S P, SMILDE A K. Generalized contribution plots in multivariate statistical process monitoring[J]. Chemometrics and Intelligent Laboratory Systems, 2000, 51(1): 95-114.

[3] KERKHOF P V D, VANLAER J, GINS G, et al. Analysis of smearing-out in contribution plot based fault isolation for statistical process control[J]. Chemical Engineering Science, 2013, 104(8): 285-293.

[4] DUNIA R, QIN S J, EDGAR T F, et al. Identification of faulty sensors using principal component analysis[J]. AIChE Journal, 1996, 42(10): 2797-2812.

[5] ALCALA C F, QIN S J. Reconstruction-based contribution for process monitoring[J]. Automatica, 2009, 45(7): 1593-1600.

[6] MNASSRI B, ADEL E M E, OULADSINE M. Reconstruction-based contribution approaches for improved fault diagnosis using principal component analysis[J]. Journal of Process Control, 2015, 33(6): 60-76.

[7] LI G, ALCALA C F, QIN S J, et al. Generalized reconstruction-based contributions for output-relevant fault diagnosis with application to the Tennessee Eastman process[J]. IEEE Transactions on Control Systems Technology, 2011, 19(5): 1114-1127.

[8] LI G, QIN S J, CHAI T Y. Multi-directional reconstruction based contri-

butions for root-cause diagnosis of dynamic processes[C]// Proceedings of 2014 American Control Conference. New York：IEEE，2014：3500-3505.

[9] KARIWALA V，ODIOWEI P E，CAO Y，et al. A branch and bound method for isolation of faulty variables through missing variable analysis [J]. Journal of Process Control，2010，20(10)：1198-1206.

[10] ZHENG Y，MAO S M，LIU S J，et al. Normalized relative RBC-based minimum risk Bayesian decision approach for fault diagnosis of industrial process[J]. IEEE Transactions on Industrial Electronics，2016，63(12)：7723-7732.

[11] YAN Z B，YAO Y. Variable selection method for fault isolation using least absolute shrinkage and selection operator (LASSO)[J]. Chemometrics and Intelligent Laboratory Systems，2015，146(5)：136-146.

[12] YAN Z B，YAO Y，HUANG T B，et al. Reconstruction-based multivariate process fault isolation using Bayesian LASSO[J]. Industrial & Engineering Chemistry Research，2018，57(30)：9779-9787.

第8章
基于类间差异分析的故障变量溯源

8.1 引言

随着大数据时代的到来和计算机技术的发展,可获取的数据量越来越庞大,但并不是所有的数据都可以用来进行有效的故障监控[1]。有些变量之间存在强相关性,造成变量冗余。有些变量对故障的敏感度低,如果直接用于故障诊断,会提高算法复杂度,降低计算效率,延长故障诊断的时间,严重的会导致误诊断[2]。在以往研究中,针对故障诊断问题的变量选择方法研究较少[3],Yan等人[4]首先提出采用 LASSO 方法将故障隔离问题转化为一个惩罚回归问题,进而实现故障变量选择,在一定程度上缩短了计算时间。在该方法的基础上他们又将贝叶斯理论和 LASSO 结合来实现故障诊断[5]。

第 7 章介绍了现有故障变量溯源方法所存在的一些缺陷,包括"污染效应"、计算效率低、误诊率高、过分依赖历史故障数据等。针对这些问题,本章提出了一种基于类间差异分析与多维重构贡献的故障诊断方法。在机器学习方法中,Fisher 判别分析和主成分分析方法从本质上都可以用于类间差异分析,且可通过分析正常类和故障类样本之间的差异性提取出故障特征,进而得到不同变量对故障的敏感度,区分出故障变量之间的主次关系,达到变量初步选择的目的。然后,利用 MRBC 方法确定故障变量的个数。由 2.4.1 节可知,该方法通过对多个变量进行组合重构,使得监控统计量回到正常控制范围内来确定最终的变量个数,实现准确的故障诊断。结合类间差异分析和 MRBC 方法,本章所提方法能依据变量对故障的敏感度指标来区分出主要故障变量和次要故障变量,打破了传统的"非黑即白"式诊断,提升了诊断结果的丰富性,为过程恢复提供了更多有价值的信息。

8.2 基于类间差异分析与多维重构贡献的故障变量溯源

8.2.1 基于 PCA 的类间差异分析

PCA 方法的主要目的是希望用较少的变量去描述数据中的大部分变化，其中第一主成分方向就是样本数据变化最大的方向。该方法将正常类样本 $\boldsymbol{X}_0$ 和故障类样本 $\boldsymbol{X}_1$ 整合到同一集合中，通过对整合后的样本进行 PCA 分解，来找到两类数据样本之间差异变化最大的方向。需要强调的是，为了实现在线诊断，如果只将当前待诊断的故障样本放入故障类集合中，则故障类样本 $\boldsymbol{X}_1$ 的样本数量过少，$\boldsymbol{X}_0$ 和 $\boldsymbol{X}_1$ 的样本数量失衡会影响整个模型的诊断性能。由于样本在一个小的邻域内故障特征变化不大，因此可以引入滑动窗口并利用样本间的依赖性，实现在线诊断。在每个时刻，滑动窗口中都包含每个变量的动态测量信息，具体描述为

$$\begin{cases} \boldsymbol{X}_1 = \left[\boldsymbol{x}(1), \boldsymbol{x}(2), \cdots, \boldsymbol{x}(t) \right], & t < \tau \\ \boldsymbol{X}_1 = \left[\boldsymbol{x}(t-\tau+1), \cdots, \boldsymbol{x}(t) \right], & t \geq \tau \end{cases} \tag{8-1}$$

式中：τ 是滑动窗口大小；$\boldsymbol{x}(t) \in \mathbb{R}^m$ 是当前待诊断的故障样本，m 表示变量个数。

如图 8-1 所示，将预处理之后的正常类样本 $\boldsymbol{X}_0$ 和故障类样本 $\boldsymbol{X}_1$ 放入同一集合 $\boldsymbol{X}_{\mathrm{all}}$ 中：

$$\boldsymbol{X}_{\mathrm{all}} = \boldsymbol{X}_0 \bigcup \boldsymbol{X}_1 \tag{8-2}$$

对新的集合 $\boldsymbol{X}_{\mathrm{all}}$ 进行 PCA 分解，得到：

$$\boldsymbol{X}_{\mathrm{all}}^{\mathrm{T}} = \hat{\boldsymbol{X}}_{\mathrm{all}}^{\mathrm{T}} + \boldsymbol{E} = \hat{\boldsymbol{T}} \hat{\boldsymbol{P}}^{\mathrm{T}} + \boldsymbol{E}$$

$$\hat{\boldsymbol{T}} = \boldsymbol{X}_{\mathrm{all}}^{\mathrm{T}} \hat{\boldsymbol{P}} \tag{8-3}$$

式中：$\hat{\boldsymbol{T}} \in \mathbb{R}^{n \times l}$ 是主元空间的得分矩阵；$\hat{\boldsymbol{X}}_{\mathrm{all}}^{\mathrm{T}}$ 是通过 PCA 方法中的主元重构出的数据；$\hat{\boldsymbol{P}} \in \mathbb{R}^{m \times l}$ 是主元空间的负载矩阵；$\boldsymbol{E}$ 表示残差。

考虑负载矩阵 $\hat{\boldsymbol{P}}$ 的第一列，即第一主元的方向向量 $\hat{\boldsymbol{P}}_1 = [\hat{p}_{11}, \hat{p}_{21}, \cdots, \hat{p}_{m1}]^{\mathrm{T}} \in \mathbb{R}^{m \times 1}$，定义变量 $\boldsymbol{\beta}$，令

$$\beta_i = |\hat{p}_{i1}|, \quad i \in \{1, 2, \cdots, m\} \tag{8-4}$$

由于第一主元的方向最能体现两类样本之间的差异，而 β_i 能反映变量 i 与两类样本间差异最大的方向之间的关系。β_i 越大，说明变量 i 的方向与第一主元的方向更接近；也就是说，变量 i 在故障期间发生了相对较大的变化，变量 i

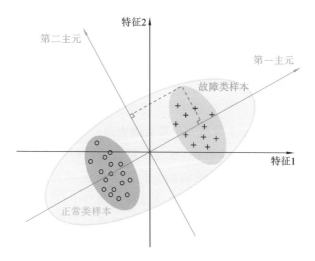

图 8-1 基于 PCA 的类间差异分析原理图

对故障更敏感。因此，$\boldsymbol{\beta}$ 可以衡量变量对故障的敏感度，将 β_i 降序排列，β_i 越大，则与之对应的变量越有可能是故障变量。

8.2.2 基于 FDA 的类间差异分析

费希尔判别分析（Fisher discriminant analysis，FDA）的算法框架最早由 Fisher 于 1936 年提出，这种经典的数据分类和降维方法又被称为线性判别分析。令 $\boldsymbol{X}_j$、$\boldsymbol{\mu}_j$、$\boldsymbol{\Sigma}_j$ 分别表示第 $j \in \{0,1\}$ 类样本的数据集、均值向量、协方差。将两类样本投影到直线 w，两类样本的中心的投影分别为 $\boldsymbol{w}^{\mathrm{T}} \boldsymbol{\mu}_0$ 和 $\boldsymbol{w}^{\mathrm{T}} \boldsymbol{\mu}_1$，两类样本在 w 上的协方差分别为 $\boldsymbol{w}^{\mathrm{T}} \boldsymbol{\Sigma}_0 \boldsymbol{w}$ 和 $\boldsymbol{w}^{\mathrm{T}} \boldsymbol{\Sigma}_1 \boldsymbol{w}$。令 N_j 代表第 j 类集合的样本个数，则 $\boldsymbol{\mu}_j$ 可表述为

$$\boldsymbol{\mu}_j = \frac{1}{N_j} \sum_{\boldsymbol{x} \in \boldsymbol{X}_j} \boldsymbol{x}(t), \quad j = 0,1 \tag{8-5}$$

FDA 的第一个目标是同类样本的投影点尽可能接近和密集，可表述为

$$\min \| \boldsymbol{w}^{\mathrm{T}} \boldsymbol{x} - \boldsymbol{w}^{\mathrm{T}} \boldsymbol{\mu}_0 \|_2^2 + \| \boldsymbol{w}^{\mathrm{T}} \boldsymbol{x} - \boldsymbol{w}^{\mathrm{T}} \boldsymbol{\mu}_1 \|_2^2 \tag{8-6}$$

化简式(8-6)得到：

$$\min \boldsymbol{w}^{\mathrm{T}} \sum_{\boldsymbol{x} \in \boldsymbol{X}_0} (\boldsymbol{x} - \boldsymbol{\mu}_0)(\boldsymbol{x} - \boldsymbol{\mu}_0)^{\mathrm{T}} \boldsymbol{w} + \boldsymbol{w}^{\mathrm{T}} \sum_{\boldsymbol{x} \in \boldsymbol{X}_1} (\boldsymbol{x} - \boldsymbol{\mu}_1)(\boldsymbol{x} - \boldsymbol{\mu}_1)^{\mathrm{T}} \boldsymbol{w} \tag{8-7}$$

即同类样本的投影点的协方差 $\boldsymbol{w}^{\mathrm{T}} \boldsymbol{\Sigma}_0 \boldsymbol{w} + \boldsymbol{w}^{\mathrm{T}} \boldsymbol{\Sigma}_1 \boldsymbol{w}$ 尽可能小。

FDA 的第二个目标是异类样本的投影点尽可能远离，可表述为

$$\max \| \boldsymbol{w}^{\mathrm{T}} \boldsymbol{\mu}_0 - \boldsymbol{w}^{\mathrm{T}} \boldsymbol{\mu}_1 \|_2^2 \tag{8-8}$$

将式(8-8)变形得到:

$$\max \boldsymbol{w}^{\mathrm{T}} (\boldsymbol{\mu}_0 - \boldsymbol{\mu}_1)(\boldsymbol{\mu}_0 - \boldsymbol{\mu}_1)^{\mathrm{T}} \boldsymbol{w} \tag{8-9}$$

综合考虑式(8-7)和式(8-9)中的优化问题,即可得到 FDA 为了找到最佳分离方向而真正需要优化的目标:

$$\max J(\boldsymbol{w}) = \frac{\boldsymbol{w}^{\mathrm{T}}(\boldsymbol{\mu}_0 - \boldsymbol{\mu}_1)(\boldsymbol{\mu}_0 - \boldsymbol{\mu}_1)^{\mathrm{T}} \boldsymbol{w}}{\boldsymbol{w}^{\mathrm{T}} \boldsymbol{\Sigma}_0 \boldsymbol{w} + \boldsymbol{w}^{\mathrm{T}} \boldsymbol{\Sigma}_1 \boldsymbol{w}} = \frac{\boldsymbol{w}^{\mathrm{T}}(\boldsymbol{\mu}_0 - \boldsymbol{\mu}_1)(\boldsymbol{\mu}_0 - \boldsymbol{\mu}_1)^{\mathrm{T}} \boldsymbol{w}}{\boldsymbol{w}^{\mathrm{T}}(\boldsymbol{\Sigma}_0 + \boldsymbol{\Sigma}_1) \boldsymbol{w}} \tag{8-10}$$

类间散度矩阵 $\boldsymbol{S}_{\mathrm{b}}$ 和类内散度矩阵 $\boldsymbol{S}_{\mathrm{w}}$ 都是 FDA 方法的重要基础,两者定义如下:

$$\boldsymbol{S}_{\mathrm{b}} = (\boldsymbol{\mu}_0 - \boldsymbol{\mu}_1)(\boldsymbol{\mu}_0 - \boldsymbol{\mu}_1)^{\mathrm{T}} \tag{8-11}$$

$$\boldsymbol{S}_{\mathrm{w}} = \sum_{\boldsymbol{x} \in \boldsymbol{X}_0} (\boldsymbol{x} - \boldsymbol{\mu}_0)(\boldsymbol{x} - \boldsymbol{\mu}_0)^{\mathrm{T}} + \sum_{\boldsymbol{x} \in \boldsymbol{X}_1} (\boldsymbol{x} - \boldsymbol{\mu}_1)(\boldsymbol{x} - \boldsymbol{\mu}_1)^{\mathrm{T}} = \boldsymbol{\Sigma}_0 + \boldsymbol{\Sigma}_1 \tag{8-12}$$

将式(8-11)和式(8-12)代入式(8-10),得到:

$$\max J(\boldsymbol{w}) = \frac{\boldsymbol{w}^{\mathrm{T}} \boldsymbol{S}_{\mathrm{b}} \boldsymbol{w}}{\boldsymbol{w}^{\mathrm{T}} \boldsymbol{S}_{\mathrm{w}} \boldsymbol{w}} \tag{8-13}$$

这个目标函数符合"广义瑞利商"的形式,结合瑞利商相关知识可以进行求解[6]。

如图 8-2 所示,作为常用的二分类模型,费希尔判别分析以增大类间散度与降低类内散度为综合目标,尝试找到最佳投影直线 $\boldsymbol{w}$。由于本章所提方法的目标是尽量忽略类内散度的影响,仅进行类间差异分析,因此实际上是想找到这样一条投影直线 $\boldsymbol{K}$,使得类间散度最大,即将正常类样本 $\boldsymbol{X}_0$ 和故障类样本 $\boldsymbol{X}_1$ 投影到直线 $\boldsymbol{K}$ 后,两类样本的中心点在直线 $\boldsymbol{K}$ 上的距离最远。和基于 PCA 的策略一样,为了实现在线诊断,本章所提方法也需要引入滑动窗口,具体操作见式(8-1),此处不再赘述。

综上所述,本章所提基于 FDA 的类间差异分析方法的目标函数可以描述为

$$\arg \max_{\boldsymbol{k}} J(\boldsymbol{k}) = \left[\frac{\sum_{\boldsymbol{x} \in \boldsymbol{X}_0} \boldsymbol{k}^{\mathrm{T}} \boldsymbol{x}}{N_0} - \frac{\sum_{\boldsymbol{x} \in \boldsymbol{X}_1} \boldsymbol{k}^{\mathrm{T}} \boldsymbol{x}}{N_1} \right]^2 \tag{8-14}$$

也就是:

$$\arg \max_{\boldsymbol{k}} J(\boldsymbol{k}) = \| \boldsymbol{k}^{\mathrm{T}} \boldsymbol{\mu}_0 - \boldsymbol{k}^{\mathrm{T}} \boldsymbol{\mu}_1 \|_2^2 \tag{8-15}$$

式(8-15)可进一步变形为

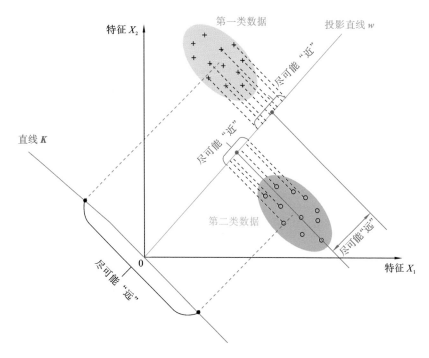

图 8-2　基于 FDA 的类间差异分析原理图

$$\arg \max_{k} J(\boldsymbol{k}) = \boldsymbol{k}^{\mathrm{T}}(\boldsymbol{\mu}_0 - \boldsymbol{\mu}_1)(\boldsymbol{k}^{\mathrm{T}}(\boldsymbol{\mu}_0 - \boldsymbol{\mu}_1))^{\mathrm{T}} = \boldsymbol{k}^{\mathrm{T}}(\boldsymbol{\mu}_0 - \boldsymbol{\mu}_1)(\boldsymbol{\mu}_0 - \boldsymbol{\mu}_1)^{\mathrm{T}}\boldsymbol{k}$$

$$(8\text{-}16)$$

类间散度矩阵 $\boldsymbol{S}_{\mathrm{b}} = (\boldsymbol{\mu}_0 - \boldsymbol{\mu}_1)(\boldsymbol{\mu}_0 - \boldsymbol{\mu}_1)^{\mathrm{T}}$，$\boldsymbol{k}$ 为单位向量，则 $\boldsymbol{k}^{\mathrm{T}}\boldsymbol{k} = 1$，因此式 (8-16) 可以变形为

$$\arg \max_{k} J(\boldsymbol{k}) = \frac{\boldsymbol{k}^{\mathrm{T}}\boldsymbol{S}_{\mathrm{b}}\boldsymbol{k}}{\boldsymbol{k}^{\mathrm{T}}\boldsymbol{k}} \tag{8-17}$$

可以发现目标函数 $J(\boldsymbol{k})$ 符合瑞利商形式 $R(\boldsymbol{S}_{\mathrm{b}}, \boldsymbol{k})$，根据瑞利商的特性，可以对目标函数进行求解，得到最佳投影方向 $\boldsymbol{k}^* = [k_1^*, k_2^*, \cdots, k_m^*]^{\mathrm{T}} \in \mathbb{R}^{m \times 1}$。

从几何的角度分析，如果变量 i 发生了故障，那么变量 i 对应的坐标轴与投影方向 $\boldsymbol{k}^*$ 会有更高的余弦相似度，所以变量 i 对应的投影系数也会更大。令 γ_i 表示变量 i 对应的投影系数，则：

$$\gamma_i = |k_i^*|, \quad i \in \{1, 2, \cdots, m\} \tag{8-18}$$

在多变量故障中，如果 γ_i 越大，则正常类样本和故障类样本之间差异最大的方向与变量 i 的方向越接近，即变量 i 对故障越敏感。也就是说，$\boldsymbol{\gamma}$ 也可以作为变量对故障的敏感度指标,将 γ_i 从大到小进行排序,γ_i 越大,对应的变量越有可能是故障变量。这种策略可以用来选择真正影响故障的变量。

8.2.3 基于类间差异分析的故障变量溯源

结合 2.4.1 节的 MRBC 方法,本章提出了一种基于类间差异分析和多维重构贡献的故障诊断方法。通过 PCA 策略或者 FDA 策略,能够找到正常类样本和故障类样本之间差异最大的方向,且依据 PCA 策略中的 $\boldsymbol{\beta}$ 或 FDA 策略中的 $\boldsymbol{\gamma}$,都能得到变量对故障的敏感度。因此,以 $\boldsymbol{\gamma}$ 为例,将 $\boldsymbol{\gamma}$ 作为寻找最优重构方向的依据,结合前向选择策略,选取 $\boldsymbol{\gamma}$ 中最大值 γ_i 所对应的变量 i 加入候选诊断集 S_f 中,其对应方向 $\boldsymbol{\xi}_i$ 加入重构方向矩阵 $\boldsymbol{\Xi}$ 中,例如变量 1 对应方向为 $[1,0,\cdots,0]^T$。可采用式(2-49)和式(2-50)来计算多变量的 RBC 和重构之后的监控统计量 $\text{index}(\boldsymbol{x}^*)$。本章所提方法的简要流程如图 8-3 所示,具体过程描述如下:

(1) 对原始正常数据集和当前故障样本进行标准化处理;

(2) 初始化参数 τ、S_f、$\boldsymbol{\Xi}$;

(3) 采用基于 PCA 的策略或基于 FDA 的策略对正常类样本 $\boldsymbol{X}_0$ 和故障类样本 $\boldsymbol{x}(t-\tau+1) \sim \boldsymbol{x}(t)$ 进行类间差异分析,分别得到 $\boldsymbol{\beta}$ 和 $\boldsymbol{\gamma}$;

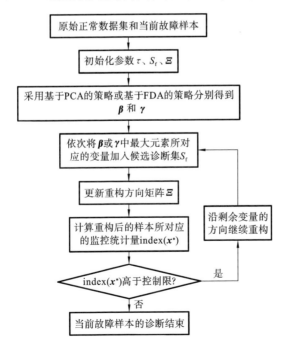

图 8-3 基于类间差异分析和多维重构贡献的故障诊断方法流程图

（4）依次将向量 $\boldsymbol{\beta}$ 或 $\boldsymbol{\gamma}$ 中最大元素所对应的变量加入候选诊断集 S_{f}，同时更新重构方向矩阵 $\boldsymbol{\Xi}$。在当前故障样本重构结束后，根据式（2-50）计算出重构后的监控统计量 $\mathrm{index}(\boldsymbol{x}^{*})$；

（5）将 $\mathrm{index}(\boldsymbol{x}^{*})$ 与控制限进行比较，如果其高于控制限，则重复步骤（4），否则，当前故障样本的诊断结束，对应的集合 S_{f} 就是故障变量的集合；

（6）重复上述步骤，直到所有的故障样本诊断结束。

8.3　案例研究

8.3.1　数值仿真

首先，使用一个多变量系统来说明本章所提方法的有效性，模型具体描述为

$$\boldsymbol{x}^{*}=\begin{bmatrix} x_1 \\ x_2 \\ \vdots \\ x_6 \end{bmatrix}=\begin{bmatrix} A_{11} & A_{12} & A_{13} \\ A_{21} & A_{22} & A_{23} \\ \vdots & \vdots & \vdots \\ A_{61} & A_{62} & A_{63} \end{bmatrix}\begin{bmatrix} t_1 \\ t_2 \\ t_3 \end{bmatrix}+\boldsymbol{\varepsilon} \tag{8-19}$$

其中，正常样本 $\boldsymbol{x}^{*}$ 包含 6 个过程变量，线性变换矩阵 $\boldsymbol{A}\in\mathbb{R}^{6\times3}$ 根据标准高斯分布随机产生，随机变量 t_1、t_2、t_3 分别符合 [0，2]、[0，1.6]、[0，1.2] 的均匀分布。过程中的噪声 $\boldsymbol{\varepsilon}$ 符合正态分布，且均值为 0、标准差为 0.2，即 $\boldsymbol{\varepsilon}\sim N(0,$ $0.2^2)$。在正常操作条件下，这个过程共生成 1000 个正常样本。

将故障样本 $\boldsymbol{x}$ 表示成以下一般形式：

$$\boldsymbol{x}=\boldsymbol{x}^{*}+\boldsymbol{\Xi}f \tag{8-20}$$

为了模拟故障，从第 160 个样本开始，分别给变量 1、3 添加 $f=0.8$ 的恒定故障，累计产生 1000 个故障样本。在这个仿真中，将滑动窗口的长度设为 10，根据 PCA 策略或 FDA 策略进行类间差异分析，就可以得到 6 个变量的故障敏感度指标 $\boldsymbol{\beta}$ 或 $\boldsymbol{\gamma}$，如图 8-4 所示。从图中可以看出，虽然两种策略得到的故障敏感度存在细微的差异，但无论是 PCA 策略还是 FDA 策略，变量 1、3 对故障的敏感度明显高于其他变量，由此可以得出结论，变量 1、3 最有可能是故障变量。

接下来结合多维重构贡献方法来确定故障变量的个数。为了更好地说明本章所提方法的优势，分别采用基于最小风险贝叶斯诊断的方法[7]（以下简称方法 A）、基于 LASSO 的方法[4]（以下简称方法 B）、本章提出的基于 FDA 策略

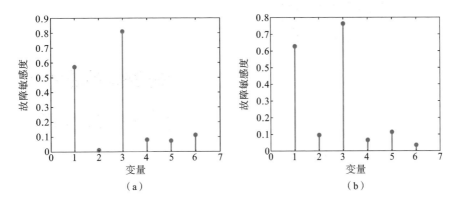

图 8-4　数值仿真案例的类间差异分析

(a) PCA 策略；(b) FDA 策略

和 MRBC 的方法（以下简称方法 C）来进行故障诊断。三种方法的故障诊断结果如图 8-5 所示，三种方法的故障诊断率如表 8-1 所示。

表 8-1　三种方法的故障诊断率

变　　量	1	2	3	4	5	6
方法 A	**44.2%**	7.3%	**12.1%**	6.1%	42.5%	62.5%
方法 B	**66%**	0	**100%**	2.9%	0.1%	2.9%
方法 C	**99.1%**	0.1%	**100%**	1.1%	0.1%	1.3%

从图 8-5 和表 8-1 中可以看出，对于大多数样本，方法 B 和方法 C 可以实现精确的故障诊断。方法 A 由于受到"污染效应"的影响，故障诊断结果很不稳定。方法 B 是近年来提出的新方法，且针对变量 3 的故障诊断率高达 100%，与方法 C 的故障诊断率一致，但是关于变量 1 的故障诊断率只有 66%，低于方法 C 的 99.1%。此外，方法 C 还能区分故障变量的主次关系，如图 8-5(c) 所示，颜色越深代表该变量越有可能引起故障发生。

根据上述结果，本章所提方法不仅能提高故障变量的诊断率，还能提供变量对故障的敏感度。需要注意的是，故障诊断率与过程变量的个数密切相关，由于数值仿真中只有 6 个变量，因此下文会继续讨论具有 52 个变量的 TE 过程。

8.3.2　TE 过程

本小节采用 TE 过程进行仿真验证。其中，故障模式 2 的发生是由流 4 中

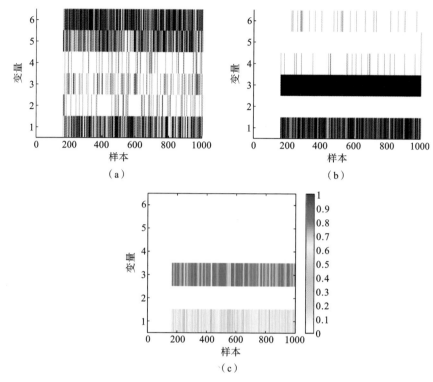

图 8-5　数值仿真案例的故障诊断结果

(a) 方法 A；(b) 方法 B；(c) 方法 C

的惰性物质 B 的含量发生了阶跃变化导致的，当故障发生时，物质 A 与物质 C 的浓度比并没有相应地改变。7.6.2 节中介绍了详细的故障发生过程。本章参考文献[8]指出，故障模式 2 中变量 10、28、34、47 是最主要的故障变量。这四个变量的变化轨迹如图 8-6 所示。

在故障模式 2 中，共生成了 960 个正常样本和 960 个测试样本，从第 160 个测试样本开始引入故障。将滑动窗口设为 10，根据 PCA 策略或 FDA 策略可以得到变量对故障的敏感度指标，也就是 β 和 γ。任意一个故障样本都有对应的 β 和 γ，不失一般性，本章随机选取了第 430 个样本的 β 和 γ，如图 8-7 所示。从图 8-7 中可以看出，变量 10、28、34、47 对故障具有更高的敏感度。进一步，基于 LASSO 的方法（方法 B）和本章所提方法（方法 C）的故障诊断结果对比如图 8-8 所示。基于 LASSO 的方法将所有的故障变量等同视之，将所有对故障有贡献的变量都进行了报警，即使是小幅度震荡变量。而本章所提方法，能根据敏感度指标来区分故障变量间的主次关系，并且通过颜色图进行了标记和展示。从

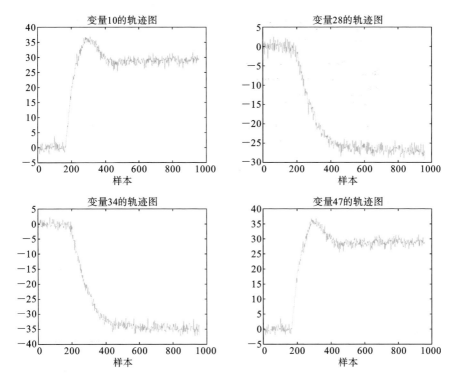

图 8-6　TE 过程故障模式 2 相关变量轨迹图

图 8-8 中可以看出,变量 10、28、34、47 为故障模式 2 的主要故障变量,这个结果也与本章参考文献[8]的分析结论相符。图 8-9 所示为重构前和重构后监控统计量的变化对比图。在消除故障变量的影响后,监控统计量回到了控制限以

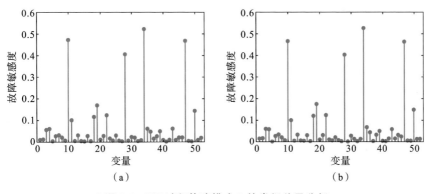

（a）　　　　　　　　　　　　　（b）

图 8-7　TE 过程故障模式 2 的类间差异分析

（a）基于 PCA 的策略；（b）基于 FDA 的策略

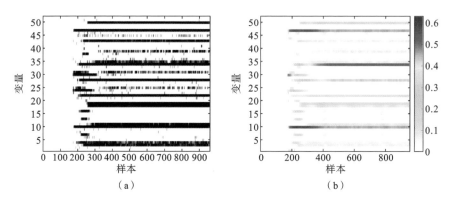

图 8-8　TE 过程故障模式 2 的故障诊断结果

（a）方法 B；（b）方法 C

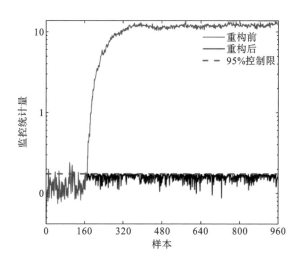

图 8-9　TE 过程故障模式 2 的监控统计量在重构前后的变化

下，证明了故障诊断过程的准确性。

　　故障模式 7 与管道 C 的压力损失，即流 4 的流量减少有关。当故障发生时，流 4 中的进料流量会急剧下降。随后，反应器的反应速率也会因进料速度的降低而低于正常值，由于故障的传播效应，大量的过程变量都会受到影响，因此相应的控制器试图通过调节进料流量 x_{45} 的阀门开度来调整流 4 的流量，使得反应器的反应速率保持正常。由于管道 C 的压力损失可以通过增大流 4 的进料流量 x_{45} 的阀门开度得到补偿，因此一段时间后其他变量就会恢复正常，而 x_{45} 则保持在一个新的稳定状态。图 8-10 绘制了 4 个与故障 7 相关的变量 4、8、16、45 的轨迹。

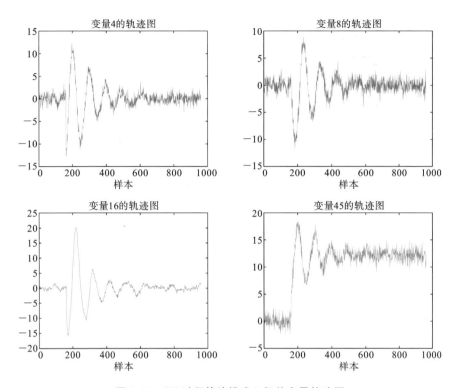

图 8-10 TE 过程故障模式 7 相关变量轨迹图

在故障模式 7 中,训练/测试样本的数量和滑动窗口的长度与故障模式 2 案例的设置一样,图 8-11 展示了采用 PCA 策略和 FDA 策略进行类间差异分析得到的第 430 个样本的敏感度指标 $\boldsymbol{\beta}$ 和 $\boldsymbol{\gamma}$。图 8-12 总结了方法 B 和方法 C

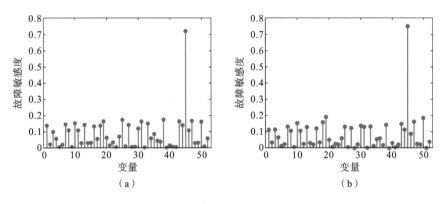

图 8-11 TE 过程故障模式 7 的类间差异分析

(a) PCA 策略;(b) FDA 策略

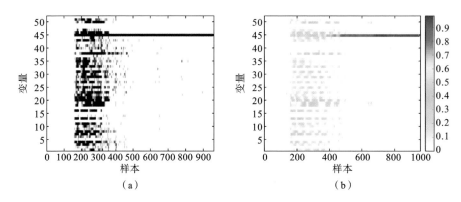

图 8-12 TE 过程故障模式 7 的故障诊断结果

（a）方法 B；（b）方法 C

对故障模式 7 的诊断结果。两种方法最终都诊断出了变量 45 是故障变量。方法 C 根据敏感度指标从第 341 个样本就准确诊断出变量 45，而方法 B 需要到第 468 个样本才能做到。图 8-13 给出了监控统计量在重构前后的对比，可以看出，本章所提方法可以成功地将故障诊断出来，从而将过程恢复正常。

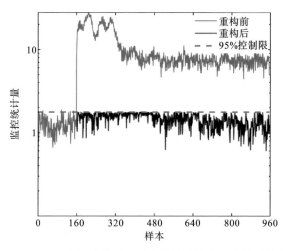

图 8-13 TE 过程故障模式 7 的监控统计量在重构前后的变化

8.4 结束语

本章提出了一种基于类间差异分析与多维重构贡献的故障诊断方法。首先,为了实现类间差异分析,提出了基于 PCA 和基于 FDA 的类间差异分析这两种策略。前者使用 PCA 来找到正常类样本和故障类样本之间差异变化最大的方向,后者采用 FDA 来寻找一条最大化类间差异的投影直线。通过这两种策略,可以得到变量对故障的敏感度排序,达到变量初步选择的目的。然后,将敏感度排序作为寻找最优重构方向的依据,并且引入 MRBC 方法来进一步确定故障变量的个数。最后,当重构后的样本的监控统计量回到控制限以下时,所有故障变量都被准确隔离。本章所提方法的有效性在数值仿真和 TE 过程中都得到了验证。综上所述,本章所提方法不仅能准确地进行故障诊断,还能得到变量对故障的敏感度,区分出故障变量的主次关系,提供准确、全面的诊断信息。此外,本章所提方法也提高了故障诊断率,缩短了计算时间。

本章参考文献

[1] ZHAO C H,WANG W. Efficient faulty variable selection and parsimonious reconstruction modelling for fault isolation[J]. Journal of Process Control,2016,38(12):31-41.

[2] RIEDEL K S. Detection of abrupt changes:theory and application[J]. Technometrics,1994,36(3):326-327.

[3] SHANG J,CHEN M Y,JI H Q,et al. Isolating incipient sensor fault based on recursive transformed component statistical analysis[J]. Journal of Process Control,2018,64(1):112-122.

[4] YAN Z B,YAO Y. Variable selection method for fault isolation using least absolute shrinkage and selection operator (LASSO)[J]. Chemometrics and Intelligent Laboratory Systems,2015,146(5):136-146.

[5] YAN Z B,YAO Y,HUANG T B,et al. Reconstruction-based multivariate process fault isolation using Bayesian LASSO[J]. Industrial & Engineering Chemistry Research,2018,57(30):9779-9787.

[6] PRIETO R E. A general solution to the maximization of the multidimensional generalized Rayleigh quotient used in linear discriminant analysis for signal classification[C]// Proceedings of 2003 IEEE International Conference on Acoustics,Speech,and Signal Processing. New York:IEEE,2003:VI-157.

[7] ZHENG Y，MAO S M，LIU S J，et al. Normalized relative RBC-based minimum risk Bayesian decision approach for fault diagnosis of industrial process[J]. IEEE Transactions on Industrial Electronics，2016，63(12)：7723-7732.

[8] CHIANG L H，PELL R J. Genetic algorithms combined with discriminant analysis for key variable identification[J]. Journal of Process Control，2004，14(2)：143-155.

第 9 章
基于深度学习的工业过程故障分类

9.1 引言

在现代工业过程中,故障识别是一项重要的任务[1,2]。根据识别出的故障类型可以对故障进行快速处理,降低发生重大故障的风险[3,4]。故障分类可以对多个故障类别进行匹配,是故障诊断的重要分支。近年来,数据驱动的故障分类方法得到了迅速的发展,并成为故障分类的主流方法,目前主要有两类:线性监督分类技术和非线性监督分类技术。线性监督分类技术包括基于规则的分类器、最近邻(k-nearest neighbor,kNN)分类器[5]、贝叶斯分类器、PCA、决策树、FDA[6]、PLS;非线性监督分类技术包括 ANN、SVM 和深度学习神经网络(deep-learning neural network,DNN)[7-10],其中 DNN 近年来发展迅速,得到了广泛关注。

最近,越来越多的研究人员使用基于 DNN 模型的分类方法来提高对工业多故障的分类能力[11,12]。现有的方法广泛采用了基于卷积神经网络(convolution neural network,CNN)的故障分类模型[13,14]。例如,Ren 等人[9]提出了一种深度残差 CNN 的故障检测和分类方法,通过捕捉从局部到全局的多层次故障特征,学习潜在的故障模式。实际系统中产生的时序数据往往存在噪声,而且时序数据是高维、低密度的。因此,有学者将深度学习模型与信号分析方法结合,采用 S 变换、小波变换和快速傅里叶变换(fast Fourier transform,FFT)对故障信号进行预处理,通常将处理后得到的特征作为神经网络模型的输入,如 Guo 等人[15]采用 Hilbert-Huang 变换和 CNN 进行故障分类。

本章主要研究工业过程中的多故障分类问题,该问题属于实际工业过程中广泛存在的时序数据分类问题。本章根据原始的时序数据存在测量噪声的特点,提出基于压缩通道的 MHSENet(multi-head one-dimensional convolution and squeeze-and-excitation network)的故障分类模型。该模型首先使用多头一维卷积神经网络(multi-head one-dimensional-CNN，MH-CNN)处理原始的输入数据，单独对每个变量进行平滑处理，过滤数据中随机变化的测量噪声；然后使用 squeeze-and-excitation network(SENet)[16] 获得每个变量与不同故障类型的相关性，过滤与判断最终故障类型无关的变量；最后使用一层二维卷积模块同时沿时间维度和变量维度进行卷积。本章使用一个实际的工业空调系统和 TE 过程验证了本章提出的分类方法的有效性。

9.2 MHSENet 模型架构

MHSENet 模型结构示意图如图 9-1 所示。该模型共有 3 个核心部分，分别是 MH-CNN、SENet 层和二维卷积模块。下面将具体介绍这三个核心部分。

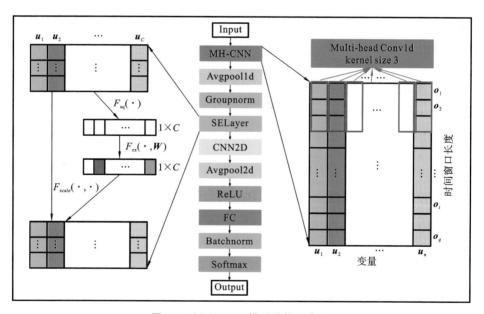

图 9-1 MHSENet 模型结构示意图

MHSENet 模型的第一个核心部分是 MH-CNN。实际工业过程中产生的时序数据的各个变量数据在短时间内的变化一般是很小的，但由于数据测量误差以及复杂的环境噪声，传感器采集的数据有时会波动频繁，其数值曲线上的毛刺非常多。为了突出过程变量数据的主要特征，MH-CNN 对每个输入的过程变量单独进行卷积，独立提取特征。其中，每个变量都对应一个一维卷积，计算公式如下：

$$\bar{x} = \sum_{i=1}^{L} x(i)w(i) \tag{9-1}$$

式中：$\bar{x}$ 是一维卷积的输出；x 是输入的单个变量的数据；w 是对应卷积核的参数矩阵；L 是样本数。

从式(9-1)中可以看出，对单个变量进行一维卷积，可以视为对原始的输入变量进行平滑处理，以忽略数据在短时间内的微小波动。

MHSENet 模型的第二个核心部分是 SENet 层。SENet 是一个新型的神经网络模块，其主要由挤压(squeeze)和激励(excitation)两个步骤组成[16]。普通的 CNN 的输出是由所有通道求和产生的，其通道依赖关系隐式嵌入 CNN 提取的特征中，同时也与卷积核捕获的局部空间相关性纠缠在一起。而 SENet 通过显式建模通道相互依赖性来增强卷积特征的学习，因此，SENet 可以在特征被送入下一个变换之前，通过 squeeze 和 excitation 两步重新校准卷积核提取的特征。

工业过程中的故障体现在具体变量的变化上，由于实际工业过程中测量的过程变量非常多，而与某种故障相关的变量通常只是测量得到的变量中的一部分，其余无关的变量会影响故障分类模型的性能。因此，本章基于 SENet 的思想，令工业数据中的变量数目为原始 SENet 中的通道数目，对传入的过程变量数据，根据其与目标故障类型的相关性进行过滤，再供后续模块使用。图 9-1 中左边部分为 SENet 层结构的示意图。

本章使用目标故障类型的相关系数对变量进行加权，从而过滤无关变量。首先使用一维全局平均池化操作来得到原始的加权信息，形式上加权向量 $z \in \mathbb{R}^C$，其中 C 表示变量的数目，$U = [u_1, u_2, \cdots, u_C]$ 是 SENet 的输入，z 的计算公式如下：

$$z_C = F_{sq}(u_C) = \frac{1}{L} \sum_{i=1}^{L} u_C(i) \tag{9-2}$$

然后，通过 excitation 操作自适应地重新校准挤压操作中聚合的信息。实现这个目标的函数必须满足两个条件：第一，它必须灵活，也就是说，它必须有能力学习变量之间的非线性相互作用；第二，它必须允许通过加权系数强调多个变量，而不是强调一个变量。为了满足这些条件，本章选择自适应校准函数：

$$s = F_{ex}(z, W) = \sigma(g(z, W)) = \sigma(W_2 \delta(W_1 z)) \tag{9-3}$$

式中：δ 表示 ReLU 激活函数；σ 表示 sigmoid 函数；g 表示一种非线性关系；W 是全连接神经网络的权重矩阵，其中下标 1 和 2 分别表示第 1 层和第 2 层。

本章使用两层全连接层加一个非线性激活层的网络模型来自适应调整 z 的信息,然后通过 sigmoid 函数获得 0 到 1 之间的加权系数。最后,使用调整后的权值 s 来加权输入变量:

$$\tilde{\boldsymbol{u}}_C = F_{\text{scale}}(\boldsymbol{u}_C, s_C) = s_C \boldsymbol{u}_C \tag{9-4}$$

MHSENet 模型的第三个核心部分是二维卷积模块。SENet 处理后的输出为 $\tilde{\boldsymbol{U}} = [\tilde{\boldsymbol{u}}_1, \tilde{\boldsymbol{u}}_2, \cdots, \tilde{\boldsymbol{u}}_C]$,$\tilde{\boldsymbol{U}}$ 是二维数据,包括时间维度和变量维度。现有的方法为了降低模型的计算复杂度,大都只沿着时间轴方向进行一维卷积。然而,实际工业过程中采集的数据涉及多种类型的变量(如控制变量、过程变量),不同类型的变量特性并不一致。本章所提方法为了更细致地考虑变量之间可能被提取的组合特征,选择在变量维度和时间维度方向上同时进行卷积操作,进一步提升故障分类性能。

9.3 工业空调系统案例研究

9.3.1 工业空调系统案例数据介绍

工业空调系统容易受各种故障影响而逐渐退化,同时还造成严重的能源浪费。实时监测工业空调系统可以保障其长期正常运行,从而保障工业系统运行的安全性和可靠性。因此,研究工业空调系统的故障诊断意义重大[17-19]。

本小节使用一个实际的工业空调系统案例来验证本章所提方法的有效性。工业空调系统的正常数据集和故障数据集来自我国广东省一个实际的工业空调云系统,该工业空调云系统如图 9-2 所示。我们收集了来自广东省不同客户端的超过 30000 台空调的实时运行数据,变量包括采集时间、运行功率、额定功率、设定温度、室内温度、室外温度和空调铭牌信息。如果这些信息中某一变量的变化值超过设定的传输阈值时就传输数据,否则不传输数据,其中最大传输信息间隔为 10 min。根据空调系统的物理知识,影响其运行的重要因素为设定温度、室内温度、室外温度、室内湿度、外出风机口风速。

空调运行数据中有 4 个关键变量:运行效率 y、室内温度 t_{room}、设定温度 t_{set} 和室外温度 t_{out}。定义 $\boldsymbol{x}_i = [y, t_{\text{room}}, t_{\text{set}}, t_{\text{out}}]$,$\boldsymbol{u}_i = [t_{\text{room}}, t_{\text{set}}, t_{\text{out}}]$,其中 i 为样本序号。为了统一不同额定功率下空调的运行效率,统一使用运行功率与额定功率的比值来表示不同型号空调的运行效率。设空调的额定功率为 P_0,运行功率为 P_{on},y 的计算公式如下:

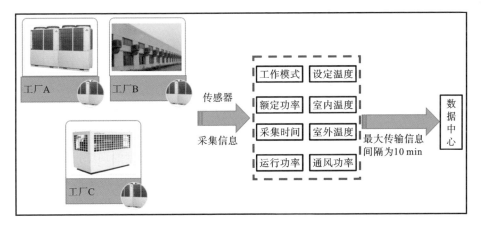

图 9-2　工业空调云系统

$$y = \frac{P_{\text{on}}}{P_0} \tag{9-5}$$

空调运行时的数据首先经传感器采集,然后通过无线网络传输到数据中心,由于传感器或无线网络传输故障,采集到的空调运行数据中存在缺失的数据,因此,需要根据数据本身的特点进行插值:对于空调的设定温度,使用最近的上一时刻的值替代其缺失的值;对于空调的运行功率、室外温度和室内温度,使用线性插值方法进行插值。在处理完缺失值后,根据数据传输系统 10 min 内数据变化值小于某个阈值时不传输的特点,可以把缺失的每一分钟的数据值还原,即缺失的数据值与已有且最近的上一时刻的值相同。

工业空调系统中包含五种常见的故障:主板故障、缺氟故障、严重缺氟故障、空调室外机脏堵故障和严重空调室外机脏堵故障。因为原始故障样本较少,本节使用变分循环神经模型生成有效的故障数据。根据空调故障时的运行数据曲线,并结合现有专家知识,本小节使用窗口长度为 100 min 的时间窗口滑动截取所有故障数据,滑动步长为 10 min。在本案例中,每种故障都选取了 10000 个样本,五种空调故障总共 50000 个样本,按照 70%/10%/20% 的比例分别构建训练集/验证集/测试集。

9.3.2　工业空调系统故障分类模型的建立方法

确定好训练集、验证集和测试集后,需要设定 MHSENet 模型的一些超参数。本小节使用网格搜索法确定模型的超参数,MHSENet 模型中需要设定的超参数是二维卷积模块的结构参数:二维卷积模块的层数 layers_cnn=\{1, 2,

3，4，5}和每层卷积的卷积核个数 $f=\{32，64，128\}$。其余网络结构参数均由模型输入数据的形状决定。同时还需要选择模型的训练参数：学习率 lr＝ $\{0.0001，0.001，0.01，0.1\}$ 和训练批次大小 batch_size＝$\{32，64，128，256\}$。选择使得模型的验证集误差最小的参数，模型超参数的具体取值如下：layers_cnn＝1，f＝64，lr＝0.0001，batch_size＝64。所有的卷积层都使用零填充来保持输入数据的形状。本案例使用 Adam 算法优化 MHSENet 模型，同时使用组标准化的技巧对每一个变量都单独进行标准化，以加快模型的训练过程。

为了展示 MHSENet 模型的分类性能，本小节使用常用的随机森林（random forest，RF）、SVM、FDA 和 AdaBoost 方法进行对比，这些方法的超参数同样通过网格搜索法确定。同时，还选择最新发表的基于深度学习的故障分类算法作为对比方法，其包括 DCNN[7]、CNN-LSTM[8] 和 DRCNN[10]。此外，使用准确率 Acc，精确率 Precision 和召回率 Recall 这三个指标来衡量不同分类器的性能。这些指标根据混淆矩阵计算得到，混淆矩阵如表 9-1 所示，计算公式如下：

$$Acc=\frac{N_{right}}{N_{all}} \tag{9-6}$$

式中：N_{right} 是某类样本中正确分类的数目；N_{all} 是该类样本的总数目。

$$Precision=\frac{TP}{TP+FP} \tag{9-7}$$

$$Recall=\frac{TP}{TN+FN} \tag{9-8}$$

式中：TP、FP、TN、FN 的意义如表 9-1 所示。

表 9-1　混淆矩阵

混淆矩阵		预　　测　　值	
		i 类别	非 i 类别
真实值	i 类别	TP	FP
	非 i 类别	FN	TN

9.3.3　实验结果及分析

MHSENet 模型和所有对比方法的分类结果如表 9-2 所示。从表中可以看出，基于神经网络的方法比传统机器学习方法的分类准确率高。本章所提方法的分类准确率最高，比现有方法的准确率提升了 9%～33%。此外，MHSENet

模型在工业空调系统数据集中的混淆矩阵如图 9-3 所示,其对每种故障的分类准确率都高于 0.9,可以较准确地分出工业空调系统中常见的五种故障。本章所提方法使用 SENet 模块过滤对结果没有影响的变量,使得后续使用一层二维卷积层即可提取到合适的故障分类特征,获得了 0.95 的分类准确率。因此,MHSENet 模型结构简单,便于在实际的工业空调云系统中部署。综上所述,本章所提方法在工业空调系统故障分类任务中是简单而有效的。

表 9-2   MHSENet 模型和对比方法在工业空调系统数据集中的分类准确率

模　　型	分类准确率
RF	0.78
SVM	0.78
FDA	0.72
AdaBoost	0.62
DCNN	0.80
CNN-LSTM	0.85
DRCNN	0.86
MHSENet	0.95

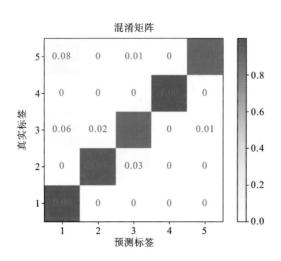

图 9-3   MHSENet 模型在工业空调系统数据集中的混淆矩阵

9.4　TE 过程案例研究

9.4.1　TE 过程数据集介绍

本小节使用 TE 过程来验证所提方法的有效性。TE 过程包括 21 种故障，其中已知故障 16 种，未知故障 5 种，具体如表 9-3 所示。每种故障都有一个包含 480 个样本的训练集和一个包含 960 个样本的测试集。TE 过程中有 52 个变量。设数据集 $\boldsymbol{X}=[\boldsymbol{X}_1,\boldsymbol{X}_2,\cdots,\boldsymbol{X}_{21}]$，其中 $\boldsymbol{X}_i$ 为对应故障类别 i 的数据，$i=1,2,\cdots,21$，$\boldsymbol{X}_i=[\boldsymbol{v}_1,\boldsymbol{v}_2,\cdots,\boldsymbol{v}_{52}]$，其中 $\boldsymbol{v}_j$ 为对应过程变量 j 的数据，$j=1,2,\cdots,52$，$\boldsymbol{v}_j=[v_j^1,v_j^2,\cdots,v_j^T]$，$v_j^T$ 按采集的时间顺序排列，T 为样本的总数目。使用时间长度为 q 的滑动窗口沿时间维度截取原始的训练集和测试集数据，获得 MHSENet 模型的训练集、验证集和测试集。训练集样本数目为 $21(480-q+1)\times0.9$，测试集样本数目为 $21(960-q+1)$，对于每种故障，随机选取训练集中 10% 的样本作为验证集。

表 9-3　TE 过程中的故障描述

类别	变　量　描　述	类型	类别	变　量　描　述	类型
1	A 和 C 进料流量比变化，B 含量不变(流 4)	阶跃	12	冷凝器冷却水入口温度	随机
2	B 含量变化,A 和 C 进料流量比不变(流 4)	阶跃	13	反应动力	缓慢漂移
3	D 进料温度(流 2)	阶跃	14	反应堆冷却水阀	关闭
4	反应堆冷却水进口温度	阶跃	15	冷凝器冷却水阀	关闭
5	冷凝器冷却水入口温度	阶跃	16	未知	未知
6	进料损失(流 1)	阶跃	17	未知	未知
7	C 集管压力损失减小的可用性(流 4)	阶跃	18	未知	未知
8	A、B、C 进料组合物(流 4)	随机	19	未知	未知
9	D 进料温度(流 2)	随机	20	未知	未知
10	C 进料温度(流 4)	随机	21	阀位常量(流 4)	常量
11	反应堆冷却水进口温度	随机			

图 9-4 所示为 TE 过程的原始故障数据通过 t-SNE[19] 降维后的二维可视化图,可以看出很多不同的故障都混合在一起了,很难区分。针对 TE 过程中的多故障分类问题,已经有了一些基于深度学习模型的方法,这些方法通常都首先去除一些故障,然后使用剩下的故障样本来训练和测试分类模型[7,8,10]。正确分类 TE 过程中所有 21 种故障是一项非常具有挑战性的任务,本小节将验证所提方法对全部 21 种故障的分类性能。

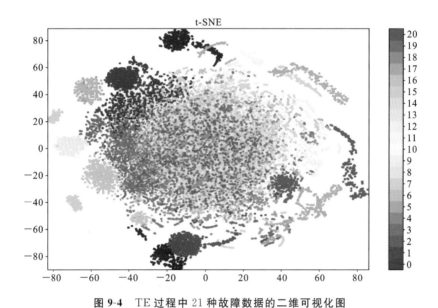

图 9-4 TE 过程中 21 种故障数据的二维可视化图

9.4.2 实验结果与分析

本小节模型的实现和所有可调超参数的选择方法与 9.3 节中工业空调系统案例的相同。TE 过程案例中滑动窗口大小 $q=64$,其余参数与工业空调系统案例中的相同。

MHSENet 模型和对比方法在 TE 过程数据集中的分类准确率如表 9-4 所示。在对 TE 过程所有 21 种故障的分类中,本章所提方法获得了 0.91 的准确率,比现有方法提升了 5%~40%,说明了本章提出的 MH-CNN 和 SENet 结构是有效的。MHSENet 模型在 TE 过程中的混淆矩阵如图 9-5 所示,除了故障 8、9、10、13、15 这五种故障外,其余故障的分类准确率均接近 1,故障 8(0.84)和故障 10(0.85)的分类准确率均大于 0.8。如图 9-6 所示,现有方法在故障 9、13、15 上的分类准确率较低,然而本章所提方法在故障 9(0.36)、故障 13(0.34)和故障 15(0.55)上的分类准确率优于现有方法。所有方法中每种故障的召回率如表 9-5 所示,从表中可以看出,MHSENet 模型的整体分类效果最好。

表 9-4   MHSENet 模型和对比方法在 TE 过程数据集中的分类准确率

模 型	分类准确率
KNN	0.51
SVM	0.55
FDA	0.59
LightGBM	0.85
DCNN	0.84
CNN-LSTM	0.86
DRCNN	0.85
MHSENet	0.91

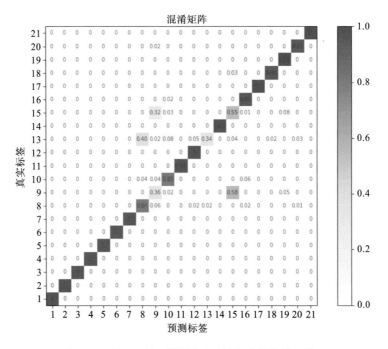

图 9-5   MHSENet 模型在 TE 过程中的混淆矩阵

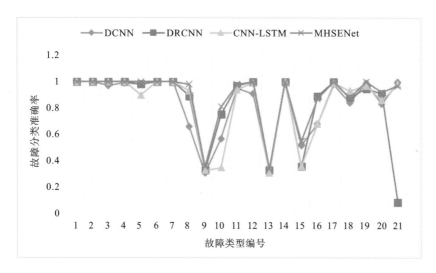

图 9-6 MHSENet 模型和 3 种对比方法对 TE 过程数据集中每种故障的准确率

表 9-5 MHSENet 模型和对比方法对 TE 过程数据集中每种故障的召回率

故障类型	KNN	SVM	FDA	LightGBM	DCNN	CNN-LSTM	DRCNN	MHSENet
1	0.98	1	0.99	0.99	1	1	1	1
2	0.97	1	1	0.99	0.99	1	0.99	1
3	0.41	0.78	0.78	0.97	0.99	0.99	0.99	1
4	0.43	0.83	0.74	1	0.97	1	1	0.99
5	0.16	0.52	0.55	0.92	0.88	0.82	0.99	0.96
6	1	1	1	1	1	1	1	1
7	0.82	0.94	1	1	0.98	1	1	1
8	0.47	0.33	0.37	0.71	0.67	0.89	0.75	0.71
9	0.1	0.16	0.12	0.27	0.31	0.33	0.26	0.4
10	0.11	0.1	0.46	0.34	0.47	0.47	0.79	0.85
11	0.1	0.1	0.2	0.89	0.99	1	1	0.99
12	0.47	0.3	0.16	0.54	0.83	0.99	0.91	0.91
13	0.69	0.72	0.81	0.87	0.68	0.95	0.84	0.94
14	0.61	0.37	0.2	0.96	1	1	1	1
15	0.11	0.14	0.14	0.27	0.37	0.39	0.3	0.46

续表

故障类型	KNN	SVM	FDA	LightGBM	DCNN	CNN-LSTM	DRCNN	MHSENet
16	0.09	0.15	0.25	0.67	0.75	0.72	0.88	0.96
17	0.8	0.79	0.95	0.85	0.97	0.99	1	1
18	0.89	0.8	1	0.8	0.99	0.93	0.99	0.97
19	0.6	0.14	0.14	0.76	1	0.95	0.9	0.9
20	0.24	0.36	0.82	0.6	0.88	0.84	0.98	0.97
21	0.08	0.04	0.05	0.79	0.98	0.96	1	0.98

9.5 结束语

本章针对工业系统多故障分类问题,提出了一种名为 MHSENet 的深度学习模型。该方法使用 MH-CNN 和 SENet 去除干扰的影响,提升了故障分类性能。本章所提方法在实际的工业空调系统故障分类案例中获得了 0.95 的分类准确率,相较于现有方法提升了 9% 及以上;在 TE 过程案例中也实现了最好的综合性能。由此证明,本章提出的 MHSENet 模型在工业过程故障分类上具有优异性能。

本章参考文献

[1] GAO Z W, CECATI C, DING S X. A survey of fault diagnosis and fault-tolerant techniques—part I: fault diagnosis with model-based and signal-based approaches[J]. IEEE Transactions on Industrial Electronics, 2015, 62(6): 3757-3767.

[2] ZHANG L W, LIN J, KARIM R. Sliding window-based fault detection from high-dimensional data streams[J]. IEEE Transactions on Systems, Man, and Cybernetics: Systems, 2016, 47(2): 289-303.

[3] DAI X W, GAO Z W. From model, signal to knowledge: a data-driven perspective of fault detection and diagnosis[J]. IEEE Transactions on Industrial Informatics, 2013, 9(4): 2226-2238.

[4] ZHONG S T, LANGSETH H, NIELSEN T D. A classification-based approach to monitoring the safety of dynamic systems[J]. Reliability Engineering and System Safety, 2014, 121(7): 61-71.

[5] HE Q P, WANG J. Fault detection using the k-nearest neighbor rule for semiconductor manufacturing processes[J]. IEEE Transactions on Semiconductor Manufacturing, 2007, 20(4): 345-354.

[6] SONG Q J, JIANG H Y, LIU J. Feature selection based on FDA and F-score for multi-class classification[J]. Expert Systems with Applications, 2017, 81(2): 22-27.

[7] WU H, ZHAO J S. Deep convolutional neural network model based chemical process fault diagnosis[J]. Computers & Chemical Engineering, 2018, 115(4): 185-197.

[8] CANIZO M, TRIGUERO I, CONDE A, et al. Multi-head CNN-RNN for multi-time series anomaly detection: an industrial case study[J]. Neurocomputing, 2019, 363(7): 246-260.

[9] REN X M, ZOU Y P, ZHANG Z. Fault detection and classification with feature representation based on deep residual convolutional neural network [J]. Journal of Chemometrics, 2019, 33(9): e3170.

[10] WANG Y L, PAN Z F, YUAN X F, et al. A novel deep learning based fault diagnosis approach for chemical process with extended deep belief network[J]. ISA Transactions, 2020, 96(7): 457-467.

[11] YIN S, KAYNAK O. Big data for modern industry: challenges and trends[J]. Proceedings of the IEEE, 2015, 103(2): 143-146.

[12] GAO Z W, CECATI C, DING S X. A survey of fault diagnosis and fault-tolerant techniques part II: fault diagnosis with knowledge-based and hybrid/active approaches[J]. IEEE Transactions on Industrial Electronics, 2015, 62(6): 3768-3774.

[13] WEN L, LI X Y, GAO L, et al. A new convolutional neural network-based data-driven fault diagnosis method[J]. IEEE Transactions on Industrial Electronics, 2018, 65(7): 5990-5998.

[14] JIANG G Q, HE H B, YAN J, et al. Multiscale convolutional neural networks for fault diagnosis of wind turbine gearbox[J]. IEEE Transac-

tions on Industrial Electronics，2019，66(4)：3196-3207.

[15] GUO M F，YANG N C，CHEN W F. Deep-learning-based fault classification using Hilbert-Huang transform and convolutional neural network in power distribution systems[J]. IEEE Sensors Journal，2019，19(16)：6905-6913.

[16] HU J，SHEN L，ALBANIE S，et al. Squeeze-and-excitation networks [J]. IEEE Transactions on Pattern Analysis and Machine Intelligence，2020，42(8)：2011-2023.

[17] DJENOURI D，LAIDI R，DJENOURI Y，et al. Machine learning for smart building applications：review and taxonomy[J]. ACM Computing Surveys，2020，52(2)：1-36.

[18] KIM W，KATIPAMULA S. A review of fault detection and diagnostics methods for building systems[J]. Science and Technology for the Built Environment，2018，24(1)：3-21.

[19] MAATEN L V D，HINTON G. Viualizing data using t-SNE[J]. Journal of Machine Learning Research，2008，9(2605)：2579-2605.

第 10 章
工业过程零样本故障辨识

10.1 引言

在实际的工业过程中,故障样本往往很少且不平衡[1],某些类型的故障频繁发生,样本很充足,而某些类型的故障很少发生,样本很少。解决这一问题的常用方案是通过数据增强来增加数量少的故障样本。一般来说,可以通过附加噪声、信号平移、振幅移动和时间拉伸[2]或生成对抗网络(generative adversarial network,GAN)[1]等方法人为地创建额外的有效样本来增大数据量。近年来,由于深度学习能够提取原始数据的多层次特征,迁移学习能够把在一种系统中学习到的知识应用于另一个相关系统,因此,研究人员[1,3,4]提出了基于深度迁移学习(deep transfer learning,DTL)的故障诊断方法,它从容易获得的相关故障(源域)中学习知识,并将其应用于采集成本较高或难以采集的故障(目标域)。

实际上还存在一些故障没有历史样本,我们称之为零样本故障。其故障辨识的目的是识别出零样本故障的类型。这是一个非常困难的任务,目前相关的研究成果很少。通常,如果目标故障没有训练实例,则从训练域(源域)到目标域的学习任务称为零样本学习(zero-sample learning,ZSL)。Lampert 等人[5,6]首次在没有任何可用训练实例的情况下实现了动物识别的零样本学习,并提出了一种直接属性预测(direct attribute prediction,DAP)方法。他们利用动物的属性,如形状、颜色等,独立地预先学习属性分类器,以预测测试图像中新动物的属性。早期的一些零样本学习工作[6]利用属性作为中间信息来推断图像的标签,而目前大多数零样本学习方法都首先使用已有的 CNN 模型提取原始数据中的特征,然后将零样本学习问题视为学习特征空间到属性空间的投影函数,具体示意图如图 10-1 所示。例如,利用属性标签嵌入(attribute label-embedding,ALE)[7]中的排序损失或零距离学习[8]中的岭回归损失学习图像特征

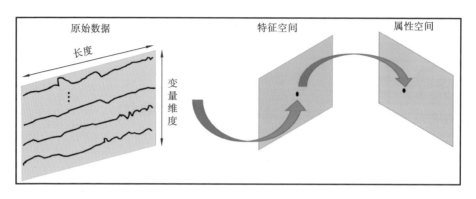

图 10-1　零样本学习空间变换示意图

空间和属性空间之间的投影函数。

　　然而,现有的 ZSL 模型大多存在投影域移位问题[9]。也就是说,当仅从已知类学习图像特征空间和属性空间之间的投影函数时,由于投影函数对训练集中已知类的偏重,未知类的投影容易错位(移位)。有时,这种错位会远离其真正的类型,从而导致后续的聚类结果不准确。因此,Kodirov 等人[10]提出了一种基于语义 AE(SAE)的解决方案,该 SAE 模型采用一个旨在将图像特征向量投影到语义空间的编码器,即编码器中的潜变量明确为图片的语义(属性)信息,属于有监督的 AE。

　　Feng 和 Zhao[11]首次将 ZSL 的思想引入工业过程故障辨识领域,他们利用故障的属性来处理零样本故障辨识问题,将故障属性从训练故障迁移到目标故障。但是,对于每个故障属性,都需要单独训练一个属性学习模型,会忽略属性之间的相关性。此外,测试数据集的一些属性可能从未在训练集中出现过,本章将其定义为缺失属性。缺失属性问题目前还没有学者研究。

　　在过去的几年中,深度 CNN 模型被广泛用于图像的特征提取,显著提高了图像分类和目标检测的准确率[12,13]。工业过程中的原始数据通常是高维、低密度的[14,15],数据驱动方法需要高效的特征提取模型。在零样本的情况下训练普通的 CNN 模型时,提取的特征对于零样本学习任务来说很可能不够具有代表性。此外,由于工业故障样本往往很少,神经网络模型在工业故障辨识中很容易出现过拟合现象。

　　多任务学习(multi-task learning,MTL)有助于解决上述问题。它在相关任务之间共享表示,通过融合相关任务[16]的多领域信息来提高模型的泛化能力。它已成功应用于机器学习的大部分领域,如自然语言处理[17]、语音识别[18]、计算机视觉[13]等领域。但是必须指出的是,目前还没有学者将 MTL 方法应用于工业过程零样本故障辨识。

本章研究了上述缺失属性问题,提出了一种新的工业过程零样本故障辨识方法。首先,采用多任务学习训练 CNN 模型,从原始数据中提取特征,这不仅利用了故障类别信息,还利用了故障属性相关知识。然后,使用 SAE 将特征投影到属性空间。最后在属性空间中进行 K 均值聚类,实现故障辨识。此外,通过两个实例验证了本章所提方法的有效性。

10.2　问题定义

在本节中,首先定义了一个零样本故障辨识问题。设 $X=\{x_1,\cdots,x_N\}$ 为训练数据集,$Y=\{y_1,\cdots,y_N\}$ 为训练样本的故障标签集。$X^*=\{x_1^*,\cdots,x_M^*\}$ 是与训练数据集不同的测试数据集,其对应的故障标签集为 $Y^*=\{y_1^*,\cdots,y_M^*\}$。其中 Y 和 Y^* 不相交,即 $Y \bigcap Y^*=\varnothing$。因此,零样本故障辨识的任务是在没有相应训练样本的测试样本中识别故障类型,即学习分类器 $f:X^* \rightarrow Y^*$。

一般来说,传统的数据驱动方法不能直接实现零样本故障辨识——从 X^* 到 Y^* 的学习。为了在没有训练样本的情况下识别故障类型,需要从工业过程的专家知识中获取辅助信息。正如 Feng 和 Zhao[11]提到的,故障的描述提供了细粒度的类级信息,包括故障的影响、故障发生的位置、故障发生的原因等故障属性。设一种故障的属性向量为 $a \in \mathbb{R}^C$,其中 C 为属性个数,K 类故障的属性矩阵表示为 $S \in \mathbb{R}^{K \times C}$,$S$ 中的所有元素都为 1 或 0,表示该属性是否存在于某一类故障的描述中。

由于不同故障的属性不同,可以基于属性来识别故障,因此,可以训练属性分类器进行零样本故障辨识。当前基于属性的方法是针对每个属性独立训练分类器,即现有方法没有考虑属性之间的关系。此外,通常没有足够的工业样本来训练基于深度学习的故障辨识模型,使得模型容易出现过拟合现象。针对以上问题,本章提出了一种新的基于属性的零样本故障辨识方法,将在 10.3 节中详细介绍。

10.3　特征提取

本节将介绍基于 MTL 的 CNN 模型如何利用故障的类别和属性知识提取

故障特征。

10.3.1 卷积模块

深度学习模型 CNN 已经应用于许多不同的领域,在图像识别、自然语言处理和时间序列分析等方面达到了高智能水平。已有研究表明,CNN 可以逐层提取特征,这有助于识别原始数据中的内容。可将工业过程中的故障数据作为卷积层的输入。卷积的一般形式如下:

$$c(m,n) = \sum_{l=1}^{L} \sum_{d=1}^{D} x(m+l, n+d) w(l,d) \tag{10-1}$$

式中:x 和 c 分别是卷积层的输入和输出;w 是长 L、宽 D 的卷积核参数。

基于 MTL 的 CNN 模型的结构示意图如图 10-2 所示。该模型的卷积层参数表示为 Conv-(卷积核大小)-(卷积核数量)。Conv-3-64 表示该层为卷积层,卷积核的尺寸为 3×3,卷积核的个数为 64。此外,采用组标准化对输入的每个变量分别进行标准化,来加速 CNN 模型的训练。首先将原始数据输入到两个连续的卷积层,然后是平均池化层。经过卷积和池化操作后,把输出展开成一维向量,接着将其输入至一个全连接层。最后是损失函数层,它有很多分支,包括一个 softmax 损失函数层和其他的平滑 L1 损失函数层。本节使用 CNN 模型倒数第二层的输出作为从原始数据中提取的特征。

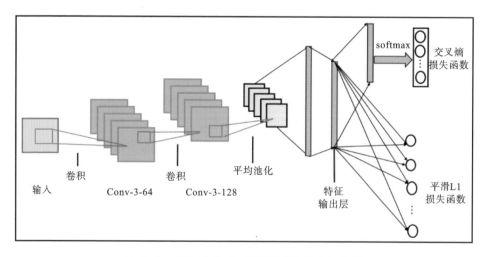

图 10-2 基于 MTL 的 CNN 模型的结构示意图

10.3.2　多任务学习

神经网络模型已经在许多领域中取得了较好的结果,如图像分类、目标检测和机器翻译。传统上,这些任务是单独处理的,即为每个任务单独训练一个神经网络模型。然而,现实世界中的许多问题本质上都是多模态的,可以把多任务学习视为归纳迁移的一种形式,归纳迁移可以通过引入归纳假设来改善模型。一种常见的归纳假设形式是 L1 正则化,L1 正则化会导致模型对稀疏解的偏好。在 MTL 模型中,辅助任务提供了更多的归纳假设,使得模型更倾向于解释多个任务的假设,从而获得比单任务方案更好的泛化性能。

在工业过程故障辨识中,可以将专家知识提供的故障描述转换为故障属性,对于每一种故障,除了故障标签外,故障属性也是另一个重要信息。与传统的故障辨识模型不同,本章所提方法同时利用了故障类别和故障属性信息,采用基于 MTL 的 CNN 模型,同时训练基于类别和基于属性的分类器。因此,该模型能够更全面地提取故障特征进行故障辨识,同时具有更优的泛化性能。

在学习基于类别的分类器,即图 10-2 中的 softmax 损失函数层分支时,通过对所有样本交叉熵取平均值计算得到损失函数。例如,假设有 N 个样本、K 个类别的样本集,则损失函数的计算公式为

$$L_{\text{class}} = -\frac{1}{N} \sum_{n=1}^{N} \left(\sum_{i=1}^{K} p_i^n \log \hat{p}_i^n \right) \tag{10-2}$$

式中:p_i^n 和 $\hat{p}_i^n$ 分别是样本 n 真实的和预测的发生故障类型 i 的概率。

在学习基于属性的分类器,即图 10-2 中的平滑 L1 损失函数层分支时,采用平滑 L1 损失函数,它也称为 Huber 损失,对异常值的敏感性低于广泛使用的均方误差损失函数,并且在某些情况下可防止梯度爆炸,其计算公式为

$$L_{\text{atr}}^c = \frac{1}{n} \sum_i z_i \tag{10-3}$$

式中:L_{atr}^c 表示属性 c 的损失;z_i 的计算公式为

$$z_i = \begin{cases} 0.5(a_i - \hat{a}_i)^2, & |a_i - \hat{a}_i| < 1 \\ |a_i - \hat{a}_i| - 0.5, & |a_i - \hat{a}_i| \geqslant 1 \end{cases} \tag{10-4}$$

式中:a_i 是真实的属性值;$\hat{a}_i$ 是预测的属性值。

因此,基于 MTL 的 CNN 模型的总损失函数为

$$L = \alpha L_{\text{class}} + L_{\text{atrs}} \tag{10-5}$$

$$L_{\text{atrs}} = \sum_{c=1}^{C} L_{\text{atr}}^c \tag{10-6}$$

式中:α 是平衡因子,其值可以通过网格搜索法确定。

10.3.3 故障辨识

在使用基于 MTL 的 CNN 模型提取特征后,这些特征将首先被投影到属性空间,然后采用 K 均值聚类对属性空间中的属性向量进行分类。

标准的自编码器是线性的,只有一个隐藏层,它由编码器和解码器共享。编码器将输入数据投影到较低维度的隐藏层;解码器将特征投影回原始的输入空间,真实地重构输入数据。Kodirov 等人[10]提出了 SAE,该编码器将潜空间 S 作为属性表示空间,其中 S 的每一列都是在训练相应数据时给出的属性向量。在故障辨识中,潜空间是故障的属性空间。本章所提方法的重要步骤是将故障样本的原始输入数据投影到属性空间中。

给定一个由 N 个 d 维特征向量组成的输入数据矩阵 $\boldsymbol{V}\in\mathbb{R}^{d\times N}$,首先将其投影到一个 k 维的潜空间中,假设投影矩阵为 $\boldsymbol{W}\in\mathbb{R}^{k\times d}$,即可得到属性变量 $S(S=\boldsymbol{WV},\boldsymbol{S}\in\mathbb{R}^{k\times N})$。然后再投影回输入的特征空间,假设此投影矩阵为 $\boldsymbol{W}^*(\boldsymbol{W}^*\in\mathbb{R}^{d\times k})$,得到 $\hat{\boldsymbol{V}}(\hat{\boldsymbol{V}}=\boldsymbol{W}^*\boldsymbol{S},\hat{\boldsymbol{V}}\in\mathbb{R}^{d\times N})$。SAE 需要最小化重构误差,即 $\hat{\boldsymbol{V}}$ 需要尽可能接近 $\boldsymbol{V}$,同时 SAE 强制潜空间 S 为故障属性空间,使得 AE 变为有监督的模型,具体的优化目标如下:

$$\min_{\boldsymbol{W},\boldsymbol{W}^*} \|\boldsymbol{V}-\boldsymbol{W}^*\boldsymbol{W}\boldsymbol{V}\|_{\mathrm{F}}^2, \quad \text{s.t.} \ \boldsymbol{WV}=\boldsymbol{S} \tag{10-7}$$

为了进一步简化模型,考虑合并权值,即:

$$\boldsymbol{W}^*=\boldsymbol{W}^{\mathrm{T}} \tag{10-8}$$

因此,可以将优化目标改写如下:

$$\min_{\boldsymbol{W},\boldsymbol{W}^*} \|\boldsymbol{V}-\boldsymbol{W}^{\mathrm{T}}\boldsymbol{S}\|_{\mathrm{F}}^2+\lambda\|\boldsymbol{WV}-\boldsymbol{S}\|_{\mathrm{F}}^2 \tag{10-9}$$

式中:λ 是控制第一项和第二项重要性的加权系数,对应解码器和编码器的损失。

式(10-9)是一个标准的二次型,是具有全局最优解的凸函数。于是,对式(10-9)求导,其导数如下:

$$\boldsymbol{AW}+\boldsymbol{WB}=\boldsymbol{C} \tag{10-10}$$

式中:$\boldsymbol{A}=\boldsymbol{SS}^{\mathrm{T}}$;$\boldsymbol{B}=\lambda\boldsymbol{VV}^{\mathrm{T}}$;$\boldsymbol{C}=(1+\lambda)\boldsymbol{SV}^{\mathrm{T}}$。式(10-10)是一个著名的 Sylvester 方程,可以用 Bartels-Stewart 算法有效地求解。

如上所述,在训练集中,SAE 用于学习从特征空间投影到属性空间的投影函数。在本章所提方法中,测试数据集与训练数据集具有相同的特征表示和故障属性。因此,训练集中学习到的投影函数可应用于测试集。根据学习到的投影矩阵 *W*,可以预测出测试样本的故障属性。

10.3.4 零样本故障辨识方法框架

综上所述,本章提出的零样本故障辨识方法的训练和测试阶段分别如图 10-3 和图 10-4 所示。如图 10-3 所示,在训练阶段的第一步,采用多任务学习方法训练基于 MTL 的 CNN 模型来提取原始数据中的特征,同时训练基于类别的分类器和基于属性的分类器。在训练阶段的第二步,训练 SAE 模型学习投影矩阵 *W*,该矩阵将特征投影到属性空间。

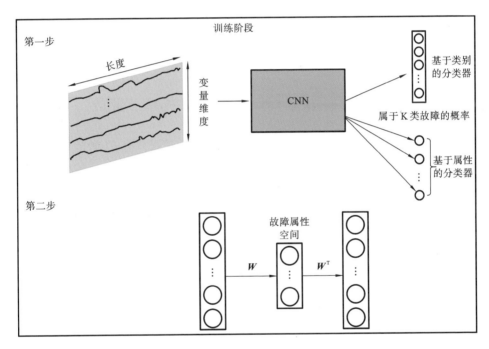

图 10-3 训练阶段

在图 10-4 所示的测试阶段,首先利用训练后的 CNN 模型提取测试数据中的故障特征,然后利用学习到的投影矩阵 *W* 将特征投影到属性空间,得到零样本故障的属性向量,最后采用 K 均值聚类方法对属性向量进行分类。由于故障属性是具体的故障发生的位置和原因等,因此,每个聚类中心可以通过先验知识确定故障类型,即可以根据故障属性推断出最终的故障类别。

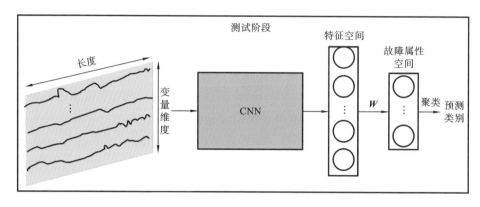

图 10-4　测试阶段

10.4　TE过程案例研究

本节使用 TE 过程案例。如 9.4.1 节所述,TE 过程共有 21 种故障。由于后 6 种故障在数据集中描述较少,因此本节采用前 15 种故障进行零样本故障辨识,前 15 种故障及其描述如表 9-3 所示。本节研究的 TE 过程中的 15 种故障各不相同,当其中一些故障的训练样本为零时,使用常规方法很难对这些故障进行辨识。在 TE 过程数据集中,每种故障都有一个包含 480 个样本的训练集和一个包含 800 个样本的测试集。本节使用 TE 过程中的训练数据集来划分零样本故障辨识任务中的训练集故障和测试集故障,同时使用 TE 过程中的测试数据集作为验证集来选择模型的超参数。

TE 过程的属性在向量空间中的描述(即故障属性矩阵 A)如图 10-5 所示,故障属性的具体信息如表 10-1 所示,每种故障由 20 个细粒度属性[11]描述,其中“1”表示故障具有该属性,“0”表示故障不具有该属性。A 的每一行是一种故障的属性向量。对于零样本故障辨识任务,测试数据集中的属性很可能不会出现在训练集中。因此,根据缺失属性的数量,每类情况有 2 个组;每个组有 12 种故障用于训练,剩下的 3 种故障用于测试。3 类 6 个组的具体训练/测试的故障类型划分如表 10-2 所示。使用滑动窗口截取数据的方法处理原始数据,获取为 CNN 模型准备的数据集。最终,训练样本个数为 $12 \times (480-q+1)$,测试样本个数为 $3 \times (480-q+1)$。

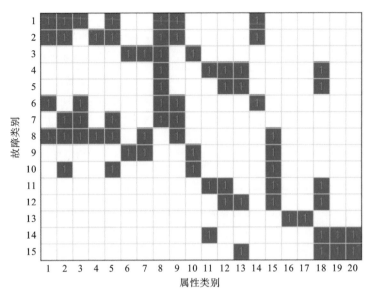

图 10-5　TE 过程数据集的故障属性矩阵 *A*

表 10-1　TE 过程中故障属性的具体信息

编　号	属　　性
Att♯1	输入 A 已更改
Att♯2	输入 C 已更改
Att♯3	A 和 C 的浓度比已更改
Att♯4	输入 B 已更改
Att♯5	与管道 4 相关
Att♯6	输入 D 的温度已更改
Att♯7	与管道 2 相关
Att♯8	干扰正在发生变化
Att♯9	输入已更改
Att♯10	输入温度改变
Att♯11	发生在反应堆
Att♯12	冷却水温度变化
Att♯13	发生在冷凝器上
Att♯14	管道 1

编　　号	属　　性
Att♯15	干扰是随机变化的
Att♯16	模型参数已更改
Att♯17	干扰是缓慢的漂移
Att♯18	与冷却水有关
Att♯19	与阀门有关
Att♯20	干扰持续存在

表 10-2　TE 过程数据集中 6 个组训练集与测试集的划分

缺失属性数量	组　　号	训练集故障	测试集故障
0	A	2~5,7~13,15	1,6,14
	B	1~3,5,6,8,9,11~15	4,7,10
1	C	3~5,7~15	1,2,6
	D	1,3~7,9~13,15	2,8,14
2	E	2~13	1,14,15
	F	1,2,4~8,11~15	3,9,10

10.4.1　模型建立方法

如上所述,属性矩阵 A 包含故障的类别和属性信息。本小节采用 Adam 算法对 CNN 模型进行优化。具体的模型超参数的选择如下。

通过网格搜索法确定窗口 q 的大小,选择在验证集上误差最小的参数(q = 64)。CNN 模型的超参数也由网格搜索法确定,在验证集上进行多次实验,选择使得验证集中故障分类准确率最高的 CNN 模型超参数。在本案例中,平衡因子 α 设为 1。在 CNN 模型中,首先选择 CNN 模型倒数第二层的输出作为提取的特征,把该特征作为后续的 SAE 模型的输入,SAE 模型的隐藏层的输出为故障的属性向量,然后通过训练 SAE 模型获得投影矩阵 W,将提取的特征用 W 投影到属性空间中,得到故障属性表示为 S。SAE 模型只有一个自由参数 λ(见式(10-9)),其值通过网格搜索法确定,选择使得验证集上分类准确率最高的参数 λ。

将训练好的模型应用于测试样本后,在得到的属性空间中进行聚类。由于本案例中每种测试故障的属性向量都是已知的,因此,通过计算 SAE 获得的预测的属性向量与真实的属性向量的相似性,可以将其分配到测试集中最相似的属性向量上。本小节采用余弦距离来衡量它们的相似度,余弦距离的计算公式如下:

$$\text{dist} = \frac{aa'}{\parallel a \parallel \parallel a' \parallel} \tag{10-11}$$

式中:a 是真实的属性向量;a' 是预测的属性向量。

为了公平比较,采用现有方法中使用的最近邻搜索寻找最相似的属性向量。而本案例测试集中,已知属性向量对应的故障类别,因此,通过最近邻搜索可实现从属性空间到故障类别的推断,从而计算出模型的零样本故障辨识的准确率。

10.4.2 多任务学习的影响分析

在 MTL 中,既考虑了故障类别,又考虑了故障的属性知识,使得模型比单个任务时的更适用于零样本故障辨识。为了验证 MTL 的效果,相应的单任务学习 CNN-SAE 模型的结果以及本章所提方法的结果如表 10-3 所示,在准确率上,采用多任务学习训练的模型比仅采用基于类别或基于属性的单任务学习训练的模型有较大提高。具体来说,对于所有 6 个组,准确率提高 0.1～0.2。从表 10-3 中可以看出,缺失属性数量对本章所提方法的准确率没有明显的影响。相反,故障属性的组合和它们之间的差异将在模型性能中发挥更重要的作用。例如,E 组缺少了 2 个属性,但是本章所提方法的准确率达到了 0.87。对于大多数情况,本章所提方法可以达到 0.74 以上的高精度。因此,多任务学习可以降低缺失属性的负面影响,为零样本故障辨识提取有用的特征。

表 10-3 TE 过程数据集中单任务与多任务学习的零样本故障辨识结果

缺失属性数量	0		1		2	
组号	A	B	C	D	E	F
基于类别(单任务)	0.52	0.68	0.49	0.76	0.82	0.37
基于属性(单任务)	0.67	0.65	0.64	0.77	0.77	0.58
多任务	0.88	0.75	0.76	0.85	0.87	0.69

10.4.3 实验结果与分析

本章使用准确率来衡量各种零样本工业故障辨识方法的性能。在 6 个组中,本章所提方法和线性支持向量机(LSVM)、RF、朴素贝叶斯(naive Bayesian,NB)[11]、DAP[6]四种对比方法的准确率结果如表 10-4 所示。与 4 种对比方法相比,本章所提方法在 6 个组中的准确率最高。与准确率最高的对比方法相比,本章所提方法的准确率提升了 0.05~0.38。

表 10-4　TE 过程数据集中本章所提方法和 4 种对比方法的零样本故障辨识结果

缺失属性数量	0		1		2	
组号	A	B	C	D	E	F
LSVM	0.46	0.57	0.13	0.31	0.54	0.35
RF	0.66	0.20	0.33	0.38	0.58	0.64
NB	0.38	0.39	0.33	0.54	0.39	0.33
DAP	0.37	0.36	0.38	0.37	0.38	0.36
本章所提方法	0.88	0.75	0.76	0.85	0.87	0.69

此外,本章所提方法在 6 个组中的混淆矩阵如图 10-6 所示。A 组、C 组、D 组、E 组中的两种故障准确率均大于 0.9。目标故障 6 的属性向量与目标故障 1 和故障 2 的相似,导致故障 6 在 C 组中的准确率仅为 0.28。另外,某些属性的样本比其他属性的少得多,导致了属性不平衡问题。例如,在 F 组中,属性 8 对故障 9 和故障 10 的区分起着重要作用,但在训练集中,属性 8 只包含在故障 8 中,使得准确的属性向量预测模型很难被学习到。因此,在 F 组中,故障 9 和故障 10 的准确率分别为 0.52 和 0.56。但是,这仍然是可以接受的,它比其他对比方法高很多。综上,本章所提方法可以在不需要相应训练样本的情况下对不同类型的故障进行识别。

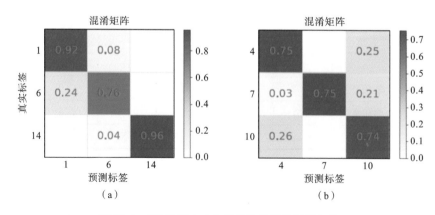

图 10-6　TE 过程中 6 个组最佳结果的混淆矩阵

(a) A 组;(b) B 组;(c) C 组;(d) D 组;(e) E 组;(f) F 组

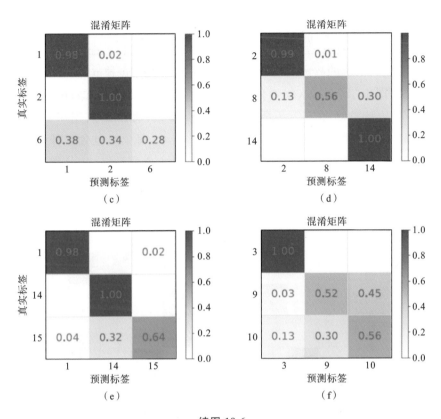

续图 10-6

10.5 工业空调系统案例研究

为了衡量模型的故障辨识的性能,本节从工业空调云系统中获取了 2908 个正常样本和 2826 个故障样本,其中包含三种常见的空调故障:缺氟、室外机脏堵和主板故障。在工业空调系统中,由于一些工业空调系统故障很少出现,因此很难收集到全面的空调故障数据,有些故障非常罕见甚至没有样本。也就是说,工业空调系统中也存在零样本故障辨识问题。虽然训练数据中可能没有某种故障的样本,但从工业空调系统的故障描述中可以获得关于故障属性的良好先验知识。此外,因为属性是根据每个类而不是根据每个样本来分配的,所以添加新对象类的人工工作是最少的。因此,在零样本设定下对某些故障进行辨识具有重要意义。工业空调系统中的故障诊断可以实现预测性维护,降低能耗和人工成本。

10.5.1 工业空调系统的故障属性

工业空调系统的故障属性矩阵 **B** 如图 10-7 所示,每种故障由 9 个细粒度属性描述,图中"1"表示该故障有此属性,"0"表示该故障无此属性,具体的属性信息如表 10-5 所示。为了验证本章所提方法,将原始数据中的 60% 和 40% 的样本用作训练集和测试集,如表 10-6 所示,每个组包含三种用于训练的故障和两种用于测试的故障。所有故障都由 4 个变量描述,分别为运行功率、设定温度、室内温度和室外温度;每种故障都有 2500 个为 CNN 模型收集的样本。零样本辨识方法的实现和超参数设置与 TE 过程案例中的相同。平衡因子 α 在工业空调系统案例中始终设为 1。

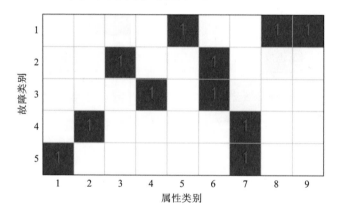

图 10-7　工业空调系统的故障属性矩阵 **B**

表 10-5　工业空调系统中的 9 种故障属性信息

编　　号	属　　性
Att#1	运行功率超过额定功率的 1.2 倍
Att#2	运行功率超过额定功率的 1.1 倍
Att#3	运行功率小于额定功率的 0.85 倍
Att#4	运行功率小于额定功率的 0.7 倍
Att#5	运行功率接近 0
Att#6	缺乏氟化物
Att#7	室外机很脏
Att#8	主板出现异常
Att#9	压缩机无法启动

表 10-6　工业空调系统数据集中两个组训练集与测试集的划分

组　　号	训练集故障	测试集故障
A	1,2,4	3,5
B	1,3,5	2,4

10.5.2　实验结果与分析

本章所提方法和 TE 过程案例中的 4 种对比方法的结果如表 10-7 所示。基于本章所提方法,工业空调系统案例的准确率均高于 0.93,而 LSVM、RF、NB 和 DAP 的准确率相对于本章所提方法较低。本章所提方法在两个组中都具有较高的准确率,相较于准确率最高的对比方法,对于 J 组,准确率提高了约 0.3,对于 K 组,准确率提高了 0.004。

表 10-7　工业空调系统数据集中本章所提方法和 4 种对比方法的零样本故障辨识准确率

方　　法	J 组	K 组
LSVM	0.60	0.52
RF	0.64	0.53
NB	0.64	0.996
DAP	0.55	0.55
本章所提方法	0.93	1.00

两个组的实验结果的混淆矩阵如图 10-8 所示。在四种故障中,有三种准确率达到 1,另一种准确率高达 0.88。因此,本章所提方法可以在不需要相应训

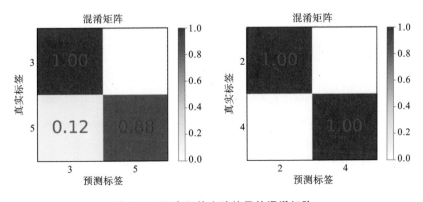

图 10-8　两个组的实验结果的混淆矩阵

练样本的情况下对不同类型的故障进行辨识。此外,如表 10-8 所示,将本章提出的模型与单任务学习模型进行对比,结果显示本章提出的采用 MTL 的方法准确率最高,说明采用 MTL 有助于提高零样本故障辨识的准确率。

表 10-8　工业空调系统数据集中单任务学习与多任务学习的零样本故障辨识准确率

任　　务	J 组	K 组
基于类别(单任务)	0.93	1.00
基于属性(单任务)	0.92	0.96
多任务	0.93	1.00

10.6　结束语

在基于机器学习的工业故障辨识中,需要识别的一些故障有时候没有训练样本,本章提出了一种新的基于属性的方法来解决这种零样本故障辨识问题。首先,构建基于 MTL 的 CNN 模型,同时训练基于类别的分类器和基于属性的分类器,用以从原始数据中提取特征。然后,利用 SAE 模型将故障特征投影到属性空间中。最后对于测试样本,在属性空间中进行 K 均值聚类,从而实现对零样本故障的辨识。该方法可以有效地降低训练集中缺失属性问题带来的负面影响。另外,该方法在 TE 过程和实际的工业空调系统案例上得到了验证。在 TE 过程的零样本故障辨识问题中,与现有方法相比,本章所提方法的准确率提高了 0.05～0.38。此外,在实际的工业空调系统案例中,本章所提方法也取得了高准确率,表明其可以有效地解决实际工业过程中的零样本故障辨识问题。

本章参考文献

[1] SHAO S Y, WANG P, YAN R Q. Generative adversarial networks for data augmentation in machine fault diagnosis[J]. Computers in Industry, 2019, 106(1): 85-93.

[2] LI X, ZHANG W, DING Q, et al. Intelligent rotating machinery fault diagnosis based on deep learning using data augmentation[J]. Journal of Intelligent Manufacturing, 2020, 31(2): 433-452.

[3] LU W N, LIANG B, CHENG Y, et al. Deep model based domain adaptation for fault diagnosis[J]. IEEE Transactions on Industrial Electronics, 2017, 64(3): 2296-2305.

[4] WEN L, GAO L, LI X Y. A new deep transfer learning based on sparse auto-encoder for fault diagnosis[J]. IEEE Transactions on Systems, Man, and Cybernetics: Systems, 2019, 49(1): 136-144.

[5] LAMPERT C H, NICKISCH H, HARMELING S. Learning to detect unseen object classes by between-class attribute transfer[C]// Proceedings of 2009 IEEE Conference on Computer Vision and Pattern Recognition. New York: IEEE, 2009: 951-958.

[6] LAMPERT C H, NICKISCH H, HARMELING S. Attribute-based classification for zero-shot visual object categorization[J]. IEEE Transactions on Pattern Analysis and Machine Intelligence, 2014, 36(3): 453-465.

[7] AKATA Z, PERRONNIN F, HARCHAOUI Z, et al. Label-embedding for image classification[J]. IEEE Transactions on Pattern Analysis and Machine Intelligence, 2016, 38(7): 1425-1438.

[8] ROMERA-PAREDES B, TORR P H S. An embarrassingly simple approach to zero-shot learning[C]//Proceedings of the 32nd International Conference on Machine Learning. Cham: Springer, 2017:11-30.

[9] FU Y W, HOSPEDALES T M, XIANG T, et al. Transductive multi-view zero-shot learning[J]. IEEE Transactions on Pattern Analysis and Machine Intelligence, 2015, 37(11): 2332-2345.

[10] KODIROV E, XIANG T, GONG S G. Semantic autoencoder for zero-shot learning[C]//Proceedings of 2017 IEEE Conference on Computer Vision and Pattern Recognition (CVPR). New York: IEEE, 2017: 4447-4456.

[11] FENG L J, ZHAO C H. Fault description based attribute transfer for zero-sample industrial fault diagnosis[J]. IEEE Transactions on Industrial Informatics, 2021, 17(3): 1852-1862.

[12] KRIZHEVSKY A, SUTSKEVER I, HINTON G E. Imagenet classification with deep convolutional neural networks[J]. Communications of the ACM, 2017, 60(6): 84-90.

[13] GIRSHICK R. Fast R-CNN[C]// Proceedings of 2015 IEEE International Conference on Computer Vision (ICCV). New York: IEEE, 2015: 1440-1448.

[14] BARSHAN E, GHODSI A, AZIMIFAR Z, et al. Supervised principal component analysis: visualization, classification and regression on subspaces and submanifolds [J]. Pattern Recognition, 2011, 44 (7): 1357-1371.

[15] WANG J C, ZHANG Y B, CAO H, et al. Dimension reduction method of independent component analysis for process monitoring based on minimum mean square error[J]. Journal of Process Control, 2012, 22(2): 477-487.

[16] CARUANA R. Multitask learning[J]. Machine Learning, 1997, 28(1): 41-75.

[17] COLLOBERT R, WESTON J. A unified architecture for natural language processing: deep neural networks with multitask learning[C]// Proceedings of the 25th International Conference on Machine Learning. New York: ACM, 2008: 160-167.

[18] DENG L, HINTON G, KINGSBURY B. New types of deep neural network learning for speech recognition and related applications: an overview[C]//Proceedings of 2013 IEEE International Conference on Acoustics, Speech and Signal Processing. New York: IEEE, 2013: 8599-8603.

第 11 章
基于脉冲特征和似然概率比较的健康预警

11.1 引言

  滚动轴承在实际工业过程中,由于持续处于严峻的工作环境中,会不可避免地出现磨损、老化、锈蚀的状况。这些状况会导致滚动轴承的运行质量下降,严重时会造成安全隐患。随着传感器技术和工业信息化技术的发展,轴承运行的全生命周期实时数据可以被采集和记录。数据建模方法可以帮助实现轴承全生命周期的监控,从而保证轴承的运行质量。基于数据的轴承全生命周期健康管理主要包括退化特征提取、退化点预警和寿命预测三个部分[1]。退化特征提取是指利用统计或信号处理等方法从轴承的监控数据(振动、温度等)中提取出可以表达轴承退化状态的实时指标,用作退化特征。轴承在投入运行后相当长的一段时间内工作比较平稳,在一定小范围内波动,该阶段被称为健康阶段。随着磨损、老化的积累,运行一段时间之后,轴承性能会退化,主要包括振幅变大、温度升高等,该阶段被称为退化阶段。退化点预警的任务就是迅速准确地找到健康阶段转化到退化阶段的时刻,对轴承的维护起着重要作用。从当前时刻到最终退役的时间间隔被称为剩余使用寿命。寿命预测是指根据历史和当前的退化状态,预测未来的退化趋势,从而推断出轴承的剩余使用寿命。

  针对轴承振动信号,常用的退化特征有时域特征、频域特征与时频域特征。时域特征直接对实时的振动信号求统计量,如均值、方差、均方根(RMS)等。时域特征简单易求,但容易受到信号波动的影响。频域特征对振动信号进行频率分解,然后选择最适合监控的频段来提取统计特征进行监控和预测。采用小波变换、短时傅里叶变换、经验模态分解等方法提取信号的时频域特征,并利用该特征进行监控和预测。在轴承的全生命周期运行的初始磨合阶段和最后严重退化阶段中,轴承运转的平台也会随着轴承的运转发生比较强烈的振动,而现有的研究很少考虑这个现象。

轴承全生命周期健康管理最常用的预警方法是阈值法,包括 3σ[2] 和切比雪夫阈值[3]设定的方法。阈值法需要人为设立健康阶段来求得监控阈值,而人为定义的健康阶段无法保证其可靠性。随着机器学习的兴起,分类法(CNN[4]、隐马尔可夫模型(hidden Markov model,HMM[5])等)也常被用于退化点预警。此类方法利用已知退化的轴承建立分类模型来监控退化状态的发生。

本章提出脉冲特征来实现轴承振动和平台振动的分离。用强化脉冲和地毯脉冲来分别代表整体振动和平台振动,二者的差值可以有效去除平台振动,实现对轴承的精准监控。在此基础上,提出了似然概率的预警方法,利用指数韦布尔分布描述已知轴承的健康阶段和退化阶段数据。采用似然概率比较的方法来实现退化点的监控,有效避免了贝叶斯迭代过程中概率清零的问题。此外,似然概率比较的方法还可以有效地描述退化过程的概率演变过程,为预警结果提供可解释性支撑。最后将所提方法应用到实际的轴承全生命周期运行平台,验证该方法的有效性。

11.2 基于离散小波变换的脉冲特征提取

11.2.1 离散小波变换

轴承故障诊断常使用离散小波变换。作为一种有效的时频域信号提取工具,离散小波变换可以减小连续小波变换的计算量。离散小波变换的公式为

$$W_f(a,b) = <f,\varphi_{a,b}> = \frac{1}{\sqrt{a}} \int x(t) \left(\frac{t-b}{a}\right) dt \qquad (11-1)$$

式中:$W_f(a,b)$ 是小波变换系数;$f=x(t)$,表示原始振动信号;$\varphi_{a,b}=\frac{1}{a}\varphi\left(\frac{t-b}{a}\right)$,表示母小波,其中 a 是小波的形状参数,b 是小波的位移参数。

连续小波的 a、b 是连续的数值,在计算时频域信号时会面临很大的计算负担。离散小波将参数离散化为 2 的阶次,如 $a=2^j$,大大减小了计算量。离散小波变换可以被当成一个滤波器,能够有效地提取出振动信号在各频段的时频域信号。

轴承的全生命周期运行过程常被划分为健康阶段和退化阶段两个部分。在退化阶段,故障及其谐波脉冲会出现。随着轴承的退化,故障脉冲的幅值会逐渐变大。研究表明,高频信号对故障的表征更为明显,低频信号很容易被噪声埋没[6]。因此,本章利用离散小波提取轴承全生命周期振动的高频信号。采

用高频信号的绝对值来表示故障信号的脉冲幅值,然后从脉冲幅值中提取具有代表意义的脉冲来分别表示轴承的振动和平台的振动。

11.2.2 脉冲特征提取

在故障振动幅值中,低频率的强脉冲称为 LR(low rate),高频率的地毯脉冲称为 HR(high rate)。LR 往往代表轴承振动可以达到的最大幅值,可以表征故障的严重程度。HR 代表绝大多数振动达到的幅值,可以表征平台振动的强度。图 11-1 分别展示了在健康阶段和退化阶段轴承振动幅值的状态。可以看到在退化阶段,由于故障的发生,振动幅值会有一些低频率的强脉冲,即 LR 信号。通过对比可以看出,在健康阶段平台运行比较平稳,代表大多数的地毯脉冲会保持一个比较小的幅值。随着退化日益严重,轴承振动会引起平台的其他地方产生振动,从而产生比较大的噪声。在退化阶段整体的振动幅值也会变大,地毯脉冲也会随着退化的日益严重而逐渐变大。

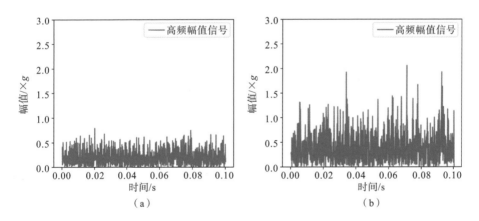

图 11-1 (a) 健康阶段和(b) 退化阶段的轴承振动幅值比较

本章将一次振动的幅值按从大到小的顺序排列,取较大值前 25% 处的脉冲为 LR,取较大值前 75% 处的脉冲为 HR。当轴承开始退化时,LR 会迅速增大,HR 会保持相对平稳。随着退化的日益严重,HR 也会逐渐增大,表明整个平台发生了振动。LR 和 HR 的差值为所提取的退化特征,被定义为 ADSCI(amplitude difference of the strong and carpet impulse)。ADSCI 特征表示在总体振幅里减去平台振动的部分,能够更好地表征轴承的振动情况。

11.3 基于似然概率比较的退化点检测

11.3.1 指数韦布尔分布拟合

韦布尔分布常被用来描述设备失效数据的分布,但是韦布尔分布通常只能描述指数下降或单峰的退化趋势。指数韦布尔分布是韦布尔分布的一种拓展,在传统韦布尔分布基础上添加了一个形状参数 θ。它可以描述更多的退化趋势,如单调递增和浴盆状的退化趋势。其概率密度形式为

$$f_{EW}(x) = \frac{\alpha\theta}{\sigma}\left(\frac{x}{\sigma}\right)^{\alpha-1} e^{-\left(\frac{x}{\sigma}\right)^{\alpha}}\left(1-e^{-\left(\frac{x}{\sigma}\right)^{\alpha}}\right)^{\theta-1} \tag{11-2}$$

式中:α 和 θ 是形状参数,用来描述不同的退化速率;σ 是尺度参数,用来描述不同的退化范围。表 11-1 展示了不同的参数范围对应的不同退化形态,可以看出指数韦布尔分布对各种退化形态均有很好的描述。

表 11-1 不同参数下指数韦布尔分布退化速率

α	θ	退 化 速 率
1	1	常数
—	1	单调
<1	<1	递减
>1	>1	递增
>1	<1	浴盆状或递增
<1	>1	单峰或递减

本章利用指数韦布尔分布来描述退化过程中 ADSCI 特征的分布。在轴承退化的过程中,振动信号的幅值会持续增大,这可以视为一个单调递增的退化趋势,所以导致拟合参数 $\alpha>1$ 和 $\theta>1$。而且退化过程中由于幅值的变大,退化特征的分布范围也会增大,从而导致参数 σ 很大。为了方便,对健康阶段的数据也采用指数韦布尔分布进行拟合。由于健康阶段的振动以一个比较小的幅值持续上下波动,特征的分布范围比较小,拟合出的 σ 比较小。

对于已知的训练轴承,可以采集到其全生命周期的振动信号。在提取 AD-SCI 特征后,可以得到训练轴承 ADSCI 特征在全生命周期的退化曲线。对于训练轴承,本章采用退化特征的差值 $(x(i+1)-x(i))$ 来近似地划分阶段。当退

化特征前后差值变大时,轴承进入退化阶段,之前的平稳状态代表轴承处于健康阶段。然后用指数韦布尔分布分别拟合健康阶段和退化阶段的退化特征以得到退化特征分布。该分布可以很好地描述不同阶段轴承退化特征的范围,并用来计算似然概率进行预警。

11.3.2　似然概率比较预警方法

上文提到,本章采用指数韦布尔分布分别拟合训练轴承退化特征的健康阶段数据和退化阶段数据,拟合得到的概率分布分别用 $p(\mathrm{H})$ 和 $p(\mathrm{D})$ 表示。对于在线逐个样本采集的测试集数据,只能在线计算出当前的退化特征值和历史运行的退化特征值。将当前特征的值代入 $p(\mathrm{H})$ 和 $p(\mathrm{D})$ 中可以得到该特征属于健康阶段和退化阶段的似然概率:

$$p(x \mid \mathrm{H}) = \int_{x}^{x+\Delta x} p(\mathrm{H}) \mathrm{d}x \tag{11-3}$$

$$p(x \mid \mathrm{D}) = \int_{x}^{x+\Delta x} p(\mathrm{D}) \mathrm{d}x \tag{11-4}$$

式中:x 表示当前的 ADSCI 特征;Δx 表示积分区间,$\Delta x \ll x$。

值得提到的是,贝叶斯理论里的后验概率具有更好的物理含义,后验概率可以表征在当前特征下,该阶段属于健康阶段和退化阶段的概率:

$$p(\mathrm{H} \mid x) = \frac{P(x \mid \mathrm{H}) P(\mathrm{H})}{P(x)} \tag{11-5}$$

$$p(\mathrm{D} \mid x) = \frac{P(x \mid \mathrm{D}) P(\mathrm{D})}{P(x)} \tag{11-6}$$

在实际计算中 $P(\mathrm{H})$ 和 $P(\mathrm{D})$ 可以通过训练轴承的健康阶段数据和退化阶段数据占比求得。由于分母一致,分母 $P(x)$ 在实际计算中可以忽略。但是在实际求解中,由于特征一开始处于健康阶段,退化阶段的似然概率 $P(x \mid \mathrm{D})$ 为零,导致后验概率 $p(\mathrm{D} \mid x)$ 为零,在之后新特征不断到来迭代求解后验概率时,退化阶段的后验概率始终为零。此时贝叶斯迭代方法无法适用。所以本小节直接采用似然概率代替后验概率,表示在健康阶段和退化阶段出现当前特征的概率,来近似代替贝叶斯后验概率。

在实际轴承退化过程中,当轴承处于健康阶段时,当前特征落在健康阶段的概率分布 $P(\mathrm{H})$ 较大,导致计算得到的健康阶段的似然概率 $P(x \mid \mathrm{H})$ 比较大和退化阶段的似然概率 $P(x \mid \mathrm{D})$ 比较小。随着轴承开始退化,退化特征开始离开健康阶段的概率分布 $P(\mathrm{H})$ 进入退化阶段的概率分布 $P(\mathrm{D})$,导致 $P(x \mid \mathrm{D})$ 开

始增大和 $P(x|\mathrm{H})$ 开始减小。当健康阶段的似然概率小于退化阶段的似然概率即 $P(x|\mathrm{H})<P(x|\mathrm{D})$ 时,退化阶段开始,该时刻也就是退化点的时刻。

综上所述,似然概率比较(likelihood probability comparison,LPC)的方法通过比较两个似然概率来检测退化点。退化点定义为第一个 $P(x|\mathrm{H})<P(x|\mathrm{D})$ 的时刻,当退化点被检测到时,表明轴承已经进入退化阶段。

11.4 实验验证

本节采用 PHM 2012 竞赛数据集来验证本章所提方法的有效性。PHM 2012 竞赛数据集来源于 PRONOSTIA 实验平台[7],如图 11-2 所示。该平台被用于故障诊断、故障检测和故障预测的研究。轴承在实验平台上运行直到轴承彻底损坏。实验平台包括三个部分:旋转动力部分、径向力负载部分和测量部分。旋转动力部分包括电机和齿轮箱,该部分为轴承运行提供动力。径向力负载部分通过给轴承添加超过轴承实际设计的额定负载的径向力来完成加速寿命实验,使得轴承可以在实验室可承受的实验时间内损坏。通过设计不同的转速和负载大小模拟不同轴承的运行工况。测量部分采集了轴承在实际运行中的振动信号和温度信号。本次实验设计的采样频率为 25.6 kHz,每 10 s 采集一次信号,采集时间为每 10 s 的前 0.1 s。所以每 10 s 可以采集到 2560 个振动

图 11-2 PRONOSTIA 实验平台

信号的数据。

该实验一共设计了三个工况,如表 11-2 所示。在每个工况下,两个轴承的全生命周期的振动信号被用作训练集,其他轴承的数据被用作测试集。图 11-3 展示了工况 1 的第一个轴承(轴承 1-1)全生命周期的振动信号。可以看到在健康阶段,轴承的振动比较平稳,在 $5g$ 以内,当轴承开始退化时,振幅开始逐渐变大,甚至达到了 $50g$。

表 11-2　实验平台不同工况设定

数据集	工况 1 1800 转 4000 N	工况 2 1650 转 4200 N	工况 3 1500 转 5000 N
训练集	轴承 1-1	轴承 2-1	轴承 3-1
	轴承 1-2	轴承 2-2	轴承 3-2
测试集	轴承 1-3	轴承 2-3	轴承 3-3
	轴承 1-4	轴承 2-4	—
	轴承 1-5	轴承 2-5	—
	轴承 1-6	轴承 2-6	—
	轴承 1-7	轴承 2-7	—

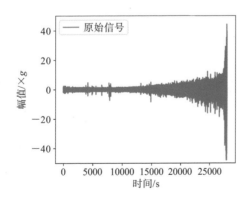

图 11-3　轴承 1-1 全生命周期的振动信号

11.4.1　ADSCI 特征提取

不失一般性,轴承 1-1 被用来展示退化特征的提取。图 11-4 分别展示了健康阶段和退化阶段的原始信号、高频信号和高频幅值信号对比。为了简单、有

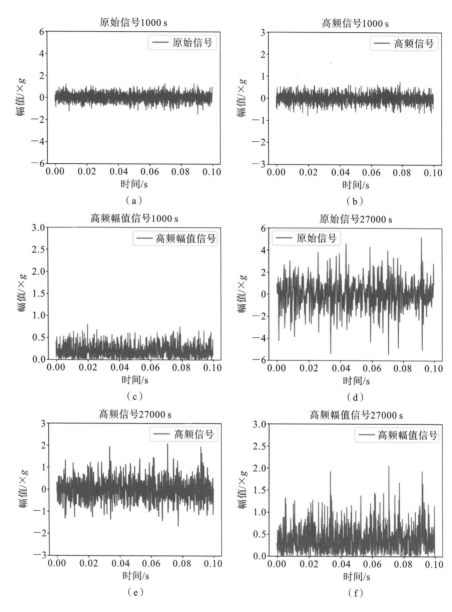

图 11-4 (a)、(b)、(c)健康阶段和(d)、(e)、(f)退化阶段的原始信号、
高频信号和高频幅值信号对比

效地提取信号的高频成分,本小节采用"db1"小波基做单层离散小波变换,然后
提取高频成分作为高频信号。从图 11-4(a)和图11-4(d)的对比中可以看出,原
始信号在退化阶段的振动幅值要远远大于健康阶段的。通过比较图 11-4(c)和

图 11-4(f)可以看出,强化脉冲分布区间和地毯脉冲分布区间的幅值均变大,LR
和 HR 在退化阶段相较于健康阶段均有所增长,其中 LR 有显著的幅值增长。
所以通过 ADSCI 特征可以有效地判别轴承是否处于退化阶段以及退化的程
度。图 11-5 展示了轴承 1-1 在 25000~28000 s 的高频幅值变化和 LR、HR 的
变化。从图 11-5 中可以看出,LR 位于强脉冲区域,可以有效地提取强脉冲幅
值,HR 处于地毯脉冲所在区域,可以有效提取地毯脉冲幅值。随着轴承的退
化,可以看到 LR 和 HR 随着轴承和平台振动幅值的增大总体呈增大的趋势。
图 11-6 展示了 LR、HR 和 ADSCI 特征在轴承 1-1 全生命周期的演化图。可以
看到,在健康阶段它们都在较小的幅值的位置保持相对稳定,随着轴承的退化,
LR 迅速变大,此时 HR 变化比较缓慢,因为轴承轻微的退化不会引起平台的抖
动。随着退化越来越严重,HR 也将随着振动平台的振幅变大而变大。ADSCI
特征可以很好地表征轴承的健康状态,去除平台振动的干扰。轴承 1-3 被用来

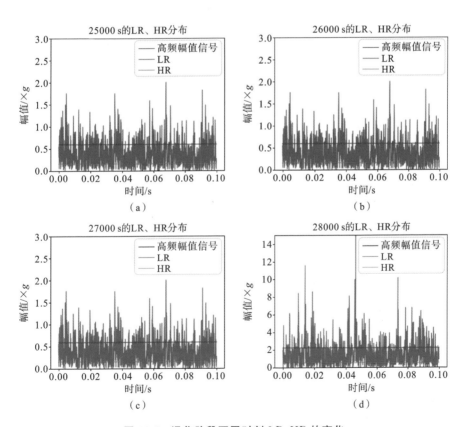

图 11-5　退化阶段不同时刻 LR、HR 的变化

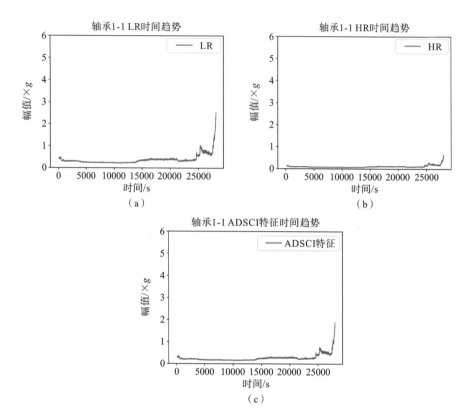

图 11-6　轴承 1-1(a)LR、(b)HR、(c)ADSCI 特征时间趋势对比

更好地展示 LR 和 HR 退化的细节。从图 11-7 中可以看出,在轻微退化的 15000~20000 s 的过程中,轴承已经开始有退化迹象,而平台还比较稳定。此阶段的 LR 已经开始有变大的趋势,而 HR 还比较平稳。在轴承进入严重退化阶段后,HR 才开始变大。轴承振幅变大引发的平台振动会对测量带来很大的噪声扰动,设计 ADSCI 特征可以有效地去除平台振动的干扰。

11.4.2　轴承预警结果

提取训练轴承全生命周期的 ADSCI 特征来建立监控模型。图 11-8 展示了轴承 1-2 的全生命周期 ADSCI 特征的演化趋势。从图 11-8 中可以看出, ADSCI 特征的健康运行状态在很长一段时间内保持相对稳定。轴承 1-1 和 1-2 分别在大约 24590 s 和 8240 s 开始退化。所以对训练轴承的划分结果如下:轴承 1-1 的 1~24590 s 和轴承 1-2 的 1~8240 s 的 ADSCI 特征作为健康阶段特

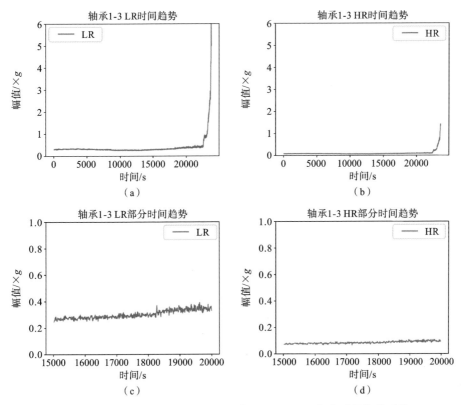

图 11-7 轴承 1-3 LR、HR (a)、(b) 全局和(c)、(d) 部分时间趋势对比

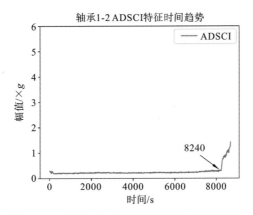

图 11-8 轴承 1-2 ADSCI 特征时间趋势变化

征,轴承 1-1 的 24600～28030 s 和轴承 1-2 的 8250～8710 s 的 ADSCI 特征作为退化阶段的特征。对所有训练轴承的划分结果如表 11-3 所示。

表 11-3　训练轴承阶段划分

轴 承 编 号	健康阶段/s	退化阶段/s
轴承 1-1	1～24590	24600～28030
轴承 1-2	1～8240	8250～8710
轴承 2-1	1～1400	1410～9110
轴承 2-2	1～2890	2900～7970
轴承 3-1	1～4930	4940～5150
轴承 3-2	1～15610	15620～16370

　　然后,将所有训练轴承的健康阶段特征用来拟合指数韦布尔分布,得到 $P(H)$,将所有训练轴承的退化阶段特征用来拟合指数韦布尔分布,得到 $P(D)$。指数韦布尔分布拟合得到两个概率分布的参数分别为 $\alpha=246.3$、$\theta=0.779$、$\sigma=0.019$ 和 $\alpha=28.8$、$\theta=2.39$、$\sigma=0.813$。图 11-9 展示了健康阶段特征(绿色)和退化阶段特征(红色)拟合的指数韦布尔分布,以及特征分布的柱状图。从图 11-9(a)中可以看出,指数韦布尔分布可以有效地拟合两个阶段的特征。针对退化阶段的长尾效应,指数韦布尔分布也可以进行很好的拟合。本章将高斯分布与指数韦布尔分布进行对比,通过图 11-9(b)可以看出高斯分布也可以有效处理退化阶段的长尾效应。但是对于健康阶段的分布峰值处,高斯分布无法进行很好的拟合。表 11-4 展示了指数韦布尔分布和高斯分布对数据拟合的 Kolmogorov-Smirnov 检验(KS 检验),KS 检验的值越小代表拟合效果越好。通过表 11-4 可以看出,指数韦布尔分布对健康阶段和退化阶段的拟合效果均优于高斯分布。

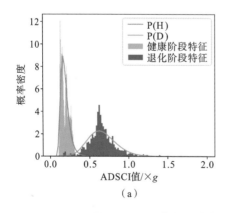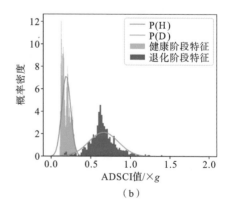

图 11-9　(a) 指数韦布尔分布和(b) 高斯分布拟合结果

表 11-4　指数韦布尔分布和高斯分布拟合对比

分　　布	指数韦布尔分布	高 斯 分 布
健康阶段	$D=0.0663$	$D=0.1145$
退化阶段	$D=0.0705$	$D=0.0993$

积分区间设为退化幅值最大值的千分之一。在本次实验中,ADSCI 特征的最大的幅值为 $10g$,所以积分区间采用的是 $0.01g$。当测试轴承开始运行时,可以实时采集测试轴承的振动数据,提取 ADSCI 特征。然后将测试轴承的 ADSCI 特征分别代入 $P(H)$ 和 $P(D)$,通过设定的积分区间计算得到似然概率 $P(x|D)$ 和 $P(x|H)$。表 11-5 展示了似然概率预警方法对测试集所有轴承的预警结果。可以看到,一个似然概率模型可以对所有不同工况下的轴承实现预警,并且具有很低的误报率。这是阈值方法无法完成的,阈值方法受不同工况下健康阶段分布不一致的限制,只能对相同工况下的轴承进行预警。

表 11-5　测试轴承似然概率预警结果

轴 承 编 号	误 报 率	预警点/s
轴承 1-3	0.04%	22510
轴承 1-4	0.1%	10830
轴承 1-5	0	24450
轴承 1-6	0	24180
轴承 1-7	0.2%	12240
轴承 2-3	0.3%	19460
轴承 2-4	0	7440
轴承 2-5	—	—
轴承 2-6	0	6890
轴承 2-7	0	2260
轴承 3-3	0	3270

图 11-10(a)和(b)展示了测试轴承 1-3 全生命周期的 ADSCI 特征和似然概率的变化趋势。从图 11-10(b)中可以看到,健康阶段的 $P(x|H)$ 远远大于 $P(x|D)$,当轴承开始退化时,ADSCI 特征开始迅速变大,导致 $P(x|D)$ 迅速变大,$P(x|H)$ 开始变小。首次检测到 $P(x|D)>P(x|H)$ 是在 22510 s,所以退化点在 22510 s 被检测到。图 11-10(c)、(d)和(e)、(f)还分别展示了测试轴承 2-3

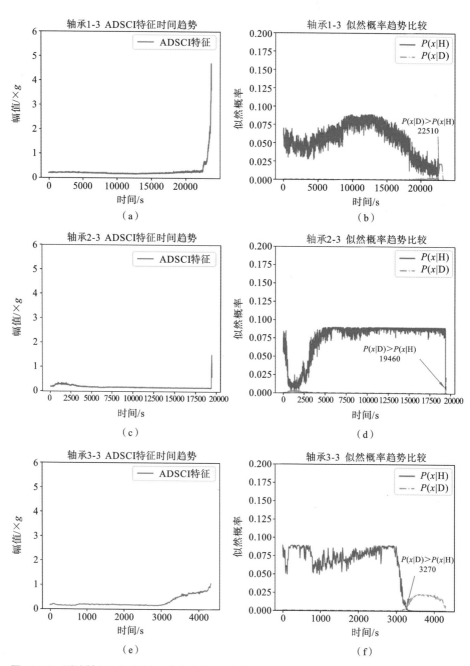

图 11-10　测试轴承(a)、(b)1-3,(c)、(d)2-3,(e)、(f)3-3 ADSCI 特征和似然概率的变化趋势

和 3-3 的 ADSCI 特征和似然概率的变化趋势。轴承 2-3 在 19460 s 检测出了 $P(x|\mathrm{D})>P(x|\mathrm{H})$，即在 19460 s 检测到退化点。但是在开始阶段的 2500 s 内，有一些时刻也存在 $P(x|\mathrm{D})>P(x|\mathrm{H})$ 的情况，这是由于装配等原因，有一些轴承一开始存在一个跟平台磨合的阶段，这个阶段的振幅往往很大。经过了磨合阶段，轴承开始平稳运行。本章所提方法可以很明确地检测出轴承 2-3 的磨合阶段。

不同方法预警效果对比如表 11-6 所示。需要指出的是，轴承 2-5 并没有检测出 $P(x|\mathrm{D})>P(x|\mathrm{H})$ 的情况，通过图 11-11 分析该轴承的 ADSCI 特征发现，该轴承在最终阶段也没有出现整体振幅变大的情况，这表明轴承 2-5 一直运行在健康阶段。

表 11-6　不同方法预警效果对比

方　　法		轴承 1-1	轴承 1-3	轴承 1-4	轴承 1-5
LRT	退化点/s	12900	13150	11600	24210
	误报率	2.3%	4.95%	11.5%	2.68%
3σ	退化点/s	14630	16440	10910	22130
	误报率	1.91%	2.09%	1.39%	3.39%
PCC	退化点/s	27450	22520	10780	24080
	误报率	10.3%	12.5%	0	0
本章所提方法	退化点/s	24600	22510	10830	22450
	误报率	0.08%	0.04%	0	0

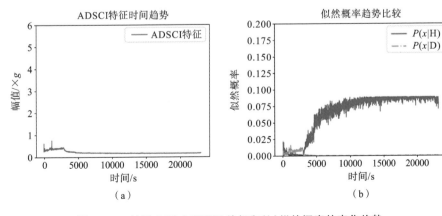

图 11-11　轴承 2-5(a)ADSCI 特征和(b)似然概率的变化趋势

11.4.3　预警结果对比

表 11-6 比较了线性校正技巧(linear rectification technique，LRT)方法[8]、
3σ 方法[9]、皮尔逊相关系数(Pearson correlation coefficient，PCC)方法[10] 和本
章所提方法的退化点检测效果。其中 LRT 方法是基于阈值的方法,它采用一
个数据窗口退化特征的斜率作为预警变量,斜率超过设定值即检测出轴承处于
退化阶段。因为健康阶段的抖动比较大,所以斜率的起伏变化非常大。从表中
可以看出,LRT 方法的误报率比较高,对于轴承 1-4,误报率甚至达到了
11.5％。而本章所提方法的误报率几乎是零。3σ 方法利用时域特征中的峰态
统计量作为预警特征。预先人为指定健康阶段,使用 3σ 方法计算得到阈值从
而进行故障预警。该方法的缺点在于需要人为指定健康阶段才能求得预警
所需要的阈值,具有主观性,指定的健康阶段过长或过短都不合适。而且 3σ
方法的误报率也高于本章所提方法的误报率。PCC 方法利用人为指定健康
阶段的特征和在线特征求得皮尔逊相关系数,皮尔逊相关系数下降到 95％作
为检测到预警点的时间。该方法对于轴承 1-1 预警得太晚,而且在轴承 1-1
和轴承 1-3 上有比较大的误报率。综合来看,本章所提方法可以有效地对轴
承进行预警,具有很低的误报率。而且本章所提方法是针对所有工况下所有
轴承利用一个模型进行预警的,其他的方法都是针对一个轴承对自己进行预
警或者针对相同工况下的轴承进行预警,所以本章所提方法具有很好的泛化
能力。

为了证明 ADSCI 特征的优越性,本章比较了 ADSCI 特征和常用的峰态特
征的鲁棒性,鲁棒性的计算公式如下:

$$\text{Rob}(x) = \frac{1}{K}\sum_{k=1}^{K}e^{-\left|\frac{x_k-x_k^s}{x_k}\right|} \tag{11-7}$$

式中:K 是特征个数;x_k 表示特征的原始值;x_k^s 表示特征经过平滑后的值。

鲁棒性可以衡量特征的噪声大小和震荡程度,当特征比较平滑、波动比较
小时,求得的鲁棒性指标接近 1。表 11-7 反映了 ADSCI 特征的鲁棒性要远远
好于峰态特征的鲁棒性。相比之下,ADSCI 特征更加平滑和平稳,所以本章所
提方法的误报率特别低。

基于预警结果,可知轴承 1-1、1-3、1-4、1-5 的 1～1000 个采样点均处于健康
阶段,利用这些轴承的健康阶段来比较 ADSCI 特征和峰态特征在不同轴承间
的分布差异情况,结果如表 11-8 所示。采用 Kullback-Leibler 散度(KL 散度)

表 11-7　ADSCI 特征和峰态特征的鲁棒性比较

轴　　承	峰 态 特 征	ADSCI 特征
1-1	0.885	0.963
1-3	0.838	0.962
1-4	0.958	0.967
1-5	0.946	0.972
平均值	0.907	0.966

来量度不同轴承的特征在健康阶段的分布差异。KL 散度的计算公式如下：

$$D_{KL}(P \parallel Q) = \sum_{x=X} P(x) \lg \frac{P(x)}{Q(x)} \tag{11-8}$$

式中：$P(x)$ 和 $Q(x)$ 分别是两个不同轴承健康阶段特征的概率分布。KL 散度值越小，代表两个不同轴承健康阶段的特征分布越接近，越容易建立全局的监控模型。从表 11-8 中可以看出，不同轴承健康阶段的 ADSCI 特征的 KL 散度值要远小于峰态特征的 KL 散度值。这表明了 ADSCI 特征有利于建立全局的监控模型，可以有效减小不同轴承之间分布差异对预警结果的影响。

表 11-8　ADSCI 特征和峰态特征的 KL 散度比较

轴　　承	峰 态 特 征	ADSCI 特征
1-1,1-3	0.114	0.013
1-1,1-4	0.092	0.024
1-1,1-5	0.092	0.110
1-3,1-4	0.023	0.006
1-3,1-5	0.024	0.003
1-4,1-5	0.003	0.008
平均值	0.058	0.027

11.5　结束语

本章提出用脉冲特征来区分轴承的振动和平台的振动，即通过 LR 和 HR 相减得到 ADSCI 特征来去除平台振动对轴承振动的影响。然后提出了似然概率比较的方法，给出了不同阶段似然概率的变化趋势来解释预警的结果。通过实验对比可以发现,本章提出的 ADSCI 特征和似然概率比较的方法可以有效地对 PRONOSTIA 平台所有轴承实现预警,并且相对其他方法具有较低的误报率。最后比较了不同轴承之间 ADSCI 特征和峰态特征的鲁棒性和 KL 散度,指出 ADSCI 特征的优势在于具有较高的鲁棒性并且不同轴承健康阶段的分布差异比较小。

本章参考文献

[1] LEI Y G, LI N P, GUO L, et al. Machinery health prognostics: a systematic review from data acquisition to RUL prediction[J]. Mechanical Systems and Signal Processing, 2018, 104(11): 799-834.

[2] JIN X H, CHOW T W S. Anomaly detection of cooling fan and fault classification of induction motor using Mahalanobis-Taguchi system[J]. Expert Systems with Applications, 2013, 40(15): 5787-5795.

[3] QIAN Y N, YAN R Q, HU S J. Bearing degradation evaluation using recurrence quantification analysis and Kalman filter[J]. IEEE Transactions on Instrumentation and Measurement, 2014, 63(11): 2599-2610.

[4] YANG B Y, LIU R N, ZIO E. Remaining useful life prediction based on a double-convolutional neural network architecture[J]. IEEE Transactions on Industrial Electronics, 2019, 66(12): 9521-9530.

[5] ZHU J, CHEN N, SHEN C Q. A new data-driven transferable remaining useful life prediction approach for bearing under different working conditions[J]. Mechanical Systems and Signal Processing, 2020, 139: 106602.

[6] WANG D, TSUI K L. Statistical modeling of bearing degradation signals [J]. IEEE Transactions on Reliability, 2017, 66(4): 1331-1344.

[7] NECTOUX P, GOURIVEAU R, MEDJAHER K, et al. PRONOSTIA: an experimental platform for bearings accelerated degradation tests[C]// Proceedings of IEEE International Conference on Prognostics and Health Management. New York: IEEE, 2012: 1-8.

[8] AHMAD W, KHAN S A, ISLAM M M M, et al. A reliable technique for remaining useful life estimation of rolling element bearings using dynamic regression models[J]. Reliability Engineering & System Safety,

2019，184(2)：67-76.

[9] LI N P，LEI Y G，LIN J，et al. An improved exponential model for predicting remaining useful life of rolling element bearings[J]. IEEE Transactions on Industrial Electronics，2015，62(12)：7762-7773.

[10] MAO W T，HE J L，ZUO M J. Predicting remaining useful life of rolling bearings based on deep feature representation and transfer learning [J]. IEEE Transactions on Instrumentation and Measurement，2020，69 (4)：1594-1608.

第 12 章
可视化工业产品多级能力分析

12.1 引言

制造过程的目的是生产高良率的产品。在过程没有异常的前提下,需要进一步对过程能否满足实际需求进行评估。如果过程产出的产品呈现出的质量特性满足规格限(specification limit,SL)的要求,则说明过程具备一定的能力。为了定量地判断过程的能力水平,需要采用至少一个联系质量数据与实际需求的指标。

正确地构建与计算过程能力指数(process capability index,PCI)是过程能力分析中最为关键的部分[1],并且为了方便用户定性地判断过程的能力等级[2],需要对 PCI 数值划定界限。针对质量数据分布非正态的情形,Yang 等人[3]使用累积概率等同于正态分布 6σ 区间的区域作为过程区域,并通过概率密度函数找到对称的过程区域界限,提供了新的 PCI 确定方法。然而,在实际应用中,质量特性往往是由多个变量共同决定的,因此有学者在单变量 PCI 的基础上,进行了多变量的推广。其中较为典型的方法是求取每一个变量的 PCI 并取均值[4]。这类方法忽视了多变量数据的相关性信息,因此适用范围受到了限制。考虑到多元数据的相关性,借助多元统计模型构建 PCI 成了一类可行的过程能力分析思路。例如,Wang 等人[5]利用 PCA 模型,将 SL 投影到主元空间中,并在各个方向上对比方差与投影后的规格区域,基于各方向的对比结果乘积构建最终的多元 PCI。随后,针对实际过程的特点,一些改进方法也相继被提出。例如,Dharmasena 等人[6]整合了基于 PCA 的已有 PCI,通过幂平均函数建立了新 PCI 和制程收率的对应关系。

除了基于 PCA 模型的多元 PCI 计算方法,还有基于累积分布的能力分析方法。2005 年,Castagliola[7]首次提出该方法的单变量形式,这项研究通过标准正态逆累积概率分布函数定义了 PCI 与不合格品率的关系。此后 Castagliola 等人[8]利用通过过程区域重心的相关性方向轴,将二维过程区域划分为 4 个子空间,并通过逆累积概率分布函数关联每个空间的不合格品率和总 PCI 数值。Shiau 等人[9]则将这个方法推广到更高维的情形,并提出使用蒙特卡洛方法来获取更为确切的不合格品率。Wang[10]结合线性多元过程的分布,基于收率(产物的实得数量相对于理论数量的百分比)提出了更为有效的指标。针对部分 PCI 只能反映单侧不合格品率而不能反映真实收率的问题,Gu 等人[11]结合累积概率分布函数提出了单变量和多变量、单侧和双侧 SL 下的 PCI。Bracke 等人[12]通过非线性回归方程定义已有 PCI 和缺陷率的关系,并通过分布知识给出缺陷率的估计方法,获得了较好的应用效果。

直接对比高维空间中规格区域和过程区域的规模也能实现考虑相关性的能力分析。Chen[13]首次尝试了该思路,通过正态分布将空间中的过程区域视为一个高维椭球区域以实现 PCI 的计算。Das 等人[14]基于质量数据服从多变量 g-h 分布的假设来对比两者规模。考虑到规格区域是由单变量的 SL 构建出的超矩形空间,Wang 等人[15]依据质量数据的相关性信息对其进行调整,并针对规格目标值不在规格区域中心的情况,通过相关系数将规格区域和过程区域的相对位置也融入 PCI 的计算中。对于非正态分布,Pan 等人[16]使用加权标准差(weighted standard deviation,WSD)方法估计数据的概率密度,改进了 PCI 的算法。Ganji[17]则考虑过程相对于规格的裕度,构建了一个失能向量来比较容忍区域和过程区域,提出了新的 PCI 并通过工业数据进行了验证,此后又提出了非对称 SL 下的区域调整方法[18]。

现代工业的产品往往面向具有不同需求的市场,因此质量特性的 SL 可能呈现出多级态势,直接通过基于单变量建立的 SL 难以对产品质量进行正确的评估,这可能会影响多级能力分析的准确性,而现有的多元 PCI 则少有关于多级规格限下质量评定的讨论。事实上,关于质量分级的研究覆盖了许多领域[19,20],其中具有代表性的数据驱动方法有 Kundu 等人[21]提出的结合 SVM 的二分类方法,以及 Suhandy 等人[22]提出的基于 PLS 模型的多分类方法等。Li 等人[23]利用逐步回归法选择关键质量变量,并在其基础上构建影响程度因子来建立分级模型,取得了比 PLS 模型更好的效果。这些基于统计模型的方法所划定的分级界限无法依照 SL 的需要进行灵活调整,直接应用于多级能力分析时会受到一定限制。

对于非平稳过程,其质量特性数据可能呈现出多元、非高斯、非线性的特性,而现存反映实际需求的 SL 往往是基于单变量数值建立的;同时,针对多样化市场的不同程度的要求需要分别建立不同等级的 SL,给分析评价带来了一定的困难。为了高效、直观地展现过程在受控的状态下每一个产物满足不同技术要求的能力,本章将结合多元统计模型和改进的三维 Kiviat 图框架,针对复杂过程下的多元质量特性数据,基于各级 SL 建立产品的可视化分级模型,并提出与等级需求对应的 PCI 计算方法。

12.2 基于多元分布特征的数据扩充

在过程受控的状态下,收集不同批次下若干被标记为合格的过程产物,并测量其各个质量指标的数据,构成 $\boldsymbol{X}_0 \in \mathbb{R}^{I \times N}$($I$ 表示质量指标的数目,N 表示产物的样本数量)。需要注意的是,在实际工业中,样本数量往往是有限的,针对各个规格等级,分别找到足以在可视化模型中形成连续区域的大量样本是非常困难的,这个情况会给后续确定置信区域的工作带来麻烦,因此有必要对 $\boldsymbol{X}_0$ 进行扩充。具体而言,需要根据不同等级的 SL,以及各个质量指标本身的分布特征,生成大量各等级产物的数据,以便后续分析。

由于与生产相关的变量往往会受到多种随机因素的影响,大多数研究认为它们服从正态分布。但实际上,不考虑划分子组的情况,复杂过程的产品指标数据可能并不会在统计上精确服从某种特定分布,更多的时候,它们会呈现出偏离正态分布的特征。这将影响统计模型的精确性,从而影响最终的 PCI 计算。为了解决这个问题,本节将使用 Yeo-Johnson 变换(Y-J 变换)[24]来加强数据的正态性。类似于传统单变量能力分析中广泛使用的 Box-Cox 变换,Y-J 变换也是一种改善正态性的有效方法,并且将适用范围推广到了实数域。通过 Y-J 变换,可以计算出转换后的数据 $\boldsymbol{X}$:

$$\boldsymbol{X} = \begin{cases} \lg(\boldsymbol{X}_0 + 1), & \lambda = 0, \boldsymbol{X}_0 > 0 \\ \dfrac{(\boldsymbol{X}_0 + 1)^{\lambda} - 1}{\lambda}, & \lambda \neq 0, \boldsymbol{X}_0 > 0 \\ -\lg(-\boldsymbol{X}_0 + 1), & \lambda = 2, \boldsymbol{X}_0 \leqslant 0 \\ \dfrac{-[(\boldsymbol{X}_0 + 1)^{2-\lambda} - 1]}{2 - \lambda}, & \lambda \neq 2, \boldsymbol{X}_0 \leqslant 0 \end{cases} \tag{12-1}$$

式中:λ 是变换参数,其值可以通过极大似然估计来确定。

经过变换后,所有质量指标都具有了一定的正态性。此时就能够使用正态分布曲线,拟合各个指标的分布特征。具体而言,可以再次通过极大似然估计,分别确定各指标的分布参数。依照分布特征,结合反映实际需求的各级 SL 可以生成大量带等级标签的样本数据 $\boldsymbol{X}_A$。

Y-J 变换是一种幂变换,原始数据中的线性相关性信息可能会随之发生变化。为了利用相关性信息建立模型,也为了把握原始数据的非线性相关关系,需要结合非线性的多元统计监控模型从变换后的数据 $\boldsymbol{X}$ 中提取信息,并对初步生成数据 $\boldsymbol{X}_A$ 进行筛选。

基于变换后的原始数据 $\boldsymbol{X}$ 建立 KPCA 模型[25]。通过映射函数 ϕ 将数据投影到高维空间,能够提取出来非线性相关性信息。类似于 PCA,数据经过标准化后,在高维空间的协方差矩阵 $\boldsymbol{C}^{\mathrm{H}}$ 可以表示为

$$\boldsymbol{C}^{\mathrm{H}} = \frac{1}{N} \sum_{i=1}^{N} \langle \phi(\boldsymbol{x}_i), \phi(\boldsymbol{x}_i) \rangle \tag{12-2}$$

通过特征值分解,$\boldsymbol{C}^{\mathrm{H}}$ 的特征向量 $\boldsymbol{p}$ 可以被求出:

$$\boldsymbol{C}^{\mathrm{H}} \boldsymbol{p} = \frac{1}{N} \sum_{i=1}^{N} \langle \phi(\boldsymbol{x}_i), \phi(\boldsymbol{x}_i) \rangle \boldsymbol{p} = \lambda \boldsymbol{p} \tag{12-3}$$

式中:λ 是 $\boldsymbol{C}^{\mathrm{H}}$ 的特征值。

即使无法通过解析求得映射函数,但是通过计算核矩阵 $\boldsymbol{K}$ 的特征向量,也能确定数据在高维空间的主元方向,也就是说,仅需计算输入空间的点积,即可获得主元信息。本章所提方法基于广泛应用的高斯核函数来求取 $\boldsymbol{K}$ 的元素 K_{ij}:

$$K_{ij} = \langle \phi(\boldsymbol{x}_i), \phi(\boldsymbol{x}_j) \rangle = k(\boldsymbol{x}_i, \boldsymbol{x}_j) = \exp \left(-\frac{\| \boldsymbol{x}_i - \boldsymbol{x}_j \|^2}{2\sigma^2} \right) \tag{12-4}$$

式中:σ 是核参数,可根据研究经验设为 $5N$ 以保证模型效果[26]。

数据在高维空间第 m 个主元方向上的得分可以用下式计算:

$$\boldsymbol{t}_m = \phi(\boldsymbol{X}) \boldsymbol{p}_m = \lambda_m \boldsymbol{\alpha}_m \tag{12-5}$$

为了从初步生成数据 $\boldsymbol{X}_A$ 中选出和 $\boldsymbol{X}$ 具有同样相关性信息的样本,需要将 $\boldsymbol{X}_A$ 看作测试数据,将其映射到特征空间,求取主元统计量(T^2 统计量)和残差统计量(SPE 统计量)。第 a 个样本的两个统计量可以依照以下两式计算:

$$T_a^2 = [t_{a1}, t_{a2}, \cdots, t_{ac}] \boldsymbol{\Lambda}^{-1} [t_{a1}, t_{a2}, \cdots, t_{ac}]^{\mathrm{T}} \tag{12-6}$$

$$\mathrm{SPE}_a = \sum_{i=1}^{N} t_{ai}^2 - \sum_{i=1}^{c} t_{ai}^2 \tag{12-7}$$

式中:$\boldsymbol{\Lambda} = \mathrm{diag}(\lambda_1, \lambda_2, \cdots, \lambda_c)$,$c$ 表示主元个数,通过累计方差百分比(cumulative percent variance,CPV)确定。

根据分布特征,两个统计量的控制限应分别设为

$$T_\gamma^2 = \frac{c(N-1)}{N-c} F_{c, N-c; \gamma} \tag{12-8}$$

$$
\begin{cases}
\mathrm{SPE}_\gamma = g\chi_\gamma^2(h) \\
g = \dfrac{\mathrm{var}(\mathrm{SPE})}{2\mathrm{mean}(\mathrm{SPE})}, h = \dfrac{2\mathrm{mean}^2(\mathrm{SPE})}{\mathrm{var}(\mathrm{SPE})}
\end{cases}
\tag{12-9}
$$

式中：$F_{c,N-c,\gamma}$ 表示置信水平为 γ 的情况下，自由度为 $c,N-c$ 的 F 分布临界值；$\chi_\gamma^2(h)$ 是同样置信水平下自由度为 h 的卡方分布临界值；$\mathrm{var}(\mathrm{SPE})$ 是 SPE 的方差；$\mathrm{mean}(\mathrm{SPE})$ 是 SPE 的估计均值。

通过 KPCA 模型筛选控制限内的样本，便能够获取特定等级 SL 下指标间具有适当相关性的生成数据 $\hat{\boldsymbol{X}}$。接下来这些数据将被投影至可视化框架中，并用来确定对应等级的置信区间。

12.3 可视化分级模型

为了直观地根据 SL 和多元统计模型给过程产物划定不同等级置信区域，本节将引入 Kiviat 图用于生成数据 $\hat{\boldsymbol{X}}$ 的可视化。设定代表各个指标的轴的角度以及增益、偏移参数后，$\hat{\boldsymbol{X}}$ 就能被投影至传统的二维 Kiviat 图中。

为了直观、清晰地展示 $\hat{\boldsymbol{X}}$ 满足各项需求的能力，保证可视化的最佳效果，可能需要预先调整质量指标的方向。某些质量指标的 SL 是下限，这意味着此类指标越大，产品的等级就可能越高；同理，有些指标的 SL 是上限，此类指标越小，产品越能满足要求。这两类指标经过取相反数的方法便能改变规格方向。还有一类指标是存在目标值的指标，要求产品的该项测量值尽可能接近目标值。此时需要借助极值与目标值相等且两侧具有单调性的函数，对原数据进行变换，例如可以用指标测量值与目标值间的距离构建新指标：

$$
\hat{\boldsymbol{X}}_{n(\mathrm{new})} = \left| \hat{\boldsymbol{X}}_n - \mathbf{tar}_n \right|
\tag{12-10}
$$

式中：$\mathbf{tar}_n$ 表示第 n 个指标的目标值。

经过变换后，样本在该指标上将具有单侧 SL。存在两侧 SL 的指标也可以用类似的方式，将两侧 SL 的平均值作为目标值，随后进行变换。调整后的生成数据 $\hat{\boldsymbol{X}}_{(\mathrm{new})}$ 需要再次进行归一化处理，以确保 Kiviat 图每根轴上数据集中分布的区域长度近似。

为了给某个特定等级的样本建立直观的置信区域，并将主要的相关性信息在 Kiviat 图上展现出来，本节选用代表样本的多边形的重心（Kiviat 重心）作为分析对象。第 r 个样本的 Kiviat 重心坐标可以用下式计算：

$$\begin{cases} x_{c,r} = \sum_{n=1}^{N} x_{k,rn}/N \\ y_{c,r} = \sum_{n=1}^{N} y_{k,rn}/N \end{cases} \tag{12-11}$$

式中：$(x_{k,rn}, y_{k,rn})$ 表示样本的第 n 个指标在对应轴线上的二维坐标。

在理想情况下，任何一个指标偏离正常值或打破相关性都会引起 Kiviat 重心的位置发生变化。为了使这一变化足够显著，轴的顺序需要重新调整。例如对于具有正相关关系的两个指标，若是其对应的轴位于对角位置，那么其指标变化将难以引起重心位置的明显变化。为了确定最佳轴序，可以使用 Kiviat 重心的离散程度来衡量数据的信息量，选择能使 Kiviat 重心与重心簇中心（$\overline{x_c}$，$\overline{y_c}$）的平均距离（AD）最大，也就是反映信息最多的排列方式。AD 计算公式如下：

$$AD = \sum_r \sqrt{(x_{c,r} - \overline{x_c})^2 + (y_{c,r} - \overline{y_c})^2}/R \tag{12-12}$$

式中：R 代表生成的样本总数；$\overline{x_c} = \sum_r x_{c,r}/R$，$\overline{y_c} = \sum_r y_{c,r}/R$。

在求出某一特定等级的生成数据 $\hat{\boldsymbol{X}}_{(\text{new})}$ 位于 Kiviat 图上的重心簇后，便可以为其建立一个置信区域。考虑到 Kiviat 重心簇的形态接近椭圆，因此使用椭圆拟合置信区域。为了寻找重心簇的边缘以定义置信区域，需要引入数据密度的概念。第 r 个 Kiviat 重心的密度 ρ_r 为

$$\rho_r = \sum_q F_c(d_{rq} - d_c) \tag{12-13}$$

式中：d_{rq} 表示第 r 个 Kiviat 重心和第 q 个 Kiviat 重心之间的欧氏距离，$q = 1, 2, \cdots, R, q \neq r$；$d_c$ 表示截断距离，参照 DPC 的截断距离设定，其数值应使每个 Kiviat 重心在截断距离内拥有占总数 $1\% \sim 2\%$ 的近邻重心；$F_c(x) = \begin{cases} 1, & x < 0 \\ 0, & x \geqslant 0 \end{cases}$，为计数函数；$\rho$ 值排在最末位的 L 个 Kiviat 重心将被视为椭圆的边缘。

在某些实际工业应用中，辨识系统的二类错误（type II error，存伪错误）所带来的风险可能远大于一类错误（type I error，去真错误）[27]。及时地发现质量水平的下降将有益于过程的改善，同时，若制造商过高地估计产物等级，可能会给后续工艺或客户带来风险。由于产物的异常具有随机性，其数据亦难以完整获取，因此针对某等级数据建立置信区域时，只能利用等级的正常生成数据分布信息。为了尽可能防止二类错误，部分正常的样本可能需要被排除在置信区域外。具体而言，对于椭圆区域的 L 个边缘点，本章所提方法使用最小二乘

估计来计算椭圆置信区域的参数。考虑到这种做法在建模阶段就会造成 $0.5L$ 个左右的一类错误,因此 L 的选择将直接影响置信水平 ε。可以寻找一个能使模型对建模数据本身的二类错误率低于 1% 的 L 作为边缘参数,此时置信水平可以按下式近似计算:

$$\varepsilon = \left(1 - \frac{L}{2R}\right) \times 100\% \tag{12-14}$$

找出椭圆置信区域的边缘点后,就可以计算椭圆的参数了,假设椭圆具有如下形式:

$$Ax^2 + Bxy + Cy^2 + Dx + Ey + F = 0 \tag{12-15}$$

为了确定参数向量 $\boldsymbol{\omega} = [A, B, C, D, E, F]^{\mathrm{T}}$,需要将所有边缘点的坐标 $((x_{c,l}, y_{c,l}), l=1,2,\cdots,L)$ 分别代入 $\boldsymbol{u}_s = [x_{c,l}^2, x_{c,l}y_{c,l}, y_{c,l}^2, x_{c,l}, y_{c,l}, 1]^{\mathrm{T}}$ 以形成矩阵 $\boldsymbol{U}$。$\boldsymbol{U}$ 和 $\boldsymbol{\omega}$ 有如下关系:

$$\boldsymbol{U}\boldsymbol{U}^{\mathrm{T}}\boldsymbol{\omega} = \lambda\boldsymbol{H}\boldsymbol{\omega} = 0 \tag{12-16}$$

式中: $\boldsymbol{H} = \begin{bmatrix} 0 & 0 & 2 & \cdots & 0 \\ 0 & -1 & 0 & \cdots & 0 \\ 2 & 0 & 0 & \cdots & 0 \\ \vdots & \vdots & \vdots & & \vdots \\ 0 & 0 & 0 & \cdots & 0 \end{bmatrix}$。在 $\boldsymbol{U}\boldsymbol{U}^{\mathrm{T}}$ 的特征向量中,满足 $\boldsymbol{\omega}^{\mathrm{T}}\boldsymbol{H}\boldsymbol{\omega} = 1$ 的解为椭圆参数的解。

仅凭二维平面上的区间,$\hat{\boldsymbol{X}}$ 的全部信息可能无法被完整反映,特别是 N 非常大时;加上各等级样本间并没有一个自然的界限,仅通过椭圆置信区间将难以精确辨识待测样本的规格水平,也难以进行能力评判。举例而言,如果样本的各指标正好在各个方向上同时表现较差,Kiviat 重心的位置可能并不会相对较好的样本发生明显变化,也就是说,在某些特定情况下,仅凭 Kiviat 重心也难以直接对单个样本进行分析。这类情况会带来二类错误的风险。

为了避免这种情况的发生,考虑在二维可视化平面的基础上建立立体空间,构建一个直接反映产品质量的乘积指标作为第三维。第 r 个生成样本的乘积指标 pr_r 可以计算如下:

$$\mathrm{pr}_r = \prod_{n=1}^{N} (\hat{x}_{m(\text{new})} - \hat{x}_{n(\text{new})\min}) \tag{12-17}$$

式中: $\hat{x}_{m(\text{new})}$ 表示将质量方向排序后,第 r 个生成样本的第 n 个指标值; $\hat{x}_{n(\text{new})\min}$ 表示经过方向调整后,生成数据在第 n 个指标上的最小值。通常来说,样本的等级越高,越能满足规格要求,其乘积指标也相应越大。

为了给某一特定指标的产品确定乘积指标的置信区域,在椭圆置信区域的基础上,考虑使用曲面作为划分边界。考虑第 r 个生成样本的情况,其位于二维平面上的 Kiviat 重心的坐标为 $(x_{c,r},y_{c,r})$,在 Kiviat 重心坐标相同的情况下,其同等级产品乘积指标 pr 可能出现的最小值即可被视为划分边界的一个组成点,这个值的求取可以看作一个优化问题:

$$\min \prod_{n=1}^{N} (\hat{x}_{\mathrm{OS}n} - \hat{x}_{n(\mathrm{new})\min}) \tag{12-18}$$

$$\mathrm{s.t.}\begin{cases} \sum_{n=1}^{N} \hat{x}_{\mathrm{OS}n} \cos\left(\dfrac{2\pi n}{N}\right) = x_{c,r} \\ \sum_{n=1}^{N} \hat{x}_{\mathrm{OS}n} \sin\left(\dfrac{2\pi n}{N}\right) = y_{c,r} \\ F_{\mathrm{KPCA},T_2}(\boldsymbol{x}_{\mathrm{OS}}) < T_\gamma^2 \\ F_{\mathrm{KPCA,SPE}}(\boldsymbol{x}_{\mathrm{OS}}) < \mathrm{SPE}_\gamma \\ x_{\mathrm{OS}n} \in \mathrm{SL}_n, \ n=1,2,\cdots,N \end{cases}$$

式中:$\hat{x}_{\mathrm{OS}n}$ 表示能满足 pr 最小的产品的第 n 个指标测量值,它构成问题的最优解 $\hat{x}_{\mathrm{OS}}$;x_{OS} 表示产品投影至 Kiviat 图前的数据,其各个变量还需要位于对应等级的 SL 内;$F_{\mathrm{KPCA},T_2}(\boldsymbol{x})$ 和 $F_{\mathrm{KPCA,SPE}}(\boldsymbol{x})$ 表示用 12.2 节中的 KPCA 模型分别在线求取 $\boldsymbol{x}$ 的主元统计量和残差统计量。

由于涉及 KPCA 的相关运算,因此这是一个难以直接求解的复杂非线性规划问题。本章所提方法将结合乘积指标的实际意义,在现有可行解 $\hat{x}_{r(\mathrm{new})}$ 的基础上尝试向最优解做一次逼近。为了保证 Kiviat 重心坐标不变,同时使 pr 尽可能小,考虑 Kiviat 图上各方向的 $\hat{x}_{m(\mathrm{new})}$ 同时减小 $\Delta\hat{x}$ 的情况,此时式(12-18)描述的问题可以转换为

$$\min \prod_{n=1}^{N} (\hat{x}_{m(\mathrm{new})} - \Delta\hat{x} - \hat{x}_{n(\mathrm{new})\min}) \tag{12-19}$$

$$\mathrm{s.t.}\begin{cases} F_{\mathrm{KPCA},T_2}(\hat{\boldsymbol{x}}_r - \Delta\boldsymbol{x}) < T_\gamma^2 \\ F_{\mathrm{KPCA,SPE}}(\hat{\boldsymbol{x}}_r - \Delta\boldsymbol{x}) < \mathrm{SPE}_\gamma \\ (\hat{x}_m - \Delta x_n) \in \mathrm{SL}_n, \ n=1,2,\cdots,N \end{cases}$$

由于 $\Delta\hat{x}$ 体现的是投影到轴上的长度,因此 $\Delta\boldsymbol{x}$ 的元素 Δx_n 是需要结合投影时的数据处理方式进行还原的。问题转换后,决策变量仅剩 $\Delta\hat{x}$。此时很容易找到问题的最优解。$(\hat{x}_{m(\mathrm{new})} - \Delta\hat{x})$ 构成式(12-18)的可行解 $\hat{x}_{\mathrm{FS}}$,是对最优解

$\hat{x}_{OS}$的逼近。在$\hat{x}_{r(new)}$合适的情况下，$\hat{x}_{FS}$有可能等于$\hat{x}_{OS}$。

将 Kiviat 重心相互接近的点近似视为二维坐标相同的点，利用 12.2 节提到的数据扩充方法，便能够获得大量的样本用以求取式(12-19)的最优解，也就是找到式(12-18)最优解的逼近解。具体而言，对特定等级的生成数据 $\hat{X}_{(new)}$，求出其所有 Kiviat 重心后，基于二维坐标间的距离为每一个重心找到 S_0 个近邻。利用某个 Kiviat 重心本身和其近邻，对式(12-18)求出(S_0+1)个最优解，进而求出式(12-19)中目标函数的近似最小值，以确定 Kiviat 图对应处的 pr 值下边界，将其中最小 $\varepsilon \times (S_0+1)$ 个 pr 值的平均值记为 $alpr_r$。

为了构建一个平滑的曲面作为等级划分边界，考虑引入局部加权平滑(locally weighted scatterplot smoothing，LOWESS)。可以假设曲面在以$(x_{c,c}, y_{c,c})$为中心的局部近似满足：

$$alpr = \theta_0 + \theta_1 \cdot x_{c,c} + \theta_2 \cdot y_{c,c} \tag{12-20}$$

式中：$(x_{c,c}, y_{c,c})$表示局部中 Kiviat 重心的坐标。

定义此处的局部范围为 S，使用下列函数作为局部内的权值函数：

$$w(i) = (1 - DK_{c,i}^3)^3 \tag{12-21}$$

式中：$DK_{c,i}$表示将局部中重心两两间的欧氏距离归一化后，第 i 个重心坐标$(x_{c,i}, y_{c,i})$与$(x_{c,c}, y_{c,c})$间的距离值。

距离中心越远的点，其对应权值越低。使用带权损失函数作为目标函数：

$$\min \sum_i w(i) \cdot (alpr_i - \theta_0 - \theta_1 \cdot x_{c,i} - \theta_2 \cdot y_{c,i})^2 \tag{12-22}$$

通过最小二乘法确定拟合平面参数 $\boldsymbol{\theta} = [\theta_0, \theta_1, \theta_2]^T$，随后将$(x_{c,c}, y_{c,c})$和 $\boldsymbol{\theta}$ 代入式(12-20)，即可求出平滑后的 pr 值下边界，记为 lpr_c。根据经验，S 的取值在 $10\%R$ 左右，S_0 的取值在 $1\%R$ 左右时，本章所提方法的效果较好。对于所有 Kiviat 重心，均能采用上述方法求出对应的下边界，其构成的曲面为所需的置信区域边界。需要注意的是，由于 LOWESS 是一种非参数拟合方法，因此无法用表达式给出曲面方程，对于每一个新的重心坐标，都需要按照上述步骤重新计算其 pr 值在曲面上对应的下边界。

在使用不同等级的生成数据 $\hat{X}$ 确定置信区域时，置信水平 ε 将直接影响判断规格等级的两类错误率，最终选取的置信水平 ε 应能使模型对于 $\hat{X}$ 自身的二类错误率低于 1%。

12.4 PCI 的构建

在离线阶段，应尽可能收集不同时段、不同工艺条件下的产物作为样本，并对它们的质量指标数据进行扩充,针对不同的规格等级构建对应等级的置信区域。为了在线地进行能力分析,需要采集若干在线数据作为测试数据 X_{new}。X_{new} 首先需要经过 Y-J 变换,变换参数与离线建模阶段的保持一致;随后,变换后的数据将被投影到三维 Kiviat 图上,投影时数据的变换方式与 Kiviat 图的设定参数也将参照离线建模阶段设定。计算变换后数据的 Kiviat 重心和 pr 指标,与各等级的置信区域进行对比后,即可判断产品的规格等级。

为了量化过程反映在产品上的能力,本章所提方法参照基于良率的过程能力分析,选取过程测试产物落在某一规格等级中的数量 N_M 与过程测试产物总量 N_T 的比值作为能力的一项反映:

$$pi_M = N_M / N_T \tag{12-23}$$

良率指标 pi_M 并未考虑分布位置。pi_M 的数值越大,说明过程越能满足对应等级的实际需求。

值得注意的是,pi_M 的最大值为 1,这意味着将无法定量比较产物全部满足或全部不满足 SL 的两个过程的能力。为了解决这个问题,考虑结合分布的规模,建立另一个 PCI C_{Mpk}。C_{Mpk} 由两个方面的指标混合而成:

$$C_{Mpk} = C_{M1} \cdot C_{M2} \tag{12-24}$$

式中:C_{M1} 是由等级 M 的置信区域椭圆 E_M 与用同样的方式拟合测试产物 Kiviat 重心边缘得到的椭圆 E_T 对比而来的指标,参照传统 PCI C_{pm} 构建;C_{M2} 是由等级 M 的 pr 指标置信边界 LPR_M 与测试产物的 pr 指标分布对比分析得到的指标,参照传统 PCI C_{pl} 构建。具体地,C_{M1} 的计算公式如下:

$$C_{M1} = \frac{MA_M \cdot MI_M}{\sqrt{(MA_T^2 + (D_{MT} \cdot \cos|\varphi_M - \varphi_T|)^2) \cdot (MI_T^2 + (D_{MT} \cdot \sin|\varphi_M - \varphi_T|)^2)}} \tag{12-25}$$

式中:φ_M 和 φ_T 分别是 E_M 和 E_T 的长轴倾角;MA_M、MI_M 和 MA_T、MI_T 分别是 E_M 的长、短半轴长和 E_T 的长、短半轴长;D_{MT} 表示 E_M 和 E_T 几何中心的欧氏距离。

由于实际过程的相关性方向与规格需求的相关性方向可能不一致,因此需要在中心距离的分量上考虑倾角差异。根据式(12-15)的标准椭圆方程,长轴倾角可以用下式计算:

$$\varphi = \frac{1}{2} \arctan \frac{B}{A - C} \tag{12-26}$$

椭圆的几何中心坐标计算公式如下:

$$\begin{cases} x_{ec} = \dfrac{BE - 2CD}{4AC - B^2} \\[3mm] y_{ec} = \dfrac{BD - 2AE}{4AC - B^2} \end{cases} \tag{12-27}$$

长、短半轴 MA、MI 分别满足：

$$\begin{cases} \mathrm{MA}^2 = \dfrac{2(Ax_{ec}^2 + Cy_{ec}^2 + Bx_{ec}y_{ec} - 1)}{A + C + \sqrt{(A-C)^2 + B^2}} \\[4mm] \mathrm{MI}^2 = \dfrac{2(Ax_{ec}^2 + Cy_{ec}^2 + Bx_{ec}y_{ec} - 1)}{A + C - \sqrt{(A-C)^2 + B^2}} \end{cases} \tag{12-28}$$

与 C_{pm} 类似，C_{M1} 是一个考虑分布位置的 PCI，C_{M1} 越大，说明测试产物的 Kiviat 重心在等级 M 的椭圆置信区域内的位置越靠近中心，且分布越为集中，相应地，过程满足相应规格需求的能力也越强。

混合 PCI C_{Mpk} 的另一个组成成分 C_{M2} 则针对三维 Kiviat 图的剩余维度设计，其计算方法如下：

$$C_{M2} = \sum_i \frac{\overline{\mathrm{pr}_i} - \overline{\mathrm{lpr}_i}}{\overline{\mathrm{pr}_i} - \overline{\mathrm{spr}_i}} \tag{12-29}$$

式中：$\overline{\mathrm{pr}_i}$ 表示为测试数据集中第 i 个测试样本找到 S_0 个近邻后，其与所有近邻的平均 pr；$\overline{\mathrm{lpr}_i}$ 表示其与所有近邻的 pr 下边界均值；$\overline{\mathrm{spr}_i}$ 表示这个局部中最小的 $\varepsilon \times (S_0 + 1)$ 个 pr 均值。

由于指标 pr 相当于只有下规格界，因此 C_{M2} 的实际作用与 C_{pl} 的类似，也是结合了分布位置、过程宽度和规格宽度的综合评价指标。C_{M2} 越大，产物的 pr 越有可能密集地分布在高出下限的区域，也代表过程满足需求的能力越强。

混合指标 C_{Mpk} 只有过程在每个方面都满足需求的情况下，才能获得较高数值。考虑到在实际生产中单变量 PCI 高于 1.33 的过程才会被认为是有能力的，因此，对应三维可视化空间中混合指标的能力界限可以粗略地划在 1.33^3 左右，在 C_{Mpk} 高于这个数值的情况下，过程有能力满足等级 M 的规格需求。需要注意的是，按照传统 PCI 的计算方法，置信水平 ε 需要进行相应的调整。

本章所提方法的完整实施步骤如下：基于建模数据，通过 12.2 节的数据扩充方法，获得某一特定等级下的生成数据，将它们投影到包含乘积指标轴的三维 Kiviat 图后，便能针对二维 Kiviat 重心坐标和 pr 指标，确定由二维椭圆和三维曲面组成的置信区域。等级 M 的置信区域可以表示如下：

$$\begin{aligned} \mathrm{CR}_M = \{ x_c, y_c, \mathrm{pr} \,|\, & (A_M x_c^2 + B_M x_c \cdot y_c + C_M y_c^2 + D_M x_c \\ & + E_M y_c + F_M < 0) \bigcap (\mathrm{pr} > \mathrm{LPR}_M) \} \end{aligned} \tag{12-30}$$

式中：A_M、B_M、C_M、D_M、E_M、F_M、LPR_M 通过等级 M 的生成数据 $\hat{\boldsymbol{X}}_M$ 决定。

　　对于在线监测阶段，需要将测试数据在同样参数下进行变换和预处理，随后投影到三维 Kiviat 图上。对比投影结果与置信区域的位置，便能对测试样本划分等级，此时便能够计算本节使用的良率指标 pi_M。如果还需要进一步计算 PCI C_{Mpk} 以进行能力分析，则需要使用 12.2 节提到的方法对测试样本建立区域，并将其与特定等级的区域进行对比。本章所提方法的完整操作流程如图 12-1 所示。

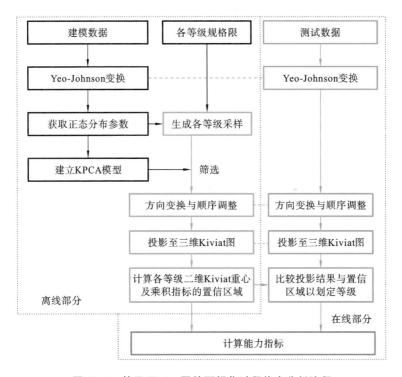

图 12-1　基于 Kiviat 图的可视化过程能力分析流程

12.5　案例研究

　　本节使用的数据集源于一个实际的激光半导体器件制造商，建模数据包含不同生产批次下 260 个正常产品样本的 6 个主要质量指标测量值。根据主要指标的规格需求，每一个产品都将被划入某个等级，以实现生产和销售的差异化管理。6 个指标分别为 MVA、MVB、MVC、MVD、MVE、MVF，它们的质量增益方向均为已知信息。其中，MVD 为光谱信息的量度指标，拥有一个目标值，包含对称双侧 SL；此外，两个光电效率方面的指标，即 MVA 与 MVF 是不同条件下的同种类量度指标，这意味着正常情况下，它们将具有较高的相关性。

由于每一个指标用于建模的数据都不严格地服从正态分布，因此先使用 Y-J 变换来改善数据的正态性。以指标 MVE 为例，用图 12-2 所示的累积概率图检测分布的拟合效果，其中蓝色点代表样本数据，红色直线则是累积概率图的中心线，样本越接近中心线，说明正态分布的拟合效果越好。可以看到，经过 Y-J 变换后的指标 MVE 具有更好的正态性。使用假设检验方法定量地检验正态性，可以求出变换后的 $p < 0.005$，这说明在统计意义上，对本案例实施 Y-J 变换的效果也是显著的。

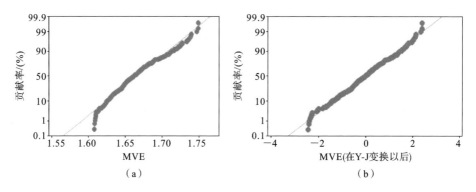

图 12-2 指标 MVE 在 Y-J 变换前(a)后(b)的累积概率图

经变换求得的各指标分布参数使建模数据集扩充成为可能。根据 SL 的要求，可以在不考虑相关性的情况下，生成大量的各等级样本。在这个案例中，产品被划分为四个等级：等级 A、等级 B、等级 C，以及不合格品。对原始建模数据和 Y-J 变换后的建模数据的各指标进行两两分析，结果如图 12-3 所示。可以看到，在本案例中变量间的相关性几乎没有受到变换的影响。利用 KPCA 模型，即使原始数据变换后具有非线性的关系，这种关系也能够被有效提取。为了选择生成样本中具有与建模数据相同相关性信息的样本，基于 Y-J 变换后的建模数据建立 KPCA 模型，而生成样本则作为测试数据，经过 KPCA 模型进行筛选。图 12-4 展示了筛选过程的一部分，只有 T^2、SPE 两个统计量都低于控制限（红色虚线）的样本才会被选作下一步建模的样本，可以看到，根据单变量的分布特征生成的数据基本无法满足相关性的需求。

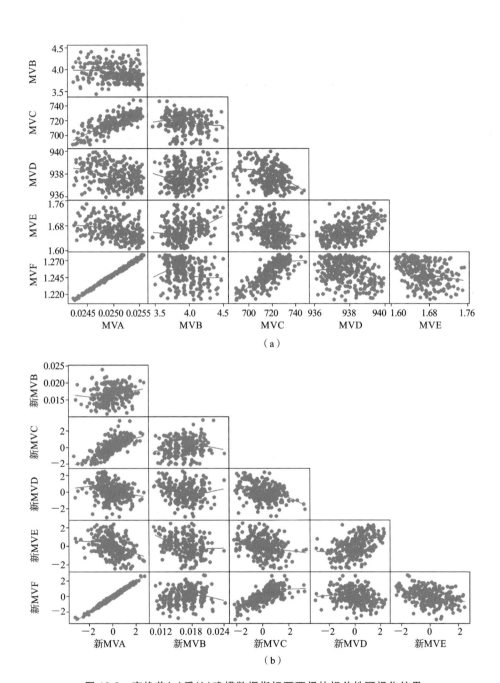

图 12-3　变换前(a)后(b)建模数据指标两两间的相关性可视化结果

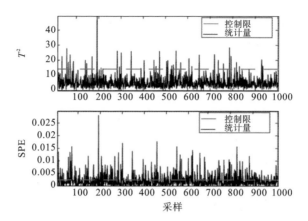

图 12-4　部分生成数据的 KPCA 主元监控图和残差监控图

在调整了质量指标的方向、设定好 Kiviat 图的轴序后，便可以对上述过程筛选出的样本进行投影。图 12-5 展示了若干样本投影到二维 Kiviat 图后的结果，图中每一个黑色的实线多边形都代表一个样本数据。由于指标 MVA 和指标 MVF 具有高度的相关性，因此它们对应的轴被排列在相邻的位置上。

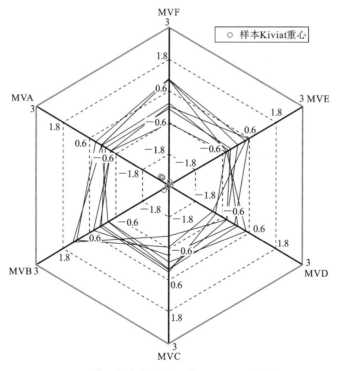

图 12-5　若干样本投影到二维 Kiviat 图后的结果

通过计算各等级生成样本的 Kiviat 重心坐标,可以在二维平面上确定不同等级的椭圆置信区域。随后可以求取各样本的乘积指标 pr 以及针对 pr 的分级置信限。通过 12.2 节提到的方法,本案例对合格品的三个等级分别建立了置信区域。

测试数据由 950 个包含等级标签的测试样本构成,四个等级的产品均包含在内。为了确保等级标签的有效性,除了单变量的各级 SL 检验外,还通过多元监控模型对所有样本的相关性信息进行了验证。将测试数据处理后进行可视化的结果如图 12-6 所示,其中,不同颜色的点表示带不同等级标签的测试数据。在二维层面上(见图 12-6(a))可以看到,仅凭椭圆的置信区域难免会出现一些等级判断错误的情况,这可能是两个或以上的指标测量值同步表现不佳的结果。在引入第三根轴也就是乘积指标 pr 后,可以从图 12-6(b)、(c)中看出,基本可以避免上述误判情形,两类错误率大大降低。同时,仅通过 pr 值难以辨识的样本,也能通过椭圆的置信区间有效地识别出来。这样的测试结果证明,基于改进三维 Kiviat 图确定的置信区域(CR)能够实现规格等级的正确识别。

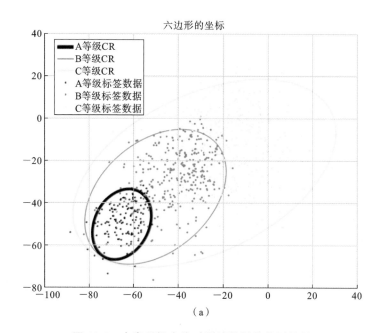

图 12-6　本章所提方法对测试数据的检测结果

(a) 三个等级置信区域的测试数据二维 Kiviat 重心分布图;

(b) 带 A、B 等级乘积指标置信分界面的测试数据三维 Kiviat 投影结果分布图(视角 1);

(c) 带 A、B 等级乘积指标置信分界面的测试数据三维 Kiviat 投影结果分布图(视角 2)

数据驱动的工业过程监测与故障诊断

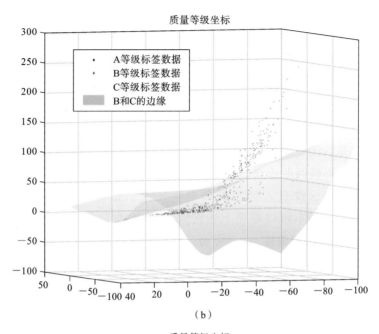

（b）

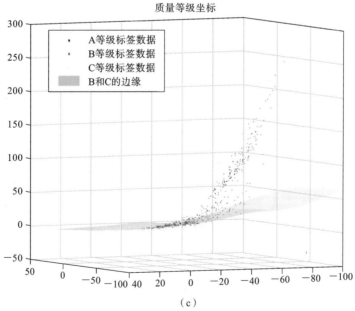

（c）

续图 12-6

为了进一步说明本章所提方法的有效性,本节选取 PPCA 的马氏范数统计指标(ST 指标)[28] 用于规格判别的对比。PPCA 的 ST 监控图不仅能够有效判别异常,还能定量地比较异常的程度。由于 ST 监控图仅有一个控制限,因此考虑用它做一个二分类问题,将合格的产品样本分为一类,不合格的产品样本分为另一类。按照上述分类标准实施监控后,建模和测试环节包含等级标签的监控图如图 12-7 所示,仅通过 ST 指标,即便只是判断产品是否合格,都存在较多误判、漏判的情况(其结果的两类错误率被记入表 12-1 中);此外,基于单变量 SPC 手动分级的两类错误率如表 12-1 所示。从表中可以看到,本章所提方法具有最低的二类错误率,一类错误率稍高于 PPCA 的 ST 监控图的一类错误率,这是因为 PPCA 仅做了二分类问题。基于统计原理的监控图对反映实际需求的 SL 适应能力有限,因此二类错误率较高;而在单变量 SPC 手动分级的结果中,除去人为因素造成的误差,最大的误差源于单变量模型无法对相关性特征进行辨识,因此错误率也会高于本章所提方法的错误率。鉴于实际工业对二类错误率的要求,以及本章所提方法在直观性上的优异表现,综合考量,可以认为本章所提方法具有最高的有效性。

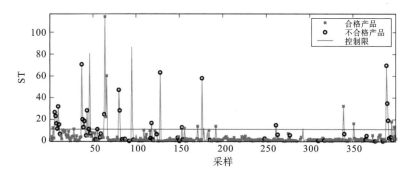

图 12-7 PPCA 的 ST 监控图对部分测试数据的检测结果(控制限仅用于判断产品是否合格)

表 12-1 三种方法在激光半导体过程案例中识别规格等级的两类错误率对比

使 用 方 法	一类错误率	二类错误率
PPCA 的 ST 监控图	2.63%	6.84%
单变量 SPC 手动分级	4.32%	9.79%
改进三维 Kiviat 图(本章所提方法)	3.26%	0.94%

注:PPCA 的 ST 监控图仅用于判断产品是否合格。

正确辨识测试数据的规格等级后,便能对生产过程满足需求的能力进行量化分析,即计算 PCI。在这个案例中,各级 PCI 的计算结果在表 12-2 中列出,从中可以看出,对等级 A、B 的 SL 而言,过程能力较弱;而对等级 C 的 SL 而言,过程能力稍强一些。由于 C_{Mpk} 中存在类似于 C_{pl} 的单侧部分,因此过程能力较弱时此 PCI 可能为负,这并不影响 C_{Mpk} 关于实际过程能力的单调性和连续性。作为对比,使用本章参考文献[29]的方法建立整体模型计算得到的三级 PCI(MWC_A、MWC_B、MWC_C)在表 12-2 中列出。其中,指标显示过程满足等级 B 的能力仅略微大于满足等级 A 的能力,这与实际情况不太相符,在横向对比不同批次的 PCI 时,结果的有效性可能会受到影响。造成这种现象的原因可能有:所用方法难以定量地综合评价高等级的非对称 SL 下、总体能力严重不足且各变量表现不一致的过程;没有对不同等级的规格分别建立模型;没有对各等级规格要求与测试数据的相关性方向进行单独分析;难以处理非线性非高斯数据。在这些方面,本章提出的 PCI 具有一定的优越性。

表 12-2　对激光半导体过程进行能力分析的结果

良率指标	数值	指标名称(本章所提方法)	数值	指标名称	数值
pi_A	0.146	C_{Apk}	-0.231	MWC_A	0.308
pi_B	0.503	C_{Bpk}	0.236	MWC_B	0.316
pi_C	0.904	C_{Cpk}	0.862	MWC_C	0.603

12.6　结束语

基于过程的多元质量数据,本章提出了一种可视化的多级能力分析方法。首先通过 Y-J 变换改善数据的正态性,结合分布特征和规格需求对建模数据进行了扩充,并通过 KPCA 模型对扩充样本进行了筛选。随后对于得到的样本,本章所提方法通过改进三维 Kiviat 图,进行质量方向的调整和轴序的排列后,对样本进行投影。接着,对各级样本的 Kiviat 重心位置分别建立了置信区域,实现了可视化的多元质量分级。并且在此基础上,参考传统的 PCI 构建了新的多元 PCI 计算方法。最后通过实际的激光半导体工业数据,验证了所提方法的有效性。与现有方法相比,所提方法在规格等级的识别准确度和 PCI 的有效性两个方面均表现最好。

本章参考文献

[1] KANE V E. Process capability indices[J]. Journal of Quality Technology, 1986, 18(1): 41-52.

[2] TSAI C C, CHEN C C. Making decision to evaluate process capability index C_p with fuzzy numbers[J]. The International Journal of Advanced Manufacturing Technology, 2006, 30(3-4): 334-339.

[3] YANG J, GANG T T, CHENG Y, et al. Process capability indices based on the highest density interval[J]. Quality and Reliability Engineering International, 2015, 31(8): 1327-1335.

[4] HUBELE N F, MONTGOMERY D C, CHIH W H. An application of statistical process control in jet-turbine engine component manufacturing [J]. Quality Engineering, 1991, 4(2): 197-210.

[5] WANG C H. Constructing multivariate process capability indices for short-run production[J]. The International Journal of Advanced Manufacturing Technology, 2005, 26(11-12): 1306-1311.

[6] DHARMASENA L S, ZEEPHONGSEKUL P. A new process capability index for multiple quality characteristics based on principal components [J]. International Journal of Production Research, 2016, 54 (15): 4617-4633.

[7] CASTAGLIOLA P. Evaluation of non-normal process capability indices using Burr's distributions [J]. Quality Engineering, 1996, 8 (4): 587-593.

[8] CASTAGLIOLA P, CASTELLANOS J V G. Capability indices dedicated to the two quality characteristics case[J]. Quality Technology & Quantitative Management, 2005, 2(2): 201-220.

[9] SHIAU J J H, YEN C L, PEARN W L, et al. Yield-related process capability indices for processes of multiple quality characteristics[J]. Quality and Reliability Engineering International, 2013, 29(4): 487-507.

[10] WANG F K. Process yield analysis for multivariate linear profiles[J]. Quality Technology & Quantitative Management, 2016, 13 (2):

124-138.

[11] GU K, JIA X Z, LIU H W, et al. Yield-based capability index for evaluating the performance of multivariate manufacturing process[J]. Quality and Reliability Engineering International, 2015, 31(3): 419-430.

[12] BRACKE S, BACKES B. Multivariate process capability, process validation and risk analytics based on product characteristic sets: case study piston rod[C]//Proceedings of the First International Conference on Intelligent Systems in Production Engineering and Maintenance. ISPEM 2017. Cham: Springer, 2018: 324-335.

[13] CHEN H F. A multivariate process capability index over a rectangular solid tolerance zone[J]. Statistica Sinica, 1994, 4(2): 749-758.

[14] DAS N, DWIVEDI P S. Multivariate process capability index: a review and some results[J]. Economic Quality Control, 2013, 28(2): 151-166.

[15] WANG S X, WANG M X, FAN X Y, et al. A multivariate process capability index with a spatial coefficient[J]. Journal of Semiconductors, 2013, 34(2): 026001.

[16] PAN J N, LI C I, SHIH W C. New multivariate process capability indices for measuring the performance of multivariate processes subject to non-normal distributions[J]. International Journal of Quality & Reliability Management, 2016, 33(1): 42-61.

[17] GANJI Z A. Multivariate process incapability vector[J]. Quality and Reliability Engineering International, 2019, 35(4):902-919.

[18] GANJI Z A, GILDEH B S. A new multivariate process capability index [J]. Total Quality Management & Business Excellence, 2019, 30(5a6): 525-536.

[19] SERRANO-GUERRERO J, ROMERO F P, OLIVAS J A. A relevance and quality-based ranking algorithm applied to evidence-based medicine [J]. Computer Methods and Programs in Biomedicine, 2020, 191: 105415.

[20] SU Q H, KONDO N, LI M Z, et al. Potato quality grading based on machine vision and 3D shape analysis[J]. Computers and Electronics in Agriculture, 2018, 152(7): 261-268.

[21] KUNDU P K, KUNDU M. Classification of tea samples using SVM as machine learning component of E-tongue[C]// Proceedings of 2016 International Conference on Intelligent Control Power and Instrumentation (ICICPI). New York: IEEE, 2016: 56-60.

[22] SUHANDY D, YULIA M. Potential application of UV-visible spectroscopy and PLS-DA method to discriminate Indonesian CTC black tea according to grade levels[J]. IOP Conference Series: Earth and Environmental Science, 2019, 258(1): 012042.

[23] LI M H, PAN T H, CHEN Q. Estimation of tea quality grade using statistical identification of key variables[J]. Food Control, 2021, 119 (1): 107485.

[24] YEO I K. A new family of power transformations to improve normality or symmetry[J]. Biometrika, 2000, 87(4): 954-959.

[25] LEE J M, YOO C, CHOI S W, et al. Nonlinear process monitoring using kernel principal component analysis[J]. Chemical Engineering Science, 2004, 59(1): 223-234.

[26] LIN M, LI Y H, QU L, et al. Fault detection of a proposed three-level inverter based on a weighted kernel principal component analysis[J]. Journal of Power Electronics, 2016, 16(1): 182-189.

[27] BETTAYEB B, BASSETTO S J. Impact of type-Ⅱ inspection errors on a risk exposure control approach based quality inspection plan[J]. Journal of Manufacturing Systems, 2016, 40(6): 87-95.

[28] KIM D, LEE I B. Process monitoring based on probabilistic PCA[J]. Chemometrics and Intelligent Laboratory Systems, 2003, 67 (2): 109-123.

[29] GAJJAR S, PALAZOGLU A. A data-driven multidimensional visualization technique for process fault detection and diagnosis[J]. Chemometrics and Intelligent Laboratory Systems, 2016, 154: 122-136.